普通高等院校土木工程专业"十三五"规划教材
国家应用型创新人才培养系列精品教材

# 土木工程施工组织

主　编　韩玉文　李　旺　李峻峰

副主编　黄　涛　鲁利彩

中国建材工业出版社

**图书在版编目（CIP）数据**

土木工程施工组织/韩玉文，李旺，李峻峰主编
．--北京：中国建材工业出版社，2017.8（2023.9 重印）
普通高等院校土木工程专业"十三五"规划教材国家
应用型创新人才培养系列精品教材
ISBN 978-7-5160-1872-9

Ⅰ.①土…　Ⅱ.①韩…　②李…　③李…　Ⅲ.①土木工
程—施工组织—高等学校—教材　Ⅳ.①TU721

中国版本图书馆 CIP 数据核字（2017）第 135477 号

## 内 容 简 介

本教材包括以下内容：概论、施工准备、流水施工方法、网络计划技术、单位工程施工组织设计、施工组织总设计、施工项目进度控制、施工管理。

本书综合了目前土木工程施工组织中常用的基本原理、方法、技术及现代科研成果，针对本学科具有实践性强、综合性强的特点，每章除了有例题、习题外，还在重点章节编入应用性较强的工程实例。

本书除作为高等学校的教材外，还可以作为工程技术和管理人员的培训、参考用书。

**土木工程施工组织**

主　编　韩玉文　李　旺　李峻峰
副主编　黄　涛　鲁利彩

出版发行：中国建材工业出版社
地　　址：北京市海淀区三里河路 11 号
邮　　编：100831
经　　销：全国各地新华书店
印　　刷：北京雁林吉兆印刷有限公司
开　　本：787mm×1092mm　1/16
印　　张：17.25
字　　数：420 千字
版　　次：2017 年 8 月第 1 版
印　　次：2023 年 9 月第 4 次
定　　价：48.80 元

# 前　言

　　"土木工程施工组织"是土建类专业的一门必修课,它是研究土木工程施工组织一般规律的学科。

　　本书综合了目前土木工程施工组织中常用的基本原理、方法、技术及现代科研成果,针对本学科具有实践性强、综合性强的特点,结合技术应用型人才培养要求和日益复杂与高标准的工程技术与管理实际,并结合建造师的统考内容进行编写。每章除了有例题、习题外,还在重点章节编入应用性较强的工程实例,提高读者综合应用本学科的能力。教材附有电子课件、教学视频。

　　土木工程施工组织授课计划学时参考如下表:

| 章节及内容 | 学时 | | 备注 |
|---|---|---|---|
| | 必学 | 选学 | |
| | 40 | 30 | — |
| 第1章　概论 | 2 | — | — |
| 第2章　施工准备 | 4 | — | — |
| 第3章　流水施工方法 | 10 | 4 | — |
| 第4章　网络计划技术 | 12 | 6 | — |
| 第5章　单位工程施工组织设计 | 8 | 4 | — |
| 第6章　施工组织总设计 | 4 | 4 | — |
| 第7章　施工项目进度控制 | — | 6 | — |
| 第8章　施工管理 | — | 6 | — |

　　本书由辽宁科技学院韩玉文、潍坊科技学院李旺、湖北工程学院李峻峰任主编,湖北工程学院新技术学院黄涛、河北外国语学院涉外建筑工程学院鲁利彩任副主编,由于编者水平有限,加之时间仓促,书中难免有不妥之处,热忱欢迎读者批评指正。

编者

2017 年 7 月

# 目　　录

# 1 概　论

## 内容提要

本章对土木工程施工组织进行了概括性介绍，包括土木工程施工组织的任务、目的与时代特征，相关的基本概念，施工组织设计的作用与分类等。

## 要点说明

本章重点是土木工程施工组织的任务、目的。

关键词：组织、施工组织。

对于土木工程和建筑工程概念界定，目前尚有争议且随着时代发展而变化。在专业设置中，土木工程一般指各类建筑物和构筑物的结构设计及施工等工作，包括建筑工程、道路工程、桥梁工程和地下结构等，不含设备工程（水、暖、电、气）及建筑学等，这里土木工程包含建筑工程。上述狭义的建筑工程指房屋土建部分的结构设计与施工等工作。根据建筑的定义，建筑是建筑物与构筑物的统称（对建筑的定义目前也有争议），可知广义的建筑工程是指建筑物和构筑物及附属环境的各种设计与施工等工作，即广义的建筑工程包含土木工程。本课程将以狭义建筑工程施工组织为主线进行阐述，道路等线性工程施工组织在相关章节实例中适当涉及。

所谓组织，是有目的、秩序、系统地结合起来。土木工程施工组织，是研究土木产品生产过程中诸要素统筹安排与系统管理客观规律的一门学科，是现代化建筑施工管理的核心。

现代化建筑工程施工是一项多工种、多专业的复杂的系统工程，要使施工全过程顺利进行，以期达到预定的目标，就必须用科学的方法进行施工管理。施工组织设计是施工管理重要组成部分，它对统筹建筑工程施工全过程，推动企业技术进步及优化土木工程施工管理起到核心作用。

## 1.1　建筑工程施工组织的任务、目的与时代要求

### 1.1.1　施工组织的任务、目的

#### 1. 施工组织的任务

施工组织的任务是应用其原理编制施工组织设计，这是规划、指导施工全过程的综合

2

性（技术、组织、经济性）设计文件。

施工组织设计就是针对施工过程的复杂性，用系统的思想并遵循技术经济规律，对拟建工程的各阶段、各环节以及所需的各种资源进行统筹安排的计划管理行为。它努力使复杂的生产过程，通过科学、经济、合理的规划安排，以使建设项目能够连续、均衡、协调地进行施工，满足建设项目对工期、质量及投资方面的各项要求；又由于建筑产品的单件性，没有固定不变的施工组织设计适用于任何建设项目，所以，根据不同工程的特点编制相应的施工组织设计则成为施工组织管理中的重要环节。

**2. 施工组织的目的**

施工组织的目的是有机地将各种生产要素（人力、材料、机械、技术、资金、时间）加以组织协调，以达到优质、高效、安全、低耗的施工目标。

建筑产品作为一项特殊的商品，为社会生产提供物质基础，为人民提供生活、消费、娱乐场所等。一方面建设项目能按合同工期顺利完工投产，直接影响业主的投资经济效果和经济效益的实现；另一方面，施工单位如何安全施工、成本低廉、保质保量地建成某项目，对施工单位本身的经济效益和社会效益都具有重要影响。

## 1.1.2 施工组织的时代要求

建筑工程施工组织目前所面对的施工项目是现代化建筑物、构筑物等，这些建筑无论在规模上，还是在工程上都是以往任何时代所不能比拟的，它们反映在施工技术上的特征是高耸、大跨度、超深基础；反映在安装技术上的特征是都配有现代化的通信自动化系统、监控系统、办公室自动化系统与建筑自动化系统、综合布线系统等；反映在安全施工方面的要求是有严格的安全措施和消防措施；反映在质量方面的要求是按照 ISO-9000 质量标准体系，高效优质地施工；在环境保护，文明施工上要求做到无污染、无噪声、无公害，工地文明、整洁、形象美观等。这些都给施工组织带来了广泛的研究内容，提出了许多新的要求。

# 1.2 与施工组织有关的基本概念

## 1.2.1 基本建设与基本建设程序

**1. 基本建设**

基本建设是利用国家预算内的资金、自筹资金、国内外基本建设贷款以及其他专项资金进行的，以扩大生产能力或新增工程效益为主要目的的新建、扩建的建安工程、购置及相关工作。基本建设是国民经济的基本组成部分，是社会扩大再生产、提高人民物质文化生活水平和加强国防实力的重要手段。有计划有步骤地进行基本建设，对于扩大和加强国民经济的物质基础，调整国民经济重大比例关系，调整部门结构，合理分布生产力，不断提高人民物质文化生活水平等方面都具有十分重要的意义。

**2. 基本建设程序**

基本建设程序是基本建设全过程中各项工作都必须遵循的先后顺序。这个顺序反映了整个建设过程必须遵守的客观规律。基本建设程序一般可分为决策、设计、准备、实施，及竣工验收五个阶段。

（1）决策阶段

这个阶段包括建设项目建议书、可行性研究，以及编制可行性研究报告、审批可行性研究报告、组建建设单位等内容。

（2）设计文件阶段

设计文件是指工程图纸及说明书，它一般由建设单位通过招标投标或直接委托设计单位编制。编制设计文件时，应根据批准的可行性研究报告，将建设项目的要求逐步具体化为可用于指导建设工程的工程图及说明书。对一般不太复杂的中小型项目采用两阶段设计，即扩大初步设计（或称初步设计）和施工图设计；对重要的、复杂的、大型的项目，经主管部门指定，可采用三阶段设计，即初步设计、技术设计和施工图设计。

初步设计由主要投资方组织审批，其中大中型和限额以上项目要报国家发改委和行业归口主管部门备案。初步文件设计经批准后，全厂总平面布置、主要工艺过程、主要设备、建筑面积、建筑结构、总概算一般不能随意修改、变更。

（3）建设准备阶段

建设项目在实施之前须做好各项准备工作，其主要内容是：征地拆迁和三通一平；工程地质勘查；组织设备，材料订货；准备好必要的施工图纸；组织施工招标投标，择优选择施工单位。

（4）建设实施阶段

建设实施阶段根据设计图纸，进行建筑安装施工。建筑施工是基本建设程序中的一个重要环节。要做到计划、设计、施工三个环节互相衔接，投资、工程内容、施工图纸、设备材料、施工力量五个方面的落实，以保证建设计划的全面完成。施工前要认真做好图纸会审工作，编制施工图预算和施工组织设计，明确投资、进度、质量的控制要求。施工中要严格按照施工图施工，如需要变动应取得建设单位同意，要坚持合理的施工程序和顺序；要严格执行施工验收规范，按照质量检验评定标准进行工程质量验收，确保工程质量。对质量不合格的工程要及时采取措施，不留隐患，不合格的工程不得交工。施工单位必须按照合同规定的内容全面完成施工任务。

（5）竣工验收，交付使用

按批准的设计文件和合同规定的内容建成的工程项目，其中生产性项目经负荷试运转和试生产合格，并能够生产合格产品的；非生产性项目符合设计要求，能够正常使用的，都要及时组织验收，办理移交手续，交付使用。

竣工验收前，建设单位或委托监理单位组织设计、施工等单位进行初验，向主管部门提出竣工验收报告，系统整理技术资料，绘制竣工图，并编好竣工决算，报有关部门审查。

## 1.2.2 基本建设项目及其组成与分解

基本建设项目，简称建设项目。凡是按一个总体设计组织施工，建成后具有完整的系统，可以独立的形成生产能力或使用价值的建设工程，称为一个建设项目。在工业建设中，一般以拟建厂矿企业为一个建设项目，如一个钢铁厂、一个棉纺厂等。在民用建设中，一般以拟建机关事业单位为一个建设项目，如一所学校、一所医院等。进行基本建设的企业或事业单位称为建设单位。建设单位是在行政上独立的组织，独立进行经济核算，可以直接与其他单位建立往来关系。

基本建设项目可以从不同的角度进行划分。例如，按建设项目的规模大小可分为大型、中型、小型建设项目；按建设项目的性质可分为新建、扩建、改建、复建项目；按建设项目的投资主体可分为国家投资、企业投资、"三资"企业以及各类投资主体联合投资的建设项目；按建设项目的用途可以分为生产性建设项目（包括工业、农田水利、交通运输及邮电、商业和物资供应、地质资源勘探等建设项目）和非生产性建设项目（包括住宅、文教、卫生、公用生活服务事业等建设项目）。

建设项目分解：

**1. 单项工程（也称工程项目）**

单项工程是具有独立的设计文件，竣工后也可独立发挥生产能力或效益的工程。一个建设项目，可由一个单项工程组成，也可由若干个单项工程组成。工业建设项目中如各个独立的生产车间、实验大楼等，民用建设项目中如学校的每幢教学楼、宿舍楼等，这些都可以称为一个单项工程，其内容包括建设工程、设备安装工程以及设备、仪器的购置等。

**2. 单位工程**

单位工程是具有单独设计、可以独立施工，但完工后不能独立发挥生产能力或者效益的工程。一个单项工程一般由若干个单位工程组成。例如，一个生产车间，一般由土建工程、工业管道工程、设备安装工程、电气照明工程和给水排水工程等单位工程组成。

**3. 分部工程**

分部工程是单位工程的组成部分，在单位工程中，把性质相近且所用工具、工种、材料大体相同的部分称为一个分部工程。例如，一幢房屋的土建单位工程，按其结构或构造，可以划分为基础、主体、屋面、装修等分部工程；按其工种工程可划分为土石方、砌筑、钢筋混凝土、防水、装饰工程等；按其质量评定要求可划分为地基与基础、主体、地面与楼面、门窗、装饰、屋面工程等。

**4. 分项工程**

分项工程是分部工程的组成部分。例如，砖混结构的基础，可以划分为挖土、混凝土垫层、毛石混凝土基础、回填土等分项工程；现浇钢筋混凝土框架结构的主体，可以划分为安装模板、绑扎钢筋、浇筑混凝土等分项工程。

## 1.2.3 建筑工程施工程序

施工程序是拟建工程项目在整个施工阶段中必须遵循的先后顺序。这个顺序反映了整个施工阶段必须遵循的客观规律。它一般包括以下几个阶段。

**1. 承接施工任务**

施工单位承接任务的方式一般有两种：通过投标或议标承接。除了上述两种承接方式外，还有一些国家重点建设项目由国家或上级主管部门直接下达给施工企业。无论是哪种承接任务方式，施工单位都要检查其施工项目是否有批准的正式文件，是否列入基本建设年度计划，是否落实投资等。

**2. 签订施工合同**

承接施工任务后，建设单位与施工单位应根据《经济合同法》和《建筑安装工程承包合同条例》的有关规定及要求签订施工合同。施工合同应规定承包的内容、要求、工期、质量、造价及材料供应等，明确合同双方应承担的义务和职责以及应完成的施工准备工作。施工合同经双方法人代表签字后具有法律效力，必须共同遵守。

**3. 做好施工准备，提出开工报告**

签订施工合同后，施工单位应全面展开施工准备工作。首先调查收集有关资料，进行现场勘察，熟悉图纸，编制施工组织总设计。然后根据批准的施工组织总设计，施工单位应与建设单位密切配合，抓紧落实各项准备工作，如会审图纸，编制单位工程施工组织设计，落实劳动力、材料、构件、施工机具及现场"三通一平"等。具备开工条件后，提出开工报告并经审查批准，即可正式开工。

**4. 组织施工**

施工单位应按照施工组织设计精心施工。一方面，应从施工现场的全局出发，加强与各单位、各部门的配合与协作，协调解决各方面的问题，使施工活动顺利开展。另一方面，应加强技术、材料、质量、安全、进度等各项管理工作，落实施工单位内部承包的经济责任制，全面做好各项经济核算与管理工作，严格执行各项技术、质量检验制度，抓紧工程收尾和竣工。

**5. 竣工验收，交付使用**

竣工验收是施工的最后阶段，在竣工验收前，施工企业内部应先进行预验收，检查各分部分项工程的施工质量，整理各项交工验收的技术经济资料。在此基础上，由建设单位或委托监理单位组织施工验收，经有关部门验收合格后，办理验收签证书，并交付使用。

# 1.3 施工组织设计的作用与分类

## 1.3.1 施工组织设计的作用

施工组织设计主要有以下几个方面的作用：

1. 指导工程投标与签订工程承包合同，作为投标书的内容和合同文件的一部分。

2. 实现基本建设计划的要求，是沟通工程设计与施工之间的桥梁。它既要体现拟建工程的设计和使用的要求，又要符合建筑施工的客观规律。

3. 保证各施工阶段的准备工作及时地进行。

4. 明确施工重点和影响工程进度的关键工作，并提出相应的技术、质量、文明、安全等各项生产要素管理的目标及技术组织措施，提高综合效益。

5. 协调各单位、各工种、各类资源、资金、时间等方面在施工程序、现场布置和使用上的相应关系。

## 1.3.2 施工组织设计的分类

1. 施工组织设计根据阶段的不同，可分为两类：一类是投标前编制的施工组织设计（简称标前设计），另一类是签订工程承包合同后编制的施工组织设计（简称标后设计），两类施工组织设计的区别见表1-1。

表 1-1　标前、标后施工组织设计的区别

| 种类 | 服务范围 | 编制时间 | 编制者 | 主要特性 | 追求主要目标 |
|------|---------|---------|--------|---------|------------|
| 标前设计 | 投标与签约 | 投标前 | 经营管理层 | 规划性 | 中标和经济效益 |
| 标后设计 | 施工准备至验收 | 签约后开工前 | 项目管理层 | 指导性 | 施工效率和效益 |

6

2. 施工组织设计根据编制对象的不同可分为三类：施工组织总设计；单位（或单项）工程施工组织设计和分部分项工程作业设计。

（1）施工组织总设计

施工组织总设计是以一个建设项目或建筑群体为组织施工对象而编制的，由该工程的总承建单位牵头，会同建设、设计及分包单位共同编制。目的是对整个工程的施工进行全盘考虑，全面规划，用以指导全场性的施工准备和有计划地运用施工力量，开展施工活动。其作用是确定拟建工程的施工期限、各临时设施及现场总的施工部署；是指导整个施工全过程的组织、技术、经济的综合性设计文件；是修建全工地暂设工程、施工准备和编制年（季）度施工计划的依据。

（2）单位（或单项）工程施工组织设计

单位（或单项）工程施工组织设计是以单位（或单项）工程作为组织施工对象而编制的。它一般是在有了施工图设计后，由工程项目部组织编制，是单位（或单项）工程施工全过程的组织、技术、经济性的指导文件，并作为编制季、月、旬施工计划的依据。

单位（或单项）工程施工组织设计按照工程的规模、技术复杂程度和施工条件的不同，在编制内容的深度和广度上有以下两种类型：

①简明单位（或单项）工程施工组织设计，一般适用于规模较小的拟建工程，它通常只编制施工方案并附以施工进度计划和施工平面图。

②单位（或单项）工程施工组织设计，一般用于重点的、规模大的、技术复杂或采用新技术的工程，编制内容比较全面。

（3）分部分项工程作业设计

分部分项作业设计是以施工难度较大或技术较复杂的分部分项工程为编制对象，用来指导其施工活动的技术、经济、组织文件。它结合施工单位的月、旬作业计划，把单位工程施工组织设计进一步具体化，是分部分项工程的具体施工设计。一般在单位工程施工组织设计确定了施工方案后，由项目部技术负责人编制。它的内容包括：施工方案、施工进度表、技术组织措施等。

## 1.4　建筑产品与施工的特点

建筑产品是指各种建筑物或构筑物及其环境，它与一般工业产品相比较，不但是产品本身，而且在产品的生产过程中都有其特点。

### 1.4.1　建筑产品的特点

**1. 建筑产品的固定性**

建筑产品在构造上直接与地基连接，因此，只能在建造地点固定地使用，而无法转

移。这种在空间固定的属性，叫作建筑产品的固定性。固定性是建筑产品与一般工业产品的最大区别。

**2. 建筑产品的庞大性**

建筑产品与一般工业产品相比，其体形远比工业产品庞大，自重也大。

**3. 建筑产品的多样性**

建筑产品的使用要求、规模、建筑设计、结构类型等各不相同，即使是同一类型的建筑物，也因所在地点、环境条件不同而彼此有所不同。因此，建筑产品不能像一般工艺产品那样批量生产。

**4. 建筑产品的综合性**

建筑产品是一个完整的固定资产实物体系，不仅艺术风格、建筑功能、结构构造、装饰做法等方面堪称是一种复杂的产品，而且工艺设备、采暖通风、供水供电、卫生设备、智能系统等各类设施错综复杂。

## 1.4.2　建筑施工的特点

**1. 建筑施工的流动性**

建筑产品的固定性决定了建筑施工的流动性。一般工艺产品，生产者和生产设备是固定的，产品在生产线上流动。而建筑产品则相反，产品是固定的，生产者和生产设备不仅要随着建筑物建造地点的变更而流动，而且还要随着建筑物施工部位的改变而在不同的空间流动。这就要求事先有一个周密的施工组织设计，使流动的人、机、物等互相协调配合，做到连续、均衡地施工。

**2. 建筑施工的工期长**

建筑产品的庞大性决定了其施工的工期长。建筑产品在建造过程中要投入大量劳动力、材料、机械等，因而与一般工业产品相比，其生产周期较长，少则几个月，多则几年。这就要求事先有一个合理的施工组织设计，尽可能缩短工期。

**3. 建筑施工的定做性**

建筑产品的多样性决定了其施工的定做性。不同的甚至相同的建筑物，在不同的地区、季节及现场条件下，施工准备工作、施工工艺和施工方法等也不尽相同，因此，建筑产品的生产基本上是单个"定做"，这就要求施工组织设计根据每个工程的特点、条件等因素制定出可行的施工方案。

**4. 建筑施工的复杂性**

建筑产品的综合性决定了其施工的复杂性。建筑产品是露天、高空作业，甚至有的是地下作业，加上施工的流动性和定做性，必然造成施工的复杂性，这就要求施工组织设计不仅要从技术组织方面考虑措施，还要从安全等方面综合考虑施工方案，使建筑工程顺利地进行。

## 本章小结

施工组织的任务是应用其原理编制施工组织设计，这是规划、指导施工全过程的综合性设计文件。施工组织的目的是有机地将各种生产要素加以组织协调，以达到优质、高效、安全、低耗的施工目标。

# 思考题

**1-1** 试述建筑施工组织课程的研究对象。

**1-2** 试述建筑产品的施工特点。

**1-3** 试述施工组织设计的作用与分类。

**1-4** 试述基本建设程序的主要内容。

**1-5** 什么叫作建筑施工程序?

**1-6** 一个建设项目由哪些工程项目组成?

# 2 施工准备

## 内容提要

本章强调了施工准备工作的必要性，并从五个方面提出施工准备内容，其中包括调查研究、收集有关施工资料，技术资料准备，施工现场准备，资源准备，冬、雨季施工准备。

## 要点说明

本章学习重点是施工准备内容。

关键词：准备。

准备即预先安排或筹划、打算。为了保证工程项目顺利地施工，必须做好施工准备工作。施工准备工作是生产经营管理的重要组成部分，是对拟建工程目标、资源供应和施工方案的选择、空间布置和时间安排等诸方面进行施工决策的依据。

# 2.1 施工准备工作的意义与分类

## 2.1.1 施工准备工作的意义

施工准备工作是为了保证工程顺利开工和施工活动正常进行而必须事先做好的各项准备工作。它是施工程序中的重要环节，不仅存在于开工之前，而且贯穿于整个施工过程之中。为了保证工程项目顺利进行施工，必须做好施工准备工作。

做好施工准备工作具有以下意义：

1. 遵循建筑施工程序。施工准备是建筑施工程序的一个重要阶段。现代工程施工是十分复杂的生产活动，其技术规律和社会主义市场经济规律要求工程施工必须严格按其程序进行。只有认真做好施工准备工作，才能取得良好的建筑效果。

2. 降低施工风险。就工程施工的特点而言，其生产受外界干扰和自然因素的影响较大，因而施工中可能遇到的风险较多。只有充分做好施工准备工作，采取预防措施，加强应变能力，才能有效地降低风险损失。

3. 创造工程开工和顺利施工条件。工程项目施工中不仅需要耗用大量材料，使用许多机械设备，组织安排各工种人力，涉及广泛的社会关系，而且还要处理各种复杂的技术问题，协调各种配合关系，因而需要通过统筹安排和周密准备，才能使工程顺利开工，开工后能连续顺利地施工且各方面条件能得到保证。

4. 提高企业经济效益。认真做好工程项目施工准备工作，能调动各方面的积极因素，合理组织资源，加快施工进度，提高工程质量，降低工程成本，从而提高企业经济效益和社会效益。

实践证明，施工准备工作的好与坏，将直接影响建筑产品生产的全过程。如重视和做好施工准备工作，积极为工程项目创造一切有利的施工条件，则该工程能顺利开工，取得施工的主动权；反之，如果违背施工程序，忽视施工准备工作，或工程仓促开工，则必然在工程施工中受到各种矛盾掣肘，处处被动，以致造成重大的经济损失。

### 2.1.2　施工准备工作的分类

1. 施工准备工作按其规模及范围分为三种，即施工总准备、单项（或单位）工程施工条件准备和分部（或分项）工程作业条件准备。

施工总准备是以整个建设项目为对象而进行的统一部署的各项施工准备，它的作用是为整个建设项目的顺利施工创造条件，即为全场性的施工做好准备，也兼顾了单项（或单位）工程施工条件的准备。

单项（或单位）工程施工条件准备是以建设一栋建筑物或构筑物为对象而进行的施工条件准备工作，它的作用是为单项（或单位）工程施工服务，不仅要为单项（或单位）工程在开工前做好一切准备工作，而且要为分部工程做好施工准备工作。

分部（或分项）工程作业条件准备是以一个分部（或分项）工程为对象而进行的作业条件准备。

2. 施工准备工作按拟建工程所处的施工阶段分为两个方面：一是开工前施工准备，主要指工程正式开工前的各项准备工作，它带有全局性和总体性；二是工程作业条件的施工准备，它是为某一单项（或单位）工程、某个施工阶段、某个分部（或分项）工程，或某个施工环节所做的施工准备工作，它带有局部性和经济性。

## 2.2　施工准备工作的内容

一般工程的准备工作可归纳为六部分：调查研究收集资料、技术资料准备、施工现场准备、物资准备、施工人员准备和季节施工准备，如图 2-1 所示。

每项工程施工准备工作的内容，视该工程本身及其具备的条件而异。有的比较简单，有的却十分复杂。如只有一个单项工程的施工项目和包含多个单项工程的群体项目；一般小型项目和规模庞大的大中型项目；新建项目和改扩建项目；在未开发地区兴建的项目和在已开发因而所需各种条件已具备的地区兴建的项目等，都因工程的特殊需要和特殊条件对施工准备工作提出不同的要求。只有按照施工项目的规划来确定准备工作的内容，并拟定具体的、分阶段的施工准备工作实施计划，才能为施工创造充分的条件。

### 2.2.1　调查研究、收集有关施工资料

调查研究、收集有关施工资料，是施工准备工作的重要内容之一。尤其是当施工单位

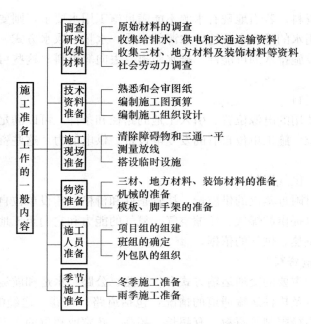

图 2-1　施工准备工作的一般内容

进入一个新的城市或地区，此项工作就显得更加重要，它关系到施工单位全局的部署与安排。

**1. 原始资料的调查**

原始资料的调查主要是对工程条件、工程环境特点和施工条件等施工技术与组织的基础资料进行调查，以此作为项目准备工作的依据。

（1）施工现场的调查

这项调查包括工程的建设规划图、建设地区区域地形图、场地地形图、控制桩与水准基点的位置及现场地物、地貌特征等资料。这些资料一般可作为设计施工平面图的依据。

（2）工程地质、水文的调查

这项调查包括工程钻孔布置图、地质剖面图、地基各项物理力学指标实验报告、地质稳定性资料、暗河及地下水水位变化、流向、流速、流量和水质等资料。这些资料一般可作选择基础施工方法的依据。

（3）气象资料的调查

这项调查包括全年、各月平均气温，最高与最低气温，5℃与0℃以下气温的天气和时间；雨季起止时间，最大及月平均降水量及雷暴时间；主导风向及频率，全年大风的天数及时间等资料。这些资料一般可作为确定冬、雨期季节施工的依据。

（4）周围环境及障碍物的调查

这项调查包括施工区域现有建筑物、构筑物、沟渠、水井、古墓、文物、树木、电力架空线路、人防工程、地下管线、枯井等资料。这些资料可作为布置现场施工平面的依据。

**2. 收集给排水、供电等资料**

（1）收集当地给排水资料

调查施工现场用水与当地现有水源连接的可能性、供水能力、接管距离、地点、水压、水质及水费等资料。若当地现有水源不能满足施工用水要求，则要调查附近可作施工生产、生活、消防用水的地面水或地下水源的水质、水量、取水方式、距离等条件。还要调查利用当地排水设施排水的可能性、排水距离、去向等资料。这些可作为选用施工给排水方式的依据。

（2）收集供电资料

调查可供施工使用的电源位置、引入工地的路径和条件，可以满足的容量、电压及电费等资料或建设单位、施工单位自有的发变电设备、供电能力。这些资料可作为选择施工用电方式的依据。

（3）收集供热、供气资料

调查冬季施工时附近蒸汽的供应量、接管条件和价格；建设单位自有的供热能力以及当地或建设单位可以提供的煤气、压缩空气、氧气的能力和它们至工地的距离等资料。这些资料是确定施工供热、供气的依据。

**3. 收集交通运输资料**

土木工程施工中主要的交通运输方式有：铁路、公路、水运和航运等。收集交通运输资料是调查主要材料及构件运输通道的情况，包括道路、街巷，途经的桥涵宽度、高度，允许载重量和转弯半径限制等资料。有超长、超高、超宽或超重的大型构件、大型起重机械和生产工艺设备需整体运输时，还要调查沿途架空电线、天桥的高度，并与有关部门商议避免大件运输对正常交通产生干扰的路线、时间及解决措施。

**4. 收集三材、地方材料及装饰材料的资料**

"三材"即钢材、木材和水泥。一般情况下应摸清：三材市场行情，了解地方材料如砖、砂、灰石等材料的供应能力、质量、价格、运费情况；当地构件制作、木材加工、金属结构、钢木铝塑门窗、商品混凝土、建筑机械供应与维修、运输等情况；脚手架、定型模板和大型工具租赁等能提供的服务项目、能力、价格等条件；收集装饰材料、特殊灯具、防水、防腐材料等市场情况。这些资料用作确定材料的供应计划、加工方式、储存和堆放场地及建造临时设施的依据。

**5. 相邻环境及地下管线资料**

包括在施工用地的区域内，一切地上原有建筑物、构筑物、道路、设施、沟渠、水井、树木、土堆、坟墓、土坑、水池、农田庄稼及电力通信杆线等；一切地下原有埋设物，包括地下沟道、人防工程、下水道、上下水管道、电力通信电缆管道、煤气及天然气管道、地下复杂垒积坑、枯井及孔洞等；是否可能有地下古墓、地下河流及地下水水位等。

**6. 建设地区技术经济资料收集**

地方建设生产企业调查资料。包括混凝土制品厂、木材加工厂、金属结构厂、建筑设备维修厂、砂石公司和砖瓦灰厂等的生产能力、规格质量、供应条件、运输及价格等。

水泥、钢材、木材、特种建筑材料的品种、规格、质量、数量、供应条件、生产能力、价格等。

地方资源调查资料。包括砂、石、矿渣、炉渣、粉煤灰等地方材料的质量、品种、数量等。

**7. 社会劳动力和生活条件调查**

建设地区的社会劳动力和生活条件调查主要是了解当地能提供的劳动力人数、技术水平、来源和生活安排；能提供作为施工用的现有房屋情况；当地主副食产品供应、日用品供应、文化教育、消防治安、医疗单位的基本情况以及能为施工提供的支援能力。这些资料是拟定劳动力安排计划、建立职工生活基地、确定临时设施的依据。

## 2.2.2 技术资料准备

技术资料的准备即通常所说的室内准备（内业准备），它是施工准备工作的核心。任何技术差错和隐患都可能导致人身安全事故和质量事故，造成生命财产和经济的巨大损失，因此，必须做好技术资料的准备工作。其主要内容包括：熟悉和会审图纸、编制施工组织设计、编制施工图预算和施工预算。

**1. 熟悉与会审图纸**

（1）熟悉与会审图纸的目的

保证能够按设计图纸的要求进行施工；使从事施工和管理的工程技术人员充分了解和掌握设计图纸的设计意图、构造特点和技术要求；通过审查发现图纸中存在的问题和错误，为拟建工程的施工提供一份准确、齐全的设计图纸。

（2）熟悉与自审图纸

熟悉及掌握施工图纸应抓住以下重点：

①基础及地下室部分防水体系的做法要求，特殊基础形式做法等。

②主体结构部分。

③核对建筑、结构、设备施工图中关于基础留口、留洞的位置及标高的相互关系是否处理恰当，排水及下水的去向；变形缝及人防出口做法。弄清建筑物墙体轴线的布置，主体结构各层的砖、砂浆、混凝土构件的强度等级有无变化，阳台、雨篷、挑檐的细部做法，楼梯间的构造，卫生间的构造，对标准图有无特别说明和规定等。

④装修部分：弄清有几种不同的材料、做法及其标准图说明；地面装修与工程结构施工的关系；变形缝的做法及防水处理的特殊要求；防火、保温、隔热、防尘、高级装修等的类型和技术要求。

（3）审查设计技术资料

审查设计图纸及其他技术资料时，应注意以下问题：

①设计图纸是否符合国家有关的技术规范要求。

②核对图纸说明是否齐全，有无矛盾，规定是否明确，图纸有无遗漏，图纸之间有无矛盾。

③核对主要轴线、尺寸、位置、标高有无错误和遗漏。

④总图的建筑物坐标位置与单位工程建筑平面是否一致，基础设计与实际地质是否相符，建筑物与地下构筑物及管线之间有无矛盾。

⑤设计图本身的建筑构造与结构构造之间、结构与各构件之间以及各种构件、配件之间的联系是否清楚。

⑥安装工程与建筑工程的配合上存在哪些技术问题，如工艺管道、电器线路、设备装置等布置是否合理，能否合理解决。

⑦设计中所采用的各种材料、配件、构件等能否满足设计要求；材料来源有无保证，能否代换，施工图中所要求的新材料、新工艺应用有无问题。

⑧防火、消防是否满足要求，施工安全、环境卫生有无保证。

⑨抗震设防烈度是否符合当地要求。

⑩对设计技术资料有无合理化建议及其他问题。

在学习和审查图纸过程中，对发现的问题应做出标记，做好记录，以便在图纸会审时提出。图纸会审由建设单位组织，设计、施工单位参加，设计单位进行图纸技术交底后，各方提出意见，经充分协商后形成图纸会审纪要，由建设单位正式行文，参加会议各单位加盖公章，作为设计图纸的修改文件。对施工过程中提出的一般问题，经设计单位同意，即可办理手续进行修改，涉及到技术和经济的较大问题，则必须经建设单位、设计单位和施工单位共同协商，由设计单位修改，向施工单位签发设计变更单，方可有效。

（4）学习、熟悉技术规范、规程和有关技术规定

技术规范、规程是由国家有关部门制定的实践经验的总结，在技术管理上是具有法令性、政策性和严肃性的建设法规。施工各部门必须按规范与规程施工，建筑施工中常用的技术规范、规程主要有以下几种：

①建筑施工及验收规范。

②建筑安装工程质量检验评定标准。

③施工操作规程，设备维护及检修规程，安全技术规程。

④上级各部门所颁发的其他技术规范和规定。

各级工程技术人员在接受任务后，一定要结合本工程实际，认真学习、熟悉有关技术规范、规程，为保证优质、安全、按时完成工程任务打下坚实的技术基础。

**2. 编制施工组织设计**

施工组织设计是指导拟建工程从施工准备到施工完成的组织、技术、经济的一个综合性设计文件。它对施工的全过程起指导作用，它既要体现基本建设计划和设计的要求，又要符合施工活动的客观规律，对建设项目、单项及单位工程的施工全过程起到部署和安排的双重作用。

由于建筑施工的技术经济特点，建筑施工方法、施工机具、施工顺序等因素有不同的安排，所以，每个工程项目都需要分别编制施工组织设计，作为组织和指导施工的重要依据。

**3. 编制施工图预算和施工预算**

建筑工程预算是反映工程经济效果的经济文件，在我国现阶段也是确定建筑工程预算造价的一种形式。建筑工程预算按照不同的编制阶段和作用，可分为施工图预算和施工预算，统称为"两算"。

施工图预算也称为设计预算，是按照施工图确定的工程量、施工组织设计所拟定的施工方法、建筑工程预算定额及其取费标准编制的确定建筑安装工程造价和主要物资需要量的经济文件。

施工预算是根据施工图预算、施工图纸、施工组织设计、施工定额等文件进行编制的，它是企业内部经济核算和班组承包的依据，是企业内部使用的一种预算。

施工图预算与施工预算存在很大的区别：施工图预算是甲乙双方确定预算造价、发生经济联系的经济文件；而施工预算则是施工企业内部经济核算的依据。施工预算直接受施工图预算的控制。施工图预算计算的工作量一定大于施工预算，施工预算计算出来的是项目目标成本并且一定低于施工图预算。

## 2.2.3　施工现场准备

施工现场的准备即通常所说的室外准备（外业准备），它是为工程创造有利于施工条件的保证，其工作应按施工组织设计的要求进行，主要内容有：清除障碍物、三通一平、测量放线、搭设临时设施等。

**1. 清除障碍物**

施工场地内的一切障碍物，无论是地上的还是地下的，都应在开工前清除。这些工作一般是由建设单位完成，但也有委托施工单位完成的。如果由施工单位完成，一定要事先摸清楚现场情况，尤其是在城市的老区内，由于原有建筑物和构筑物情况复杂，而且往往资料不全，在清除前需要采用相应的措施，防止发生事故。

对于房屋的拆除，一般只要把水源、电源切断后即可进行拆除。若房屋较大、较坚固，则可以采取爆破的方法，这需要由专业的爆破作业人员来承担，并且必须经有关部门批准。

架空电线（电力、通信）、地下电缆（包括电力、通信）的拆除，要与电力部门或通信部门联系并办理有关手续后方可进行。

自来水、污水、燃气、热力等管线的拆除，最好由专业公司来完成。

场地内若有树木，须报园林部门批准后方可砍伐。

拆除障碍物后，留下的渣土等杂物都应清除出场外。运输时，应遵守交通、环保部门的有关规定，运土的车辆要按指定的路线和时间行驶，并采取封闭运输车或在渣土上洒水等措施，以免渣土飞扬而污染环境。

**2. 三通一平**

在工程用地范围内，接通施工用水、用电、道路和平整场地的工作简称为"三通一平"。其实工地上的实际需要往往不只是水通、电通、路通，有的工地还需要汽（气）通、排水通、排污通、通信通等，统称"七通"。

（1）平整施工场地

清除障碍物后，即可进行场地的平整工作。平整场地工作是根据建筑施工总平面图规定的标高，通过测量，计算出挖填土工程量，设计土方调配方案，组织人力或机械进行平整工作。如果工程规模较大，这项工作可以分段进行，先完成第一期开工的工程用地范围内的场地平整工作，再依次进行后续的平整工作，为第一期工程项目尽早开工创造条件。

（2）修通道路

施工现场的道路是组织施工物资进场的动脉。为保证施工物资能早日进场，必须按施工总平面图的要求，修好现场永久性道路以及必要的临时道路。为节省工程费用，应尽可能利用已有道路。为使施工时不损坏路面和加快修路速度，可以先修路基或在路基上铺简易路面，施工完毕后，再铺路面。

（3）通水

施工现场的通水包括给水和排水两个方面。

施工用水包括生产、生活与消防用水。通水应按施工总平面图的规划进行安排。施工给水设施应尽量利用永久性给水管线。临时管线的铺设，既要满足生产用水的需求和使用方便，还要尽量缩短管线。

施工现场的排水也十分重要，尤其是在雨季，场地排水不畅会影响施工和运输的顺利进行，因此要做好排水工作。

（4）通电

通电包括施工生产用电和生活用电。通电应按施工组织设计要求布设线路和通电设备。电源首先应考虑从国家电力系统或建设单位已有的电源上获得。如供电系统不能满足施工生产、生活用电的需要，则应考虑在现场建立发电系统，以保证施工的连续顺利进行。施工中如需要通热、通气或通电信，也应按施工组织设计要求，事先完成。

**3. 测量放线**

测量放线的任务是把图纸上所设计好的建筑物、构筑物及管线等测设到地面上或实物上，并用各种标志表现出来，以作为施工的依据。此项工作，一般是在土方开挖之前，在施工场地内设置坐标控制网和高程控制点来实现的。这些网点的设置应视工程范围的大小和控制的精度而定。在测量放线前，应做好以下几项准备工作：

（1）对测量仪器进行检验和校正

对所有的经纬仪、水准仪、钢尺、水准尺等，应进行校验。

（2）了解设计意图，熟悉并校核施工图纸

通过设计交底，了解工程全貌和设计意图，掌握现场情况和定位条件，主要轴线尺寸的相互关系，地上、地下的标高以及测量精度要求。

在熟悉施工图纸工作中，应仔细核对图纸尺寸，对轴线尺寸、标高是否齐全以及边界尺寸要特别注意。

（3）校核红线桩与水准点

建设单位提供的由城市规划勘测部门给定的建筑红线，在法律上起着建筑边界用地的作用。在使用红线桩前要进行校核，工程施工中要保护好桩位，以便将它作为检查建筑物定位的依据。水准点也同样要校测和保护。红线和水准点经校测发现问题，应提交建设单位处理。

（4）制定测量、放线方案

根据设计图纸的要求和施工方案，制定切实可行的测量、放线方案，重点包括平面控制、标高控制、±0以下施测、±0以上施测、沉降观测和竣工测量等项目。

建筑物定位放线是确定整个工程平面位置的关键环节，施测中必须保证精度，杜绝错误，否则其后果将难以处理。建筑物定位、放线，一般通过设计图中平面控制轴线来确定建筑物的轮廓位置，测定并经自检合格后，提交有关部门和甲方（或监理人员）验线，以保证定位的准确性。沿红线建的建筑物放线后，还要由城市规划部门验线，以防止建筑物压红线或超红线，为正常顺利地施工创造条件。

**4. 搭设临时设施**

现场生活和生产用的临时设施，在布置安排时，要遵照当地有关规定进行规划布置。如房屋的间距、标准是否符合卫生和防火要求，污水和垃圾的排放是否符合环保的要求等。因此，临时建筑平面图及主要房屋结构图，都应报请城市规划、市政、消防、交通、环保等有关部门审查批准。

为了施工方便和安全，对于指定的施工用地的周界，应用围栏围挡起来，围挡的形式和材料及高度应符合市容管理的有关规定和要求。在主要入口处设明标牌，标明工程名称、施工单位、工地负责人等。

各种生产、生活用的临时设施，包括各种仓库、混凝土搅拌站、预制构件场、机修站、各种生产工作棚、办公用房、宿舍、食堂、文化生活设施等，均应按批准的施工组织设计规定的数量、标准、面积、位置等要求组织修建。大、中型工程可分批分期修建。

此外，在考虑施工现场临时设施的搭设时，应尽量利用原有建筑物，尽可能减少临时设施的数量，以便节约用地，节省投资。

## 2.2.4 资源准备

施工资源准备是指施工中必需的人工、材料（材料、配件、构件）、机械（施工机械、工具、临时设施）等的准备。它是一项较为复杂而又细致的工作，一般应考虑以下几方面的内容。

**1. 建筑材料的准备**

建筑材料的准备主要是根据工料分析，按照施工进度计划的使用要求以及材料储备定额，分别按材料名称、规格、使用时间进行汇总，编出建筑材料需要量计划，组织货源，确定加工、供应地点和供应方式，签订物资供应合同。

材料的储备应根据施工现场分期分批使用材料的特点，按照以下原则进行材料储备：

首先，应按工程进度分期分批进行。现场储备的材料多了会造成积压，增加材料保管的负担，同时，也多占用了流动资金；储存少了又会影响正常生产。所以材料的储备应合理、适量。

其次，做好现场保管工作，以保证材料的原有数量和原有的使用价值。

再次，现场材料的堆放应合理。现场储备的材料，应严格按照施工平面布置图的位置堆放，以减少二次搬运，且应堆放整齐，标明标牌，以免混淆。此外，亦应做好防水、防潮、易碎材料的保护工作。

最后，应做好技术试验和检验工作，对于无出厂合格证明和没有按规定测试的原材料，一律不得使用。不合格的建筑材料和构件，一律不准进场和使用，特别对于没有使用经验的材料或进口材料、某些再生材料更要严格把关。

**2. 预制构件和商品混凝土的准备**

工程项目施工中需要大量的预制构件、门窗、金属构件、水泥制品以及卫生洁具等。这些构件、配件必须事先提出订制加工单。对于采用商品混凝土现浇的工程，则先要到生产单位签订订货合同，注明品种、规格、数量、需要时间及送货地点等。

**3. 施工机具的准备**

施工选定的各种土方机械、打夯机、抽水设备、混凝土和砂浆搅拌设备、钢筋加工设备、焊接设备、垂直及水平运输机械、吊装机械、动力机具等根据施工方案和施工进度，确定数量和进场时间。需租赁机械时，应提前签约。

**4. 模板和脚手架的准备**

模板和脚手架是施工现场使用量大、堆放占地大的周转材料。

模板及其配件规格多、数量大，对堆放场地要求比较高，一定要分规格、型号整齐码放，以便于使用及维修。

大钢模一般要求立放，并防止倾倒，在现场也应规划必要的存放场地。钢管脚手架、桥式脚手架、吊篮脚手架等都应按指定的平面位置堆放整齐，扣件等零件还应防雨，以防锈蚀。

**5. 施工场地人员的准备**

一项工程完成得好坏，很大程度上取决于承担这一工程的施工人员的素质。现场施工人员包括施工的组织指挥者和具体操作者。这些人员的选择和组合，将直接关系到工程质量、施工进度及工程成本。因此，施工现场人员的准备是开工前施工准备的一项重要内容。

（1）项目组的组建

施工组织机构的建立应遵循以下原则：根据工程规模、结构特点和复杂程度，确定施工组织的领导机构（如项目经理部）和人选；坚持合理分工与密切协作相结合的原则；把有施工经验、有创新精神、工作效率高的人选入领导机构；认真执行因事设职、因职选人的原则。对于一般单位工程可设一名工地负责人（项目经理），再配施工员、质检员、安全员、预算员等即可，对大型的单位工程或群体项目，则需配备资料、材料、计划等管理人员。

（2）基本施工班组的确定

基本施工班组应根据工程的特点、现有的劳动力组织情况及施工组织设计的劳动力需要量计划来确定。各有关工种工人的合理组织，一般有以下几种参考形式：

①砖混结构的房屋

以混合施工班组的形式较好。在结构施工阶段，主要是砌筑工程，应以瓦工为主，配备适量的架子工、木工、钢筋工、混凝土工以及小型机械工等。装饰阶段则以抹灰、油漆工为主，配备适当的木工、管理工和电工等。这些混合施工队的特点是：人员配备较少，工人以本工种为主兼做其他工作，工序之间的衔接比较紧凑，因而劳动效率较高。

②全现浇结构的房屋

以专业施工班组的形式较好。主体结构为大量的钢筋混凝土，故模板工、钢筋工、混凝土工是主要工种。装饰阶段需配备抹灰、油漆、木工等。

③预制装配式结构房屋

以专业施工班组的形式较好。这种结构的施工以构件吊装为主，故应以吊装起重工为主。因焊接量较大，电焊工要充足同时配以适当的木工、钢筋工、混凝土工，且需根据非承重墙的砌筑量配备一定数量的瓦工。装修阶段需配备抹灰工、油漆工、木工等专业班组。

（3）外包工的组织

由于建筑市场的开放，用功制度的改革，施工单位仅仅靠自身的基本队伍来完成施工任务已不能满足需要，因而往往要联合其他建筑队伍（一般称外包施工队）共同完成任务。

①组织形式

外包施工队独立承担单位工程的施工。对于有一定的技术管理水平、工种配套，并拥有常用的中小型机具的外包施工队伍，可独立承担某一单位工程的施工。而企业只需抽少量人员对工程进行管理，并负责提供大型机械设备、模板和架设工具及供应材料。在经济上，可采用包工、包材料的方法，即按定额包人工费，按材料消耗定额结算材料费，结余有奖，超耗受罚，通过时提取一定的管理费。

外包施工队承担某个分部（分项）工程的施工。这实质上就是单纯提供劳务，而管理人员以及所有的机械和材料，均由本企业负责提供。

临时施工队伍与本企业队伍混编使用。就是将本身不具备施工管理能力，只拥有简单的手动工具，仅能提供一定数量的个别工种的施工队伍，编排在本企业施工队伍之中，指定一批技术骨干带领他们操作，以保证质量和安全，共同完成施工任务。

使用临时施工队伍时，要进行技术考核，对达不到技术标准、质量没有保证的不得使用。

②施工队伍的教育

施工前，企业要对施工队伍进行劳动纪律、施工质量和安全教育，要求本企业职工和外包施工队人员必须做到遵守劳动时间，坚守工作岗位，遵守操作规程，保证产品质量，保证施工工期及安全生产，服从调动，爱护公物。同时，企业还应做好职工、技术人员的培训和技术更新工作，只有不断提高职工、技术人员的业务技术水平，才能从根本上保证建筑工程质量，不断提高企业的竞争力。此外，对于某些采用新工艺、新结构、新材料、新技术的工程，应该先将有关的管理人员和操作工人组织起来培训，使之达到标准后再上岗操作。这也是施工队伍准备工作的内容之一。

## 2.2.5 冬、雨季施工准备

建筑工程施工绝大部分工作是露天作业，因此，季节特别是冬季、雨季对施工生产的影响较大。为保证按期、保质完成施工任务，必须做好冬、雨季准备工作。

**1. 合理安排冬季施工项目**

冬季施工条件差，技术要求高，费用要增加。为此，应考虑将既能保证施工质量，同时费用增加较少的项目安排在冬季施工，如吊装、打桩、室内粉刷、装修（可先安装好门窗及玻璃）等工程。而费用增加很多又不易确保质量的土方、基础、外粉刷、屋面防水等工程，均不宜安排在冬季施工。因此，从施工组织安排上要研究、明确冬季施工的项目，做到冬季不停工，而冬季采用的措施费用增加较少。

（1）落实各种热源供应和管理

包括各种热源供应渠道、热源设备和冬季用的各种保温材料的储存和供应、司炉工培训等工作。

（2）做好测温工作

冬季施工昼夜温差较大，为保证施工质量应做好测温工作，防止砂浆、混凝土在达到临界强度前遭受冻结而破坏。

（3）做好保温防冻工作

冬季来临前，做好室内的保温施工项目，如先完成供热系统，安装好门窗玻璃等项目，保证室内其他项目能顺利施工。室外各种临时设施要做好保温防冻工作，如防止给排水管道冻坏，防止道路积水结冰，及时清扫道路上的积雪，以保证运输顺利。

（4）加强安全教育，严防火灾发生

要有防火安全技术措施，并经常检查落实，保证各种热源设备完好。做好职工培训及冬季施工的技术操作和安全施工的教育，确保施工质量，避免事故发生。

**2. 雨季施工准备工作**

（1）防洪排涝，做好现场排水工作

工程地点若在河流附近，上游有大面积山地丘陵，应有防洪防涝准备。施工现场雨季来临前，应做好排水沟渠的开挖工作，准备好抽水设备，防止因场地积水和地沟、基槽、地下室等泡水而造成损失。

（2）做好雨季施工安排，尽量避免雨季窝工造成的损失

一般情况下，在雨季到来之前，应多安排完成基础或地下工程、土方工程、室外及屋面工程等不宜在雨季施工的项目；多留些室内工作在雨季施工。

（3）做好道路维护，保证运输畅通

雨季前检查道路边坡排水，适当提高路面，防止路面凹陷，保证运输畅通。

（4）做好物资的储存

雨季到来前，材料、物资应多储存，减少雨季运输量，以节约费用。要准备必要的防雨器材，库房四周要有排水沟渠，以防物资淋雨浸水而变质。

（5）做好机具设备等防护工作

雨季施工，对现场的各种设施、机具要加强检查，特别是脚手架、垂直运输设施等，要采取防倒塌、防雷电、防漏电等一系列技术措施。

（6）加强施工管理，做好雨季施工的安全教育

要认真编制雨季施工技术措施，并认真组织贯彻实施。加强对职工的安全教育，防止各种事故发生。

## 2.3　施工准备工作的实施

**1. 分阶段、有组织、有计划、有步骤地进行**

为了落实各项施工准备工作，加强检查和监督，必须根据各项施工准备工作的内容、时间和人员，编制出施工准备工作计划。施工准备工作计划表格可参照表2-1。

表 2-1　施工准备工作计划表

| 序号 | 施工准备项目 | 工作内容 | 要求 | 负责单位及具体落实者 | 涉及单位 | 要求完成时间 | 备注 |
|---|---|---|---|---|---|---|---|
|  |  |  |  |  |  |  |  |
|  |  |  |  |  |  |  |  |

由于各准备工作之间有相互依从的关系，除用上述表格编制施工准备工作计划外，还可采用编制施工准备工作网络计划的方法，以明确各项准备工作之间的关系，找出关键路线，尽量缩短准备工作的时间，使各项工作有领导、有组织、有计划和分期分批地进行。

**2. 建立相关制度**

（1）建立严格的责任制

由于施工准备工作范围广、项目多，故必须有严格的责任制度。把施工准备工作的责任落实到有关部门和个人，以便按计划要求的内容和时间进行工作。现场施工准备工作应由项目经理部全权负责。

（2）建立检查制度

在施工准备工作实施过程中，应定期进行检查，可按周、半月、月度进行检查。主要检查施工准备工作计划的执行情况。如果没有完成计划要求，应进行分析，找出原因，排除障碍，协调施工准备工作进度或调整施工准备工作计划。检查的方法可用实际与计划进行对比；或相关单位和人员在一起开会，检查施工准备工作情况，当场分析产生问题的原

因，提出解决问题的办法。后一种方法见效快，解决问题及时，现场采用较多。

（3）实行开工报告和审批制度

施工准备工作完成到满足开工条件后，项目经理部应申请开工，即打开工报告，报企业领导审批方可开工。实行建设监理的工程，企业还应将开工报告送监理工程师审批，由监理工程师签发开工通知书，在限定时间内开工，不得拖延。

单位工程开工报告的形式见表 2-2。

**表 2-2 单位工程开工报告**

| 工程名称 | | 工程地点 | |
|---|---|---|---|
| 建筑面积 | | 机构类型、层数 | |
| 筹建单位 | | 工程造价 | |
| 施工单位 | | 承包方式 | |
| 国家定额工期 | | 工地技术负责人 | |
| 申请开工日期 | 年 月 日 | 计划竣工日期 | 年 月 日 |

| 序号 | 单位工程开工的基本条件 | 完成情况 |
|---|---|---|
| 1 | 勘察设计资料、图纸会审 | |
| 2 | 供电、给排水 | |
| 3 | 道路畅通 | |
| 4 | 平整场地 | |
| 5 | 施工组织设计（施工方案）的编制、审批 | |
| | （1）施工方案 | |
| | （2）施工进度计划 | |
| | （3）主要材料进场 | |
| | （4）成品、半成品加工、构件供应 | |
| | （5）主要施工机具、设备进场 | |
| | （6）劳动力落实 | |
| | （7）施工平面布置图、现场安全守则及必要措施 | |

| 施工单位上级主管部门意见： | 筹建单位意见： | 质监站意见： |
|---|---|---|
| | | |
| （签章） | （签章） | （签章） |
| 年 月 日 | 年 月 日 | 年 月 日 |

注：本表由施工单位（处、队）填报，一式五份，质监站、筹建单位、监理单位、银行和主管部门自存。

### 3. 必须贯穿于施工全过程

工程开工以后，要随时做好作业条件的施工准备工作。施工顺利与否，与施工准备工作的及时性和完善性有很大关系。因此，企业各职能部门要面向施工现场，同重视施工活动一样重视施工准备工作，及时解决施工准备工作中的技术、机械设备、材料、人力、资金、管理等各种问题，以提供工程施工的保证条件。项目经理应十分重视施工准备工作，加强施工准备工作的计划性，及时做好协调、平衡工作。

## 本章小结

施工准备工作，从总准备到作业准备，涉及面广，且贯穿施工全过程，因此五个方面的准备内容必须责任落实到部门和个人，实行检查制度，才能做到万无一失，使施工顺利进行。

## 思考题

**2-1** 试述施工准备工作的意义。

**2-2** 简述施工准备工作的种类和主要内容。

**2-3** 原始资料的调查包括哪些方面？各方面内容有哪些？

**2-4** 图纸自审应掌握哪些重点？

**2-5** 编制施工组织设计前主要收集哪些参考资料？

**2-6** 施工现场准备包括哪些内容？

**2-7** 物资准备包括哪些内容？

**2-8** 施工现场人员准备包括哪些内容？

**2-9** 收集一份工程承包合同和一份总分包合同。

**2-10** 调查一个建筑工地的混凝土搅拌站，列出搅拌站所用机械、设备和其他器具的规格、数量。

**2-11** 调查一个建筑工地的施工现场人员配备情况，并分析这样配备是否与该工程的规模和复杂程度相适应。

# 3 流水施工方法

## 内容提要

本章通过几种施工方式的比较，引出了建筑工程流水施工的概念及优越性，详细地介绍了流水施工参数，针对土建单位工程的四大分部工程流水施工的方式，并附有三个不同工程对象的流水施工应用实例。

任务：编制进度计划。

## 要点说明

本章学习重点是流水施工原理和流水施工方式，难点是流水参数的确定与应用，核心为用横道图作进度计划。

关键词：流水。

流水即像流水一样连续不断。流水施工方法是组织施工的一种科学方法。建筑工程的流水施工与工业企业中采用的流水线生产极为相似。不同的是，工业生产中各个工件在流水线上，从前一工序向后一工序流动，生产者是固定的；而在建筑施工中各个施工对象都是固定不动的，专业施工队伍则由前一施工段向后一施工段流动，即生产者是移动的。

## 3.1 流水施工概述

### 3.1.1 基本概念

流水施工是指所有的施工过程按一定的时间间隔依次投入施工，各个施工过程陆续开工、陆续竣工，使同一施工过程的施工班组保持连续、均衡施工，不同施工过程尽可能平行搭接施工的组织方式，如图 3-1 所示。

从图 3-1 中可知：流水施工各施工班组能连续、均衡地施工，前后施工过程尽可能平行搭接施工，比较充分地利用了工作面。

### 3.1.2 组织流水施工的条件

**1. 划分施工段**

根据组织流水施工的需要，将拟建工程尽可能地划分为劳动量大致相等的若干个施工

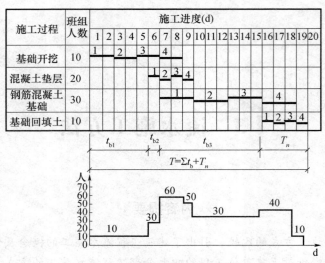

图 3-1　流水施工（全部连续）

注：图中 $t_{b1}$、$t_{b2}$、$t_{b3}$ 分别表示挖土与垫层、垫层与基础、基础与回填的流水步距

横道上的数字表示施工段，这里指第 1～4 栋房子

$T$——总工期；$\sum t_{b_{i,i+1}}$——各流水步距之和；$T_n$——流水施工中最后一个施工过程的持续时间

段（区），也可称为流水段（区）。

建筑工程组织流水施工的关键是将建筑单件产品变成多件产品，以便成批生产。由于建筑产品体型庞大，通过划分施工段（区）就可将单件产品变成"批量"的多件产品，从而形成流水作业的前提。没有"批量"就不可能也没必要组织任何流水作业。每一个段（区），就是一个假定"产品"。

**2. 划分施工过程**

把拟建工程的整个建造过程分解为若干个施工过程。划分施工过程，是为了对施工对象的建造过程进行分解，以便逐一实现局部对象的施工，从而使施工对象整体得以实现。也只有这种合理的解剖，才能组织专业化施工和有效协作。

**3. 每个施工过程组织独立的施工班组**

在一个流水分部中，每个施工过程尽可能组织独立的施工班组，其形式可以是专业班组，也可以是混合班组。这样可使每个施工班组按施工顺序，一次地、连续地、均衡地从一个施工段转移到另一个施工段，进行相同的操作。

**4. 主要施工过程必须连续、均衡地施工**

主要施工过程是指工程量较大、作业时间较长的施工过程。主要施工过程必须连续、均衡地施工；次要的施工过程，可考虑与相邻的施工过程合并。如不能合并，为缩短工期，可考虑间断式施工。

**5. 不同施工过程尽可能组织平行搭接施工**

不同施工过程之间的关系，关键是工作时间上有搭接和工作空间上有搭接。在有工作面的条件下，除必要的技术和组织间歇时间外，应尽可能组织平行搭接施工。

### 3.1.3　流水施工与其他施工方式的比较

为了进一步说明建筑工程中流水施工的优越性，可将流水施工同其他施工方式进行比较。组织施工时，除了流水施工外还可采用依次施工、平行施工。现以四幢房屋的基础工程为例（挖土、垫层、钢筋混凝土基础、回填），采用三种施工方式进行效果分析。

例如，某四幢房屋的基础工程有 4 个施工过程：基槽挖土（2d）、混凝土垫层（1d）、钢筋混凝土基础（3d）、回填土（1d），每幢为一个施工段。现分别采用依次、平行施工和流水施工方式组织施工。

### 3.1.3.1 采用依次施工

依次施工是各施工段或施工过程依次开工、依次完成的一种施工组织方式。将上述四幢房屋的基础工程组织依次施工，其施工进度安排如图 3-2 和图 3-3 所示。这种方法的优点就是单位时间内投入的劳动力和物资较少，施工现场管理简单，但专业工作有间歇性，工地物资的消耗也有间断性，工期显然拉得很长。它适用于工作面有限、规模较小的工程。总工期 $T = m \sum t_i$。

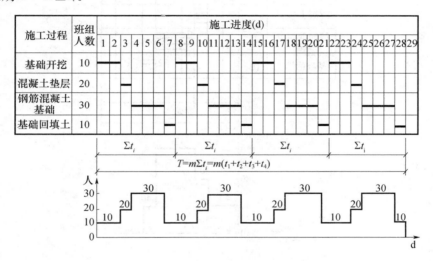

图 3-2 依次施工（按施工段）

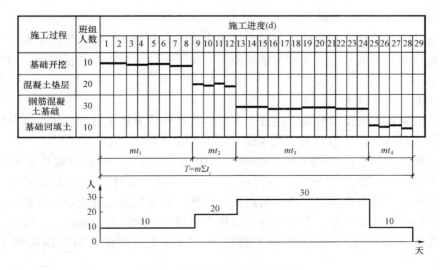

图 3-3 依次施工（按施工过程）

### 3.1.3.2 采用平行施工

平行施工是全部工程任务的各施工段同时开工、同时完成的一种施工组织方式。

将上述四幢房屋的基础工程组织平行施工，其施工进度安排如图 3-4 所示。从图 3-4 可知，完成四幢房屋基础所需时间等于完成一幢房屋基础的时间。

这种方法最大的优点就是工期短，充分利用工作面。但专业工作队数目成倍增加，现场临时设施增加，物资的消耗集中，这些情况都会带来不良的经济效果。这种方法一般适用于工期要求紧、大规模的建筑群。总工期 $T = \sum t_i$。

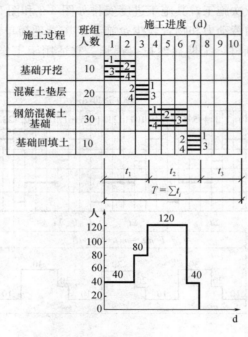

图 3-4  平行施工

### 3.1.3.3 采用流水施工

流水施工分为连续式流水施工和间断式流水施工。有时人们将连续式流水施工视为流水施工，而将间断式流水施工又称为搭接施工，实际上，流水施工是搭接施工的一种特定形式。

（1）间断式流水施工

间断式流水施工是指部分施工过程不连续，将这种部分施工过程连续、部分施工过程间断的分部工程施工，称为间断式流水施工。

将上述四幢房屋基础工程组织搭接施工，如图 3-5 所示。这种方法是常见的组织方式，它既不是将 $m$ 段施工过程一次进行施工，也不是平行施工，而是陆续开工，陆续竣工，同时把各施工过程最大限度地搭接起来。因此，前后施工过程之间安排紧凑，充分利用工作面，有利于缩短工期，但有些施工过程会出现不连续现象。如图 3-5 所示，混凝土垫层、墙基（素混凝土）、回填等施工过程中工人作业有间断，但工期比流水施工提前 2d。

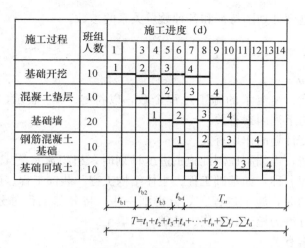

图 3-5　间断式异节拍流水施工

（2）连续式流水施工

将上述四幢房屋的基础工程组织流水施工，其施工进度如图 3-1 所示。

图 3-1 为连续式异节拍流水施工，从图中可以看出，流水施工的优点是保证了各工作队的工作和物质的消耗具有连续性和均衡性，能消除依次和平行施工的缺点，同时保留了它们的优点。

连续式流水施工的特点：

连续式流水施工也是搭接施工的一种特定形式，它最主要的组织特点是施工过程（工序）的作业连续性。在一个工程对象上，有时受到工程性质，特别是工作面形成方式的制约，难以组织施工过程的流水作业。在这种情况下，只能组织搭接施工，施工过程的连续性问题，应通过生产调度或在多个工程组织施工过程的流水作业来解决。

流水施工的经济效益：

流水施工使建筑安装生产活动有节奏、连续和均衡地进行，在时间和空间上合理组织，其技术经济效果是明显的。

①按专业工种建立劳动组织，实行生产专业化，有利于劳动生产率的不断提高。

②科学地安排施工进度，使各施工过程在保证连续施工的条件下最大限度地实施搭接施工，从而减少因组织不善而造成的停工、窝工损失，合理地利用了施工的时间和空间，有效缩短了施工工期。

③施工的连续性、均衡性，使劳动消耗、物资供应等都处于相对平稳状态，充分发挥管理水平，降低工程成本。

现代建筑施工是一项非常复杂的组织管理工作，尽管理论上的流水施工组织方法和实际情况会有差异，但是它所总结的一套理论上的流水施工组织方法和技术分析的原理，对于施工生产活动的组织还是具有很大帮助的。

# 3.2　流水施工参数

流水施工参数是指组织流水施工时，为了表示各施工过程在时间上的相互依存关系，引入一些描述施工进度计划图特征和各种数量关系的参数。

### 3.2.1 工艺参数

**1. 施工过程数 $n$**

施工过程数是指一组流水的施工过程个数，以符号"$n$"表示，施工过程划分的数目、粗细程度一般与下列因素有关：

（1）与施工进度计划的作用有关

一幢房屋的建造，当编制控制性施工进度计划时，组织流水施工过程划分可粗一些，一般只列出分部工程名称，如基础工程、主体结构工程、装饰工程、屋面工程等。当编制指导性施工进度计划时，施工过程宜划分得细一些，将分部工程再分解为若干个分项工程，如将基础工程分解为挖土、垫层、基础、回填土。

（2）与施工方案有关

不同的施工方案，其施工顺序和方法也不相同，如框架主体结构采用的模板不同，其施工过程划分数目就不相同。

（3）与劳动组织及劳动量大小有关

施工过程的划分与施工班组及施工习惯有关。如安装玻璃、油漆施工可合也可分，因为有的是混合班组。施工班组的划分还与劳动量大小有关，劳动量小的施工过程，当组织流水施工有困难时，可与其他施工过程合并。如垫层劳动量较小时可与挖土合并为一个施工过程，这样可以使各个施工过程的劳动量大致相等，便于组织流水施工。

**2. 流水强度 V**

流水强度是指每一施工过程在单位时间内所完成的工程量。

（1）机械施工过程的流水强度按下式计算：

$$V = \sum_{i=1}^{x} R_i S_i \tag{3-1}$$

式中　$R_i$——某种施工机械台数；

　　　$S_i$——该种施工机械台班生产率；

　　　$x$——用于同一施工过程的主导施工机械种类数。

（2）手工操作过程的流水强度按下式计算：

$$V = RS \tag{3-2}$$

式中　$R$——每一工作队工人人数（$R$ 应小于工作面上允许容纳的最多人数）；

　　　$S$——每一工人每班产量定额。

### 3.2.2 时间参数

**1. 流水节拍 $t_i$**

流水节拍是指一个施工过程在一个施工段上的作业时间，用符号 $t_i$ 表示（$i=1, 2\cdots$）。

（1）流水节拍的计算

流水节拍的长短直接关系到投入劳动力、机械和材料量的多少，决定着施工速度和施工的节奏性。因此，流水节拍数值的确定很重要，通常有两种确定方法：一种是根据工期要求确定；另一种是根据现有能够投入的资源（劳动力、机械台数和材料量）确定，但须满足最小工作面的要求。流水节拍的计算式为：

$$t_i = \frac{Q_i}{S_i R_i Z_i} = \frac{P_i}{R_i Z_i} \qquad (3-3)$$

或 $$t_i = Q_i H_i / R_i Z_i = P_i / R_i Z_i \qquad (3-4)$$

式中 $t_i$——某施工过程流水节拍；

$Q_i$——某施工过程在某施工段上的工程量；

$S_i$——某施工过程的每工日产量定额；

$R_i$——某施工过程的施工班组人数或机械台数；

$Z_i$——每天工作班制；

$P_i$——某施工过程在某施工段上的劳动量；

$H_i$——某施工过程采用的时间定额。

若流水节拍根据工期要求来确定，则也很容易使用上式计算所需的人数（或机械台数）。但在这种情况下，必须检查劳动力和机械供应的可能性，及物资供应能否相适应。

（2）确定流水节拍考虑的因素

①施工班组人数要适宜，既要满足最小劳动组合人数要求，又要满足最小工作面的要求。

所谓最小劳动组合，就是指某一施工过程进行正常施工所必需的最低限度的班组人数及其合理组合，可参考施工定额。如模板安装就要按技工和普工的最少人数及合理比例组成工作组，人数过少或比例不当都将引起劳动生产率的下降。

②最小工作面是指施工班组为保证安全生产和有效操作所必需的工作面。它决定了最高限度可安排多少工人。不能为了缩短工期而无限增加人数，否则将造成工作面的不足而产生窝工。

③工作班制要恰当。工作班制要视工期要求确定。当工期不紧迫，工艺上又无连续施工要求时，可采用一班制；当组织流水施工时，为了给第二天连续施工创造条件，某些施工过程可考虑在夜班进行，即采用二班制；当工期紧迫或工艺上要求连续施工，或为了提高施工机械的使用率时，某些项目可考虑三班制施工。

④机械的台班效率或机械台班产量的大小。

⑤节拍值一般取整数，必要时可保留 0.5d（台班）的小数值。

**2. 流水步距 $t_b$**

流水步距是两个相邻的施工过程先后进入同一施工段开始施工的时间间隔，用符号 $t_{b_{i,i+1}}$ 表示（$i$ 表示前一个施工过程，$i+1$ 表示后一个施工过程）。

在施工段不变的情况下，流水步距越大，工期越长；流水步距越小，则工期越短。

流水步距的数目等于（$n-1$）个参加流水施工的施工过程数。确定流水步距的基本要求是：

（1）各施工过程按各自流水速度施工，始终保持工艺顺序。

（2）主要专业队连续施工。流水步距的最小长度，必须使专业队进场以后，不发生停工、窝工的现象。

（3）相邻两个施工过程（或专业工程队）在满足连续施工的前提下，能最大限度地实现合理搭接。

（4）流水步距不含间歇时间和搭接时间。流水步距的确定常用分析计算法，有时也可考虑公式法。用分析计算法时，当相邻的后一个施工过程流水节拍大于等于前一个施工过程流水节拍时，可从左向右安排，否则相反。

**3. 间歇时间 $t_j$**

（1）技术间歇。有些施工过程完成后，后续施工过程不能立即作业，必须有足够的时间间歇。例如，钢筋混凝土的养护、油漆的待燥等。

（2）组织间歇。组织间歇是指由于考虑组织技术因素，两相邻施工过程在规定流水步距之外所增加的必要时间间隔，以便对前道工序进行检查验收，对下道工序做必要的准备工作。

**4. 搭接时间 $t_d$**

为保证每个施工段的正常作业程序，不发生前一个施工过程尚未全部完成，后一个施工过程便提前介入的现象。但有时为了缩短时间，在工艺技术条件允许的情况下，某些次要专业队也可以在前一个施工过程尚未全部完成的情况下，后一个施工过程便提前介入搭接进行。

**5. 流水工期 $T$**

流水工期是指完成一项工程任务或一个流水组施工所需的时间。一般可用下式计算：

$$T = \sum t_{b_{i,i+1}} + T_n \tag{3-5}$$

式中  $\sum t_{b_{i,i+1}}$ —— 流水施工中各流水步距之和；

$T_n$ —— 流水施工中最后一个施工过程的持续时间，$T_n = mt$。

工期可安排完自然得到，而不必用公式计算。

## 3.2.3 空间参数

**1. 施工段数 $m$**

施工段是组织流水施工时将施工对象在平面上划分若干个劳动量大致相等的施工区段。它的数目用 $m$ 表示。每个施工段在某一段时间内只供一个施工过程的工作队使用。

施工段的作用是为了组织流水施工，保证不同的施工班组在不同的施工段上同时进行施工，并使各施工班组能按一定的时间间歇转移到另一个施工段进行连续施工，既消除等待、停歇现象，又互不干扰。

划分施工段的基本要求：

（1）施工段的数目要适宜。施工段数过多势必要减少人数，工作面不能充分利用，拖长工期；施工段数过少，则会引起劳动力、机械和材料供应的过分集中，有时还会造成"断流"的现象。

（2）以主导施工过程为依据。划分施工段时，以主导施工过程的需要来划分。主导施工过程是指对总工期起控制作用的施工过程，如多层框架结构房屋的钢筋混凝土工程等。

（3）施工段的分界与施工对象的结构界限（温度缝、沉降缝或单元尺寸）或栋号一致，以便保证施工质量。

（4）各施工段的劳动量尽可能大致相等，以保证各施工班组连续、均衡地施工。

（5）当组织流水施工对象有层间关系时，应使各队能够连续施工。即各施工过程的工作队做完第一段，能立即转入第二段，做完第一层的最后一段，能立即转入第二层的第一段。因而每层最少施工段数目 $m$ 最好满足：$m \geqslant n$。

当 $m=n$ 时，工作队连续施工，施工段上始终有施工班组，工作面能充分利用，无停歇现象，也不会产生工人窝工现象，比较理想。

当 $m>n$ 时，施工班组仍是连续施工，虽然有停歇的工作面，但不一定是不利用的，有时还是必要的，如利用停歇的时间做养护、备料、弹线等工作。

当 $m<n$ 时，施工班组不能连续施工而窝工。因此，对一个建筑物组织流水施工是不适宜的，但是，在建筑群中可与另一些建筑群组织大流水施工。

**2. 工作面 $a$**

工作面是表示施工对象上可能安置多少工人操作或布置施工机械场所的大小。

对于某些施工过程，在施工一开始时就已经同时在整个长度或广度上形成了工作面，这种工作面称为完整的工作面（如挖土）。而有些施工过程的工作面是随着施工过程的进展逐步形成的，这种工作面称为部分工作面（如砌墙）。不论是哪一种工作面，通常前一施工过程的结束就为后一个施工过程提供了工作面。在确定一个施工过程必要的工作面时，不仅要考虑前一施工过程为这个施工过程所能提供的工作面的大小，也要遵守保证安全技术和施工技术规范的规定。主要工种工作面参考数据见表 3-1。

**表 3-1　主要工种工作面参考数据**

| 工作项目 | 每个技工的工作面 | 说明 |
|---|---|---|
| 砖基础 | 7.6m/人 | 以 $1\frac{1}{2}$ 砖计，2 砖乘以 0.8，3 砖乘以 0.55 |
| 砌砖墙 | 8.5m/人 | 以 1 砖计，$1\frac{1}{2}$ 砖乘以 0.71，3 砖乘以 0.55 |
| 混凝土柱、墙基础 | 8m³/人 | 机拌、机捣 |
| 混凝土设备基础 | 7m³/人 | 机拌、机捣 |
| 现浇钢筋混凝土柱 | 2.45m³/人 | 机拌、机捣 |
| 现浇钢筋混凝土梁 | 3.20m³/人 | 机拌、机捣 |
| 现浇钢筋混凝土墙 | 5m³/人 | 机拌、机捣 |
| 现浇钢筋混凝土楼板 | 5.3m³/人 | 机拌、机捣 |
| 预制钢筋混凝土柱 | 3.6m³/人 | 机拌、机捣 |
| 预制钢筋混凝土梁 | 3.6m³/人 | 机拌、机捣 |
| 预制钢筋混凝土屋架 | 2.7m³/人 | 机拌、机捣 |
| 混凝土地皮及面层 | 40m²/人 | 机拌、机捣 |
| 外墙抹灰 | 16m²/人 | — |
| 内墙抹灰 | 18.5m²/人 | — |
| 卷材屋面 | 18.5m²/人 | — |
| 防水水泥砂浆屋面 | 16m²/人 | — |

**3. 施工层数 $C$**

施工层数是指施工对象在竖向上划分的操作层。它是根据设计要求和施工操作的要求划分的。一般民用建筑可以按一个楼层为一个施工层；而较高的单层工业厂房围护墙砌筑则宜划分为多个施工层，如按每 2~3 步架为一个施工层进行流水作业。

## 3.3  与流水施工方式有关的术语

### 3.3.1  细部流水

细部流水是在一个专业班组使用同一生产工具，依次连续不断地在各施工段中，完成同一施工过程的工作。如室内装饰工程中，抹灰班组依次在各施工段上，连续完成抹灰工作等，均为细部流水。

### 3.3.2  分部工程流水

分部工程流水是指为完成分部工程而组建起来的全部细部流水的总和，即若干个专业班组依次连续不断地在各施工段上重复完成各自的工作。随着前一个专业班组完成前一个施工过程之后，接着后一个专业班组来完成下一个施工过程，依此类推，直到所有专业班组都经过了各施工段，完成了分部工程为止。如某现浇钢筋混凝土工程由绑扎钢筋、安装模板、浇筑混凝土三个细部流水组成。

### 3.3.3  单位工程流水

单位工程流水是指为完成单位工程而组织起来的专业流水的总和，即所有专业班组依次在一个施工对象的各施工段中连续施工，直至完成单位工程为止。例如，多层框架结构房屋，它是由基础分部工程流水、主体分部流水以及装饰分部工程流水组成，单位工程就是各分部工程流水的总和。

### 3.3.4  建筑群流水

建筑群流水是指为完成工业或民用建筑群而组织起来的全部单位工程流水的总和。

另外有分别流水法，是指将若干个分别组织的分部工程流水，按照施工工艺顺序和要求搭接起来，组织成一个单位工程或建筑群等的流水施工。譬如多层建筑中，常将基础工程组织成全等节拍流水，主体工程组织成间断式异节拍流水施工，装饰工程组织成连续式异节拍流水施工，屋面工程组织成一次施工，四大分部工程分别采用不同的合理的流水方式（除屋面外），即为分别流水。有时将同一分部工程不同的施工过程采用不同的流水节拍（包括异节拍流水和非节奏流水），也称为分别流水法。

## 3.4  流水施工的方式

流水施工方式根据流水施工节拍特征的不同，可分为全等节拍流水施工、成倍节拍流水施工、异节拍流水施工和非节奏流水施工。

### 3.4.1  全等节拍流水施工

全等节拍流水施工是指各个施工过程的流水节拍均为常数的一种流水施工方式。即同一施工过程在各施工段上的流水节拍都相等，并且不同施工过程之间的流水节拍也相等的一种流水施工方式。根据其间歇与否又可分为无间歇全等节拍流水和有间歇全等节拍流水。

### 3.4.1.1　无间歇全等节拍流水施工

无间歇全等节拍流水施工是指各个施工过程之间没有技术和组织间歇时间，且流水节拍均相等的一种流水施工方式。

（1）无间歇全等节拍流水施工的特征

①同一施工过程流水节拍相等，不同施工过程流水节拍也相等，即 $t_1 = t_2 = t_3 = \cdots = t_{n-1} = t_n = $ 常数，做到这一点的前提是使各施工段的工程量基本相等。

②各施工过程之间流水步距的确定

$$t_{b_{i,i+1}} = t_i \tag{3-6}$$

式中　$t_i$——第 $i$ 个施工过程的流水节拍；

$t_{b_{i,i+1}}$——第 $i$ 个施工过程和第 $i+1$ 个施工过程之间的流水步距。

③无间歇全等节拍流水工程的工期计算

$$T = \sum t_{b_{i,i+1}} + T_n \tag{3-7}$$

因为 $$\sum t_{b_{i,i+1}} = (n-1)t_i \text{；} \quad T_n = mt_i$$

所以 $$T = (n-1)t_b + mt_i = (n-1)t_i + mt_i = (m+n-1)t_i \tag{3-8}$$

式中　$T$——某工程流水施工工期；

$\sum t_{b_{i,i+1}}$——所有步距之和；

$T_n$——最后一个施工过程流水节拍总和。

【例3-1】某分部工程划分为 A、B、C、D 四个施工过程，每个施工过程分为 5 个施工段，流水节拍均为 3d，试组织全等节拍流水施工。

【解】（1）计算流水工期

$$T = (m+n-1)\ t_i = (5+4-1)\ \times 3 = 24\ (\text{d})$$

（2）用横道图绘制流水进度计划，如图 3-6 所示。

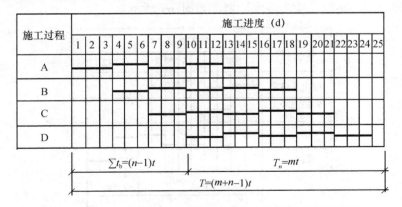

图 3-6　某分部工程无间歇全等节拍流水施工进度计划（横道图）

### 3.4.1.2　有间歇全等节拍流水施工

有间歇全等节拍流水施工是指各个施工过程之间有的需要技术或组织间歇时间，有的可搭接施工，其流水节拍均相等的一种流水施工方式。

（1）有间歇全等节拍流水施工的特征

同一施工过程流水节拍相等，不同施工过程流水节拍也相等。

（2）有间歇全等节拍流水施工的工期计算

$$T = \sum t_{bi, i+1} + \sum t_j - \sum t_d + T_n$$

因为
$$\sum t_{b i, i+1} = (n-1)t_i ; \quad T_n = mt_i$$

所以 $T = (n-1)t_i + mt_i + \sum t_j - \sum t_d = (m+n-1)t_i + \sum t_j - \sum t_d$ （3-9）

式中 $t_j$——第 $i$ 个施工过程与第 $i+1$ 个施工过程之间的间歇时间；

$t_d$——第 $i$ 个施工过程与第 $i+1$ 个施工过程之间的搭接时间；

$\sum t_j$——所有间歇时间总和；

$\sum t_d$——所有搭接时间总和。

【例 3-2】某七层框架结构四单元住宅的基础工程，分为两个施工段，各施工过程的流水节拍及人数见表 3-2，混凝土浇捣后，应养护 3d 才能进行墙体砌筑，试组织流水施工。

表 3-2　各施工过程的流水节拍及人数

| 施工过程 | 劳动量 | 工作班制 | 人数 | 流水节拍 |
|---|---|---|---|---|
| 挖土及垫层 | 40 | 1 | 20 | 2 |
| 钢筋混凝土基础 | 26 | 1 | 13 | 2 |
| 基础墙 | 42 | 1 | 21 | 2 |
| 回填 | 20 | 1 | 10 | 2 |

【解】（1）计算工期

$$T = (m+n-1)t_i + \sum t_j - \sum t_d = (2+4-1) \times 2 + 3 - 0 = 13(d)$$

（2）用横道图绘制流水施工进度计划，如图 3-7 所示。

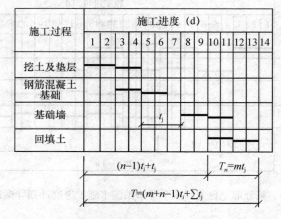

图 3-7　某基础工程有间歇流水施工进度计划

### 3.4.1.3 全等节拍流水施工方式的适用范围

全等节拍流水施工比较适用于分部工程流水，尤其是施工过程数不多（3～5个）的分部工程（如基础工程），不适用于大型的建筑群。因为全等节拍流水施工虽然是一种比较理想的流水施工方式，它能保证专业班组的工作连续，工作面充分利用，实现均衡施工，但由于它要求所划分的各分部工程都采用相同的流水节拍，这对建筑群来说，不容易做到。因此，实际应用范围不是很广泛。

## 3.4.2 成倍节拍流水施工

成倍节拍流水施工是指同一个施工过程在各个施工段的流水节拍相等，不同施工过程之间的流水节拍不完全相等，但各个施工过程的流水节拍均为其中最小流水节拍的整数倍的流水施工方式。

**1. 成倍节拍流水施工的特征**

（1）同一施工过程流水节拍相等，不同施工过程流水节拍等于或为其中的整数倍。

（2）各个施工段的流水步距等于其中最小的流水节拍。

（3）每个施工过程的工作队数等于本施工过程流水节拍与最小的流水节拍的比值，即：

$$Z_i = t_i / t_{min} \tag{3-10}$$

式中　$Z_i$——某个施工过程所需施工队数；

$t_{min}$——所有流水节拍中的最小者。

**2. 成倍节拍流水步距的确定**

$$t_{b_{i,i+1}} = t_{min} \tag{3-11}$$

**3. 成倍流水施工工期的计算**

$$T = (m + n' - 1) t_{min} \tag{3-12}$$

式中：$n'$——施工班组总数目，$n' = \sum Z_i$。

从式（3-10）与式（3-11）中可以看出，成倍节拍流水施工实质上是一种全等节拍流水施工的特殊形式。成倍节拍流水施工是通过对流水节拍大的施工过程相应增加班组数，使它转换为步距 $t_{b_{i,i+1}} = t_{min}$ 的全等节拍流水。

**【例 3-3】** 某分部工程有 A、B、C、D 四个施工过程，$m = 6$，流水节拍分别为 $t_a = 2d$，$t_b = 6d$，$t_c = 4d$，$t_d = 2d$，试组织成倍节拍流水施工。

**【解】** $t_{min} = 2$（d）

则 $Z_d = t_a / t_{min} = 2/2 = 1$（个）

$Z_b = t_b / t_{min} = 6/2 = 3$（个）

$Z_c = t_c / t_{min} = 4/2 = 2$（个）

$Z_d = t_d / t_{min} = 2/2 = 1$（个）

施工队总数：$n' = \sum Z_i = 1 + 3 + 2 + 1 = 7$（个）

工期为 $T = (m + n - 1) = (6 + 7 - 1) \times 2 = 24$（d）

根据计算的流水参数绘制施工进度计划表，如图 3-8 所示。

流水步距常采用分析计算法。

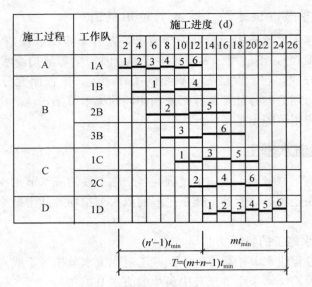

| 施工过程 | 工作队 | 施工进度（d） | | | | | | | | | | | | |
|---|---|---|---|---|---|---|---|---|---|---|---|---|---|---|
| | | 2 | 4 | 6 | 8 | 10 | 12 | 14 | 16 | 18 | 20 | 22 | 24 | 26 |
| A | 1A | 1 2 3 4 5 6 | | | | | | | | | | | | |
| B | 1B | | | 1 | | | 4 | | | | | | | |
| | 2B | | | | 2 | | | 5 | | | | | | |
| | 3B | | | | | 3 | | | 6 | | | | | |
| C | 1C | | | | | | 1 | 3 | 5 | | | | | |
| | 2C | | | | | | | 2 | 4 | 6 | | | | |
| D | 1D | | | | | | | 1 2 3 4 5 6 | | | | | | |

图 3-8　成倍节拍流水施工进度计划

**4. 成倍节拍流水施工方式的适用范围**

成倍节拍流水施工方式比较适用于线型工程（道路、管道）的施工。

### 3.4.3　异节拍流水施工

异节拍流水施工是指同一施工过程在各个施工段的流水节拍相等，不同施工过程之间的流水节拍至少有一个不相等的施工方式。

**1. 异节拍流水施工的特征**

（1）同一施工过程流水节拍相等，不同施工过程流水节拍至少有一个不相等。

（2）各个施工过程之间的流水步距不一定相等。

**2. 异节拍流水步距的确定**

$t_{b_{i,i+1}} = t_i$（当 $t_i \leqslant t_{i+1}$ 时）

$t_{b_{i,i+1}} = mt_i - (m-1) t_{i+1}$（当 $t_i > t_{i+1}$）

**3. 间歇和搭接时间安排**

安排进度计划时考虑间歇和搭接时间。

**4. 异节拍流水施工工期的计算**

$$T = \sum t_{b_{i,i+1}} + T_n + \sum t_j - \sum t_d = \sum t_{b_{i,i+1}} + mt_n + \sum t_j - \sum t_d$$

【例 3-4】某工程划分为甲、乙、丙、丁四个施工过程，分三个施工段组织流水施工，各施工过程的流水节拍分别为 $t_甲 = 2d$，$t_乙 = 3d$，$t_丙 = 5d$，$t_丁 = 2d$，施工过程乙完成后需要 1d 的技术间歇时间。试求各施工过程之间的流水步距及该工程的工期。

【解】（1）计算流水步距

方法一：公式法

因为　$t_甲 < t_乙$

所以　$t_{b甲-乙} = t_甲 = 2$（d）；

因为 $t_乙 < t_丙$

所以 $t_{b乙-丙} = t_乙 = 2$ （d）；

因为 $t_丙 > t_丁$

所以 $t_{b丙-丁} = mt_丙 - (m-1)t_丁 = 3×5 - (3-1)×2 = 11$ （d）。

方法二：分析计算法

实践中，流水步距常采用分析计算法，而工期可安排完自然得到。分析计算法适用于各种流水方式，原则及步骤：

①前一施工过程的第 $i$ 段完后，安排相邻后一施工过程的第 $i$ 段；

②当后一施工过程的流水节拍大于等于前一施工过程流水节拍时，从左向右安排；当后一施工过程的流水节拍小于前一施工过程流水节拍时，从右向左安排；

③保证连续，因为每个施工过程只有一个班组，所以同一施工过程不应出现搭接现象；

④施工过程甲安排完后，安排施工过程乙。

（2）安排进度计划时考虑间歇和搭接时间。

（3）计算流水工期

$$T = \sum t_{b_{i,i+1}} + mt_n + \sum t_j - \sum t_d = 2 + 3 + 11 + 3×2 + 1 - 0 = 23(d)$$

根据计算的流水参数绘制施工进度计划表，如图 3-9 所示。

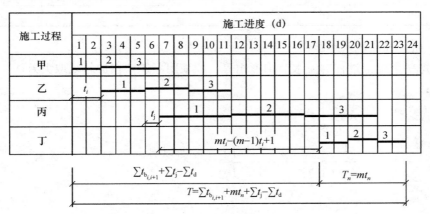

图 3-9 异节拍流水施工进度计划

**5. 异节拍流水施工方式的适用范围**

异节拍流水施工方式适用于分部和单位工程流水施工，它允许不同施工过程采用不同的流水节拍，因此，在进度安排上比全等节拍流水灵活，实际应用较广泛。

## 3.4.4 非节奏流水施工

非节奏流水施工是指相同或不相同的施工过程的流水节拍不完全相等的一种流水施工方式。

在实际工程中，非节奏流水施工是较常见的流水施工方式。因为它不像有节奏流水施工那样有一定的时间规律约束，在进度安排上比较灵活、自由。

**1. 非节奏流水施工的特征**

（1）同一施工过程流水节拍不完全相等，不同施工过程流水节拍也不完全相等。

（2）各个施工过程之间的流水步距不完全相等，差异较大。

**2. 非节奏流水步距的确定**

非节奏流水步距的计算是采用"累加斜减计算法"，即：

第一步：将每个施工过程的流水节拍逐段累加；

第二步：错位相减，即从前一个施工班组由加入流水起到完成该段工作止的持续时间和减去后一个施工班组由加入流水起到完成前一个施工段工作止的持续时间和（即相邻斜减），得到一组差数；

第三部：取上一步斜减差数中的最大正值作为流水步距。

**【例 3-5】** 某分部工程流水节拍见表 3-3，试计算流水步距和工期。

表 3-3 某分部工程流水节拍值

| 施工过程 ＼ 施工段 | 1 | 2 | 3 | 4 |
|---|---|---|---|---|
| A | 3 | 2 | 1 | 4 |
| B | 2 | 3 | 2 | 3 |
| C | 1 | 3 | 2 | 3 |
| D | 2 | 4 | 3 | 1 |

**【解】**（1）计算流水步距

由于每一个施工过程的流水节拍不相等，故采用上述"累加斜减取大差法"计算。现计算如下：

①求 $t_{bA-B}$：

$$
\begin{array}{rrrrr}
 & 3 & 5 & 6 & 10 \\
- & & 2 & 5 & 7 & 10 \\
\hline
 & 3 & 3 & 1 & 3 & -10
\end{array}
$$
所以 $B_{A-B}=3$（天）

②求 $t_{bB-C}$：

$$
\begin{array}{rrrrr}
 & 2 & 5 & 7 & 10 \\
- & & 1 & 4 & 6 & 9 \\
\hline
 & 2 & 4 & 3 & 4 & -9
\end{array}
$$
所以 $B_{B-C}=4$（天）

③求 $t_{bC-D}$：

$$
\begin{array}{rrrrr}
 & 1 & 4 & 6 & 9 \\
- & & 2 & 6 & 9 & 10 \\
\hline
 & 1 & 2 & 0 & 0 & -10
\end{array}
$$
所以 $B_{C-D}=2$（天）

（2）计算流水工期

$$T=\sum t_{b_{i,i+1}}+T_n=3+4+2+10=19 \text{（天）}$$

根据计算的流水参数绘制施工进度计划表，如图 3-10 所示。

流水步距也可采用分析计算法，而工期可安排完自然得到。

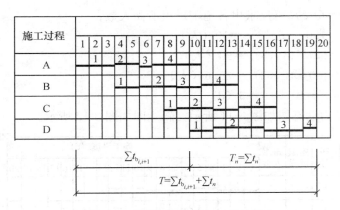

图 3-10　非节奏流水施工进度计划

**3. 非节奏流水施工方式的适用范围**

非节奏流水施工适用于各种不同结构性质和规模的工程施工组织。由于它不像有节奏流水施工那样有一定的时间规定约束，在进度安排上比较灵活、自由，适用于分部工程和单位工程及大型建筑群的流水施工，是流水施工中应用较多的一种方式。

## 3.4.5　综合举例

【例 3-6】　已知数据见表 3-4，试求：

（1）若工期规定为 18 天，试组织全等节拍流水施工，并分别画出其横道图、劳动力动态变化曲线及斜线图。

（2）若工期不规定，组织不等节拍流水施工，分别画出其横道图、劳动力动态变化线及斜线图。

（3）试比较两种流水方案，采用哪一种比较有利？

表 3-4　数据资料表

| 施工过程 | 总工程数量 | | 产量定额 | 班组人数 | | 流水段数 |
| --- | --- | --- | --- | --- | --- | --- |
| | 单位 | 数量 | | 最低 | 最高 | |
| A | m² | 600 | 5m²/工日 | 10 | 15 | 4 |
| B | m² | 960 | 4m²/工日 | 10 | 20 | 4 |
| C | m² | 1600 | 5m²/工日 | 10 | 40 | 4 |

【解】　根据已知资料可知：施工过程数 $n=3$，施工段数 $m=4$，各施工过程在每一施工段上的工程量为：

$Q_A=600/4=150m^2$

$Q_B=960/4=240m^2$

$Q_C=1600/4=400m^2$

①首先考虑按工期要求组织全等节拍流水。根据题意可知：总工期 $T=18$ 天，流水节拍 $t_i=t=$ 常数。根据公式 $T=t_i$（$m+n-1$）可反求出各个施工班组所需人数：

$$t=T/（m+n-1）=18/（4+3-1）=3（d）$$

又根据公式 $t=Q/SR$ 可反求出各施工班组所需人数：

$R_A=Q_A/S_At=150/（5×3）=10（人）$

$R_B=Q_B/S_Bt=240/（4×3）=20（人）$

$R_C=Q_C/S_Bt=400/（5×3）=26.6（人）$

流水步距：$B_{1-2}=B_{2-3}=t=3（d）$

横道图及劳动力动态图如图3-11所示，斜线图如图3-12所示。

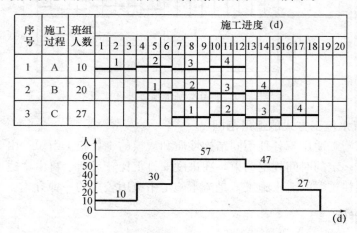

图3-11　横道图及劳动力动态曲线

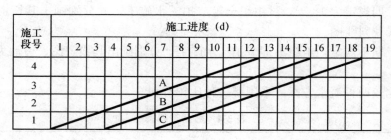

图3-12　斜线图

②按不等节拍流水组织施工。首先根据各班组最高和最低限制人数，求出各施工的最小和最大流水节拍：

$t_{1,min}=Q_A/S_AR_{A,max}=150/（5×15）=2（d）$

$t_{1,max}=Q_A/S_AR_{A,min}=150/（5×10）=3（d）$

$t_{2,min}=Q_B/S_BR_{B,max}=240/（4×20）=3（d）$

$t_{2,max}=Q_B/S_BR_{B,min}=240/（4×12）=5（d）$

$t_{3,min}=Q_C/S_CR_{C,max}=400/（5×40）=2（d）$

$t_{3,max}=Q_C/S_CR_{C,min}=400/（5×20）=4（d）$

考虑到尽量缩短工期，并且使各班组人数变化趋势均衡，因此，取：

$t_1=2（d）；R_A=15（人）$

$t_2=3（d）；R_B=20（人）$

$t_3=4（d）；R_C=20（人）$

确定流水步距：因为 $t_1 < t_2 < t_3$，根据公式 $t_{b,i+1} = t_i$ $(t_i \leqslant t_{i+1})$ 得：

$t_{b1} = t_1 = 2$ （d）

$t_{b2} = t_2 = 3$ （d）

计算流水工期：根据公式 $T_L = \sum t_{b,i+1} + mt_n$ $(i = 1, 2 \cdots n)$ 得：

$T = t_{b1-2} + t_{b2-3} + mt_3 = 2 + 3 + 4 \times 4 = 21$ （d）

横道图及劳动力动态图如图 3-13 所示，斜线图如图 3-14 所示。

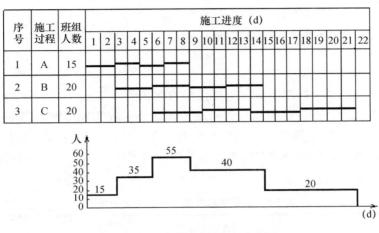

图 3-13　横道图及劳动力动态图

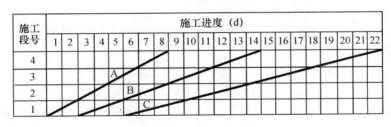

图 3-14　斜线图

比较上述两种情况，前者工期为 18 天，劳动力峰值为 57 人，总计消耗劳动量 684 个工日，劳动力最大变化幅度为 27 人，施工节奏性好。后者工期为 21 天，劳动力峰值为 55 人，总计消耗劳动量 680 个工日，劳动力最大变化幅度为 20 人，劳动力动态曲线比较平缓。两种情况相比，有关劳动力资源的参数和指标相差不大，且均满足最低劳动组合人数和最高工作面限制人数的要求，但前者较后者提前 3 天，因此采用第一种方法较好。

## 3.5　流水施工的应用

在土建施工中，流水施工是一种行之有效的科学组织施工的计划方法。编制施工进度计划时应根据施工对象的特点，选择适当的流水施工方式组织施工，以保证施工的节奏性、均衡性以及连续性。

选择流水方式的思路：在上节中已阐述全等节拍、成倍节拍、异节拍、非节奏等四种流水施工方式。如何正确选用上述流水方式，需根据工程具体情况而定。通常做法是将单位工程流水先分解为分部工程流水，然后根据分部工程的各施工过程的劳动量的大小、施工班组人数来选择流水施工方式。若分部工程的施工过程数目不多（3～5 个），可以通过调整班组人数使各施工过程的流水节拍相等，从而采用全等节拍流水施工方式，这是一种较理想、较合理的流水方式。若分部工程的施工过程数目较多，要使其流水节拍相等较困难，则可考虑流水节拍的规律，选择成倍节拍、异节拍、非节奏流水施工方式。

### 3.5.1　砖混结构流水施工应用实例

#### 3.5.1.1　工程背景

本工程为四层四单元砖混结构住宅楼，建筑面积为 $1560m^2$。基础采用混凝土条形基础，主体结构为砖混结构，楼板为现浇钢筋土，屋面工程为现浇钢筋混凝土屋面板，贴 APP 卷材防水，外加架空隔热层。装修工程为铝合金窗、胶合板门，外墙用白色墙砖贴面，内墙为中级抹灰、乳胶漆涂料饰面。本工程计划工期为 130 天，工程已经具备施工条件，总劳动量见表 3-5。

表 3-5　某幢四层砖混住宅劳动量一览表

| 序号 | 分项工程名称 | 劳动量/工日 | 序号 | 分项工程名称 | 劳动量/工日 |
|---|---|---|---|---|---|
| 一 | 基础工程 | | 14 | 拆梁板（含楼梯）模板 | 120 |
| 1 | 挖土 | 180 | 三 | 屋面工程 | |
| 2 | 混凝土垫层 | 20 | 15 | 找平层 | 32 |
| 3 | 基础钢筋及模板 | 40 | 16 | 防水层 | 40 |
| 4 | 基础及基础墙混凝土 | 135 | 17 | 隔热层 | 32 |
| 5 | 回填土 | 50 | 四 | 装饰工程 | |
| 二 | 主体工程 | | 18 | 天棚中级抹灰 | 220 |
| 6 | 脚手架 | 102 | 19 | 内墙中级抹灰 | 156 |
| 7 | 构造柱钢筋 | 68 | 20 | 楼地面（含楼梯）抹灰 | 190 |
| 8 | 砌砖墙 | 1120 | 21 | 铝合金窗 | 24 |
| 9 | 构造柱模板 | 80 | 22 | 胶合板门 | 20 |
| 10 | 构造柱混凝土 | 280 | 23 | 涂料、油漆 | 19 |
| 11 | 梁板（含楼梯）模板 | 528 | 24 | 外墙面砖 | 240 |
| 12 | 梁板（含楼梯）钢筋 | 200 | 五 | 水电工程 | |
| 13 | 梁板（含楼梯）混凝土 | 600 | 六 | 其他工程 | |

#### 3.5.1.2　施工组织过程分析

本工程由基础、主体、屋面、装饰及水电等分部组成，因各分部的各分项工程的劳动量差异较大，故采用对各分部分别组织流水，减少窝工现象，然后再考虑各分部之间的相互搭接施工。

本工程的水电分部为非主导部分，一般随基础、主体的施工同步穿插进行。

（1）基础工程

基础工程包括基槽挖土等 5 个施工过程（$n=5$），因施工工程数较少，故按全等节拍流水方式组织施工，划分为两个施工段（$m=2$），采用一班制（$N=1$），各施工工程持续时间（$D$）如图 3-15 所示（如 $D_挖=Q_挖/RN=180/45\times1=4$ 天，流水节拍 $t=D/m=4/2=2$ 天）。

流水步距按分析计算法进行。

（2）主体工程

主体工程分为构造柱钢筋等 8 个施工工程（$n=8$）。脚手架工程可穿插进行。由于每个施工过程的劳动量差异较大，故采用（间断式）异节拍流水施工方式。

每层划分为两个施工段（$m=2$，共计 8 个），采用不同班制（$N=1\sim3$），各施工工程持续时间（$D$）如图 3-15 所示。因每层 $m=2<n=8$，根据流水施工原理，按此方式组织施工，工作面连续，但专业工作队有窝工现象。但本工程只要求砌墙专业工作队施工连续，就能保证施工顺利进行，其余班组人员可根据现场情况统一调配。

流水步距按分析计算法进行。从图 3-15 可以看出，这里一层一段楼板混凝土与二层一段构造柱钢筋两个工序之间似乎没有间歇，但实际施工中由于平板混凝土量不大，一层一段楼板混凝土为商品混凝土，白班干，保证 8～20 个小时（视室外气温高低而定）间隔，即保证一层一段楼板混凝土强度达到不小于 1.2MPa，从而保证楼板混凝土不因工人的踩踏、钢筋的划挫和机械的重压等而破坏。

隔层拆模（浇完混凝土 14 天后），而一层 4 月中浇筑混凝土，气温在 10℃ 左右，需要两周左右拆模，可见，可选择不掺早强剂，但拆模时应检查混凝土强度是否已达到规定强度（如 75%）。四层 5 月中浇筑混凝土，气温在 15℃ 左右，需一周左右拆模，这里保守取 9 天。

（3）屋面工程

屋面工程分为防水层等 2 个施工工程，考虑屋面防水要求高，所以防水层和隔热层不分段施工，按依次施工的组织形式（非流水形式）施工。

各施工工程持续时间（$D$）如图 3-15 所示。

防水层实际包含结合层（做防水层前 1 天）、防水层（找平层完 3～4 天后）。

（4）装饰工程

装饰工程分为楼地面（含楼梯）抹灰等 6 个施工过程，为了经济起见，采用（连续式）异节拍流水施工方式。

室内装饰每层划分为 1 个施工段（$m=1$，共计 4 个），室外装饰不分段（$m=1$，共计 1 个），采用相同班制（$N=1$）。各施工过程持续时间（$D$）如图 3-15 所示。

流水步距按分析计算法进行。当相邻的后一个施工过程的流水节拍小于前一个时，可采用正排法，若相邻的后一个施工过程的流水节拍大于前一个，可采用倒排法。

室外装饰及屋面工程尽量避开雨季施工。

（5）本工程流水施工进度计划如图 3-15 所示。

应合理确定各分部分项之间的间歇时间和搭接时间。

本工程计划工期 121 天，考虑本地区每月约有 2 天大雨停工（7 月初约 4 天，4 月按 1 天考虑），共计 9 天，则总工期 130 天，满足要求。

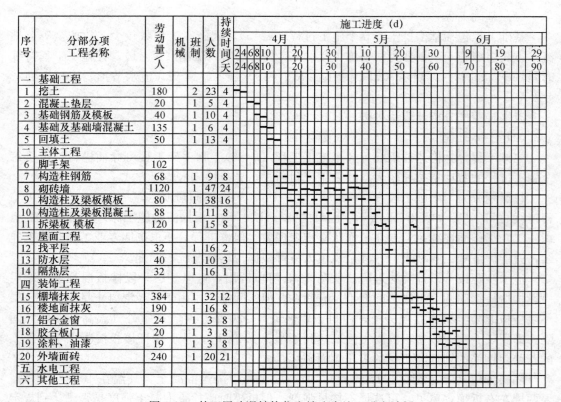

| 序号 | 分部分项工程名称 | 劳动量/人 | 机械 | 班制 | 人数 | 持续时间/天 | 施工进度（d） |
|---|---|---|---|---|---|---|---|
| 一 | 基础工程 | | | | | | |
| 1 | 挖土 | 180 | | 2 | 23 | 4 | |
| 2 | 混凝土垫层 | 20 | | 1 | 5 | 4 | |
| 3 | 基础钢筋及模板 | 40 | | 1 | 10 | 4 | |
| 4 | 基础及基础墙混凝土 | 135 | | 1 | 6 | 4 | |
| 5 | 回填土 | 50 | | 1 | 13 | 4 | |
| 二 | 主体工程 | | | | | | |
| 6 | 脚手架 | 102 | | | | | |
| 7 | 构造柱钢筋 | 68 | | 1 | 9 | 8 | |
| 8 | 砌砖墙 | 1120 | | 1 | 47 | 24 | |
| 9 | 构造柱及梁板模板 | 80 | | 1 | 38 | 16 | |
| 10 | 构造柱及梁板混凝土 | 88 | | 1 | 11 | 8 | |
| 11 | 拆梁板 模板 | 120 | | 1 | 15 | 8 | |
| 三 | 屋面工程 | | | | | | |
| 12 | 找平层 | 32 | | 1 | 16 | 2 | |
| 13 | 防水层 | 40 | | 1 | 10 | 3 | |
| 14 | 隔热层 | 32 | | 1 | 16 | 1 | |
| 四 | 装饰工程 | | | | | | |
| 15 | 棚墙抹灰 | 384 | | 1 | 32 | 12 | |
| 16 | 楼地面抹灰 | 190 | | 1 | 16 | 8 | |
| 17 | 铝合金窗 | 24 | | 1 | 3 | 8 | |
| 18 | 胶合板门 | 20 | | 1 | 3 | 8 | |
| 19 | 涂料、油漆 | 19 | | 1 | 3 | 8 | |
| 20 | 外墙面砖 | 240 | | 1 | 20 | 21 | |
| 五 | 水电工程 | | | | | | |
| 六 | 其他工程 | | | | | | |

图 3-15 某四层砖混结构住宅楼流水施工进度计划

## 3.5.2 框架结构流水施工应用实例

### 3.5.2.1 工程概况

（1）工程建设概况

某大学学生宿舍楼工程，为六层现浇钢筋混凝土框架结构，其建筑平面简图如图 3-16 所示。总建筑面积为 4406.4m²，占地面积 734.4m²，建筑层数为地上六层，建筑高度 20.50m，层高 3m，建筑物长 43.4m，宽 19.9m，平屋顶。

（2）建筑设计特点

该工程外墙为 240mm 厚煤渣小型空心砌块，塑钢窗、胶合板门；水泥砂浆涂布地面，墙面为混合砂浆刮腻子刷白色乳胶漆内墙涂料。外装饰为水泥砂浆找平后，做酚醛板保温，刷彩色乳胶漆外墙涂料。厕所为白色马赛克地面，墙面为白色瓷砖，高 1800mm。屋面为水泥砂浆找平，冷热沥青各一道隔气，磨细炉渣找坡后铺酚醛板保温，再用水泥砂浆找平，刷处理剂后，做 SBS 防水层。采用有组织室外排水。

（3）结构设计特点

该工程为现浇钢筋混凝土框架结构，抗震设计按 7 度设防，现浇梁板、楼梯，柱距 6600mm 左右，设非框架梁，跨度（三进深）7200mm＋7200mm＋2100mm。

（4）水、暖设计特点

①本工程采暖系统为地暖，热源由原锅炉房引入。

②室内给水由小区集中供给，管材采用镀锌钢管。室内排水分为污水和雨水，污水系统管材采用铸铁管及配件，用水泥打口，室内雨水系统在±0.000 以上采用焊接钢管，±0.000 以下采用铸铁管，与污水一起排出室外。

（5）电气设计特点

电源总干线采用镀锌钢管，火灾报警、消防管路全部采用镀锌钢管，其余采用 PVC 电线管，分为明配和暗配，沿地墙、天棚铺设。照明灯具为单管日光灯及白炽灯，防雷采用避雷网与柱内两根主筋焊接，在各引入点距地 1.5m 处做断接卡子。在距墙（外墙）3m 处做一环形接地网，与变压器中性点接地，共用同一接地装置。

（6）工程施工特点

①由于施工场地较狭窄，所需建筑材料及构配件在施工过程中需二次搬运。

②由于该工程要求质量高、进度快，为缩短工期，混凝土可根据天气等情况考虑掺加早强剂，以加快模板的周转。

（7）水源、电源情况

①水源：由城市自来水管网引入。

②电源：由附近变电室引入。

（8）施工图纸

本住宅楼施工平面示意图如图 3-16 所示。

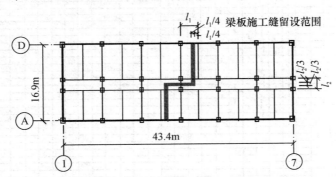

图 3-16　住宅楼施工平面示意及施工缝留设图

### 3.5.2.2　施工方案

（1）施工段确定：本工程基础和每层楼分两段施工，施工缝留设如图 3-16 所示。内装饰每层按一段施工，外装饰按东西和南北分两段施工。

（2）施工过程及其施工顺序确定：如图 3-17 所示。

基础工程分为四个施工过程，其中钢筋混凝土这一施工过程包含基础、基础梁和基础墙三部分，各自又分为钢筋（除基础墙外）、模板和混凝土。实际施工时，可将每部分的钢筋、模板和混凝土在两个施工段组织小流水，并适当考虑搭接施工。

### 3.5.2.3　工程量与劳动量情况

根据已完的施工图预算，汇总工程量，查施工定额的产量定额，求得劳动量。劳动量计算结果如图 3-17 所示。

| 序号 | 分部分项工程名称 | 劳动量/人 | 机械 | 工作班制 | 班组人数 | 每段天数 |
|---|---|---|---|---|---|---|
| 一 | 基础工程 | | | | | |
| 1 | 挖土 | 866 | | 2 | 54 | 4 |
| 2 | 垫层 | 39 | | 1 | 5 | 4 |
| 3 | 混凝土基础（含基础梁） | 285 | | 1.25 | 28 | 4 |
| 4 | 回填土 | 195 | | 1.25 | 20 | 4 |
| 二 | 主体工程 | | | | | |
| 5 | 脚手架 | 407 | | 1 | 6 | |
| 6 | 柱筋 | 176 | | 1 | 15 | 1 |
| 7 | 柱及梁板模板 | 2942 | | 1 | 61 | 4 |
| 8 | 柱混凝土 | 256 | | 1.25 | 18 | 1 |
| 9 | 梁板筋 | 1041 | | 1.25 | 34 | 2 |
| 10 | 梁板混凝土 | 1221 | | 3 | 34 | 1 |
| 11 | 拆模 | 517 | | 1 | 21 | 2 |
| 12 | 砌墙 | 1377 | | 1 | 38 | 3 |
| 三 | 屋面工程 | | | | | |
| 13 | 找平层 | 40 | | 1.25 | 16 | 2 |
| 14 | 隔气层 | 12 | | 1 | 10 | 1 |
| 15 | 找坡及保温层 | 58 | | 1 | 12 | 2 |
| 16 | 找平层 | 16 | | 1.25 | 13 | 2 |
| 17 | 结合层 | 16 | | 1.25 | 13 | 1 |
| 18 | 防水及保护层 | 84 | | 1 | 17 | 5 |
| 四 | 装饰工程 | | | | | |
| 19 | 地暖 | 1208 | | 1 | 50 | 4 |
| 20 | 墙（棚）抹灰 | 2142 | | 1.25 | 71 | 4 |
| 21 | 塑钢窗 | 88 | | 1 | 8 | 2 |
| 22 | 门 | 105 | | 1 | 9 | 2 |
| 23 | 室内涂料油漆 | 583 | | 1.25 | 39 | 2 |
| 24 | 外墙找平层 | 299 | | 1.25 | 24 | 5 |
| 25 | 外墙保温 | 294 | | 1.25 | 24 | 5 |
| 26 | 外墙涂料 | 41 | | 1 | 10 | 2 |
| 五 | 水电工程 | | | | | |
| 六 | 其他工程 | | | | | |

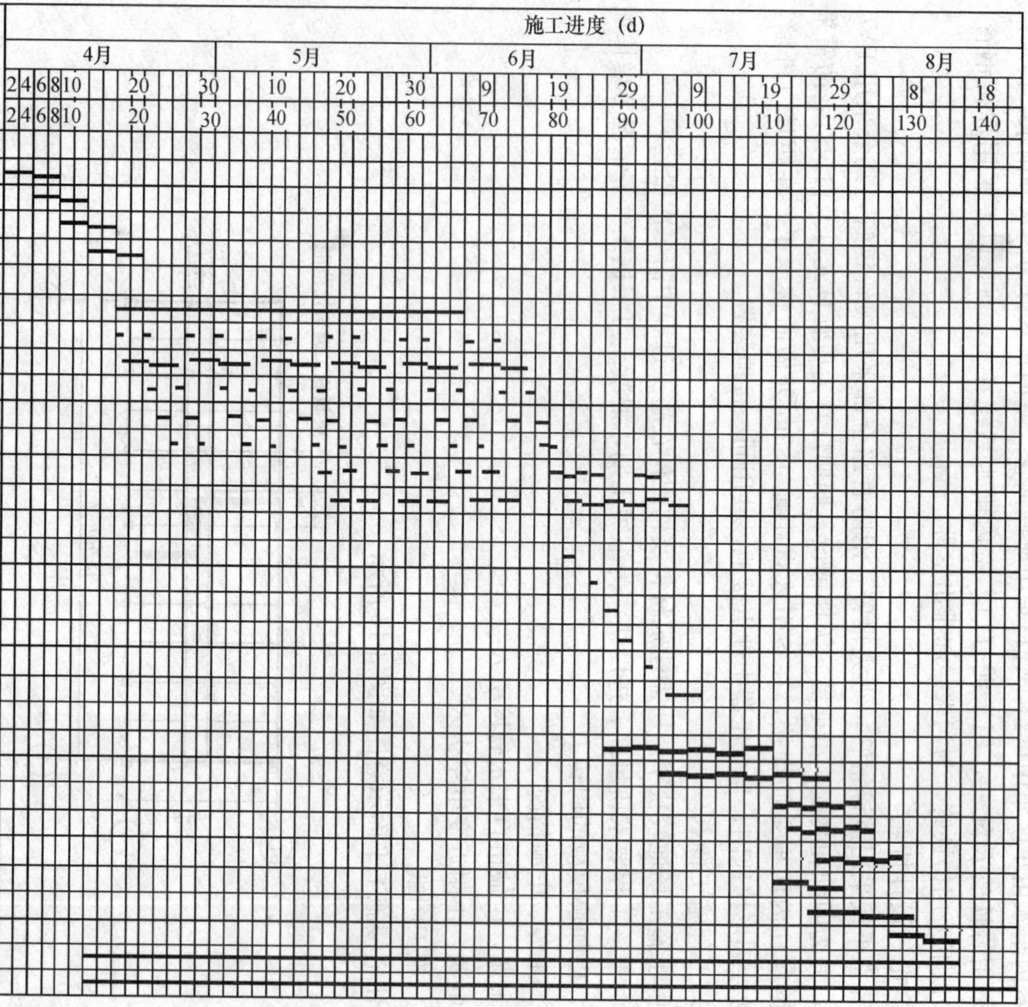


图 3-17　某六层框架结构宿舍楼横道图

（内饰顺序按 432165 层进行，外饰按东南、西北两段进行）

### 3.5.2.4 进度计划安排

（1）组织形式与流水方式确定：基础工程可采用全等节拍流水施工，主体工程采用间断式异节拍流水施工，装饰工程采用连续式异节拍流水施工，屋面工程为提高防水能力不宜分段而采用依次施工方式。

其中垫层的工程量较小，持续时间也短，但考虑有初始的放线，以及验槽可能造成意外的间歇；而填土为夯填，还要考虑地沟施工等，所以持续时间（或流水节拍）与挖土和基础两个施工过程相同。

（2）持续时间确定：根据公式（3-3）计算流水节拍 $t$，这里合并为持续时间 $D$。其中班组人数 $R$ 和班制 $Z$ 比照同类工程，并与 $t$ 协调后确定。各流水参数确定如图 3-17 所示。

（3）流水步距确定：各分部工程采用分析计算法。主体进度计划安排时，先安排第一层第 1 段柱筋至梁板混凝土，再安排第二层第 1 段柱筋至梁板混凝土；安排第一层第 2 段柱筋至梁板混凝土，找到规律，安排第二层第 2 段以及其他层柱筋至梁板混凝土；补上脚手架和拆模、砌墙等。

（4）施工间歇与搭接时间：应合理确定各施工工程之间的施工间歇时间。相关分项分部工程之间的搭接也要合理。

单位工程进度计划：将四大分部工程合理连接起来得初步安排进度计划，再进行调整得最后进度计划，施工进度计划横道图如图 3-17 所示。

## 3.5.3 排架结构单层工业厂房流水施工应用实例

### 3.5.3.1 工程概况

本工程为某装配车间新建工程，等高等跨单层厂房，厂房总长 96m，其剖面图如图 3-18 所示。车间的主要承重构件采用预制装配式钢筋混凝土结构，基础为现浇钢筋混凝土杯口基础，挖土深度 2m。

结构体系为排架结构，厂房的主要承重构件见表 3-6。

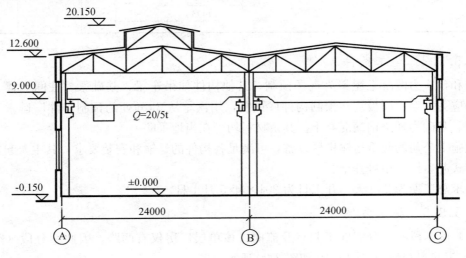

图 3-18　厂房剖面图

表 3-6　厂房的主要承重构件一览表

| 构件名称 | 型号（图集）尺寸 | 形状 | 质量（t） | 数量 |
|---|---|---|---|---|
| 屋面板 | G410（一）<br>YWB-1Ⅱ | 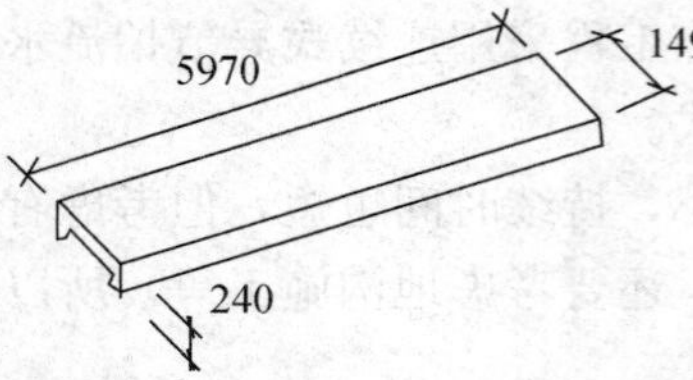 | 1.17 | 512 块 |
| 天窗架 | G360<br>GJ9-03 | 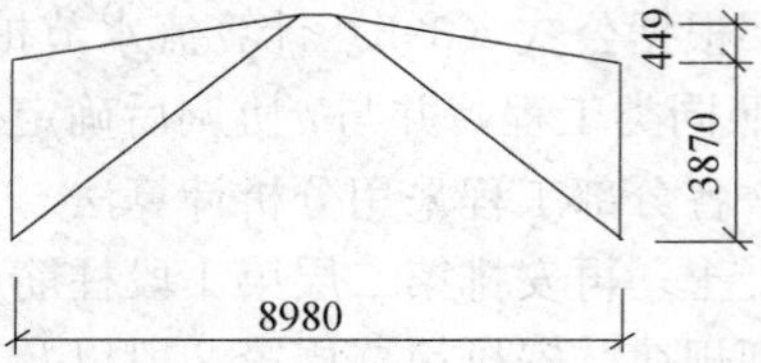 | 2.69 | 17 榀 |
| 屋架 | G415（三）<br>YWJA-24-2CC | 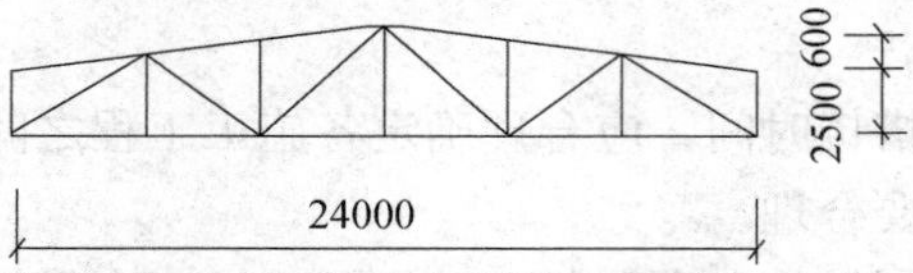 | 10.6 | 34 榀 |
| 吊车梁 | G426（二）<br>YWDL6-4 | 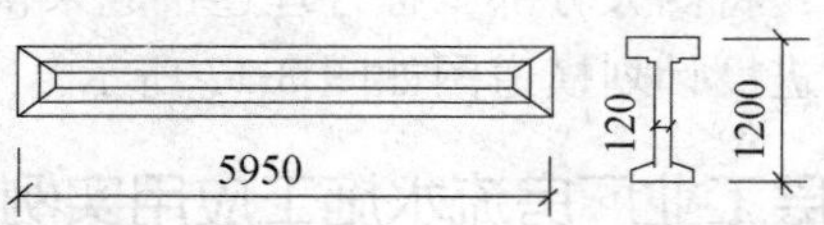 | 45.5 | 48 根 |
| 边柱<br>（mm） | 上柱 400×400<br>下柱 400×900 | 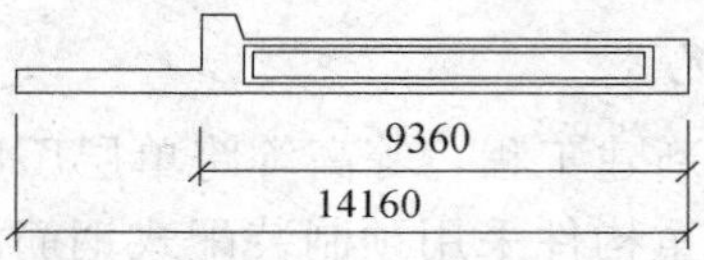 | 6.0 | 34 根 |
| 中柱<br>（mm） | 上柱 400×600<br>下柱 400×1000 | 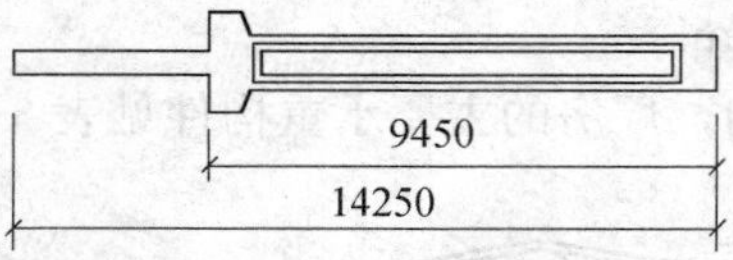 | 7.1 | 17 根 |

### 3.5.3.2　施工条件

柱和预应力混凝土屋架为现场预制，其他构件如吊车梁、基础梁、柱间支撑、天窗架、预应力大型屋面板均在预制构件厂预制，用汽车从 3km 处的预制构件厂运入工地堆放备用。基础为现浇钢筋混凝土。其余材料均可在当地采购。

该施工公司的起重运输机械设备，可满足各构件的运输和安装要求，其主要起重机械为履带式起重机，型号齐全。

要求总工期为 250 天，开工日为 201×年 5 月 1 日。

### 3.5.3.3　施工方案

（1）施工段的划分、施工起点及流向：该单层厂房仅有两跨，因此不分段（除基础外）。施工起点和流向如图 3-19 和图 3-20 所示。

（2）施工程序和顺序：现浇柱下独立杯基，埋深约 2m，因厂房设备基础无特殊要求，即采用封闭式施工（先土建后设备）。施工顺序为基础工程→预制工程→安装工程→维护工程→装饰工程。

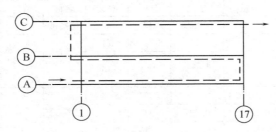

图 3-19　挖土机开行路线

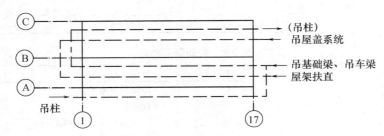

图 3-20　起重机四次开行路线

①基础工程

沿 A、B、C 三轴线分三段流水施工（抗风柱的工程量给 A、B）。

②安装工程

结构吊装采取分件吊装法，即柱→梁（基础梁、吊车梁、柱间支撑）→屋盖结构（屋架、天窗架、屋面板、屋盖支撑），分三次开行吊装完全部构件。

③预制工程

柱子预制后即进行屋架预制，并尽可能布置在跨内预制（除柱子外）。吊装前先进行屋架扶直就位及柱子就位。柱子分三段流水施工，屋架分两段流水施工。

④围护结构

施工顺序为：搭脚手架→砌墙→安装门窗框→屋面工程。垂直运输用井架，行人用斜道（南、北各一道）。

⑤装饰工程

考虑到气候影响，先室外，后室内。地面先用压路机压实，再浇注干硬性混凝土按 6×6m 分块，分区间隔灌注。

（3）起重机选择

本单厂为中型厂房，选择履带式起重机吊装。因工程量不大，根据经验，选择 1 台 W-200 即可满足要求（型号选择略）。

### 3.5.3.4　工程量、劳动量及持续时间

该工程工程量，根据已有预算获得。劳动量根据所查施工定额的产量定额，汇总而得。如基础工程工程量、劳动量及持续时间见表 3-7（其余略）。劳动量汇总见表 3-8。

表 3-7　基础工程工程量、劳动量及持续时间汇总表

| 分部分项 工程名称 | 工程量 | | 时间 定额 | 劳动量（工日） | | 机械 | | 班制 | 班组 人数 | 持续时间（d） |
|---|---|---|---|---|---|---|---|---|---|---|
| | 单位 | 数量 | | 分项 | 总量 | 名称 | 数量 | | | |
| 基坑挖土 | m³ | 3406.5 | 0.0018 | 6 | 6 | 挖掘机 | — | 1 | | 6 |
| 人工修整 | m³ | 378.5 | 0.188 | 71 | 71 | — | — | 1 | 12 | 6 |
| 垫层模板、混凝土 | m² / m³ | 69.73m³ | 1.039 /0.852 | 132 | 1168 | | | 1 | 38 | 6 |
| 拆垫层模板 | m² | 69.73 m3 | 0.519 | 36 | — | | | 1 | — | — |
| 基础模板 | m² | 69.73m³ | 0.237 | 93 | | | | 1 | — | — |
| 基础钢筋 | t | 392.45m³ | 0.061 | 24 | 351.4 | | | 1 | 39 | 9 |
| 基础混凝土 | m³ | 392.45m³ | 0.481 | 188 | | | | 1 | | |
| 基础模板拆除 | m² | 392.45m³ | 0.119 | 46.4 | | | | 1 | | |
| 第一次回填土 | m³ | 3147 m3 | 0.182 | 573 | | | | 1 | 32 | 18 |

表 3-8　劳动量汇总表

| 序号 | 分项工程名称 | 劳动量/工日 | 序号 | 分项工程名称 | 劳动量/工日 |
|---|---|---|---|---|---|
| 1 | 基坑开挖 | 6 | 14 | 屋架预应力张拉 | 61 |
| 2 | 人工修复 | 72 | 15 | 柱吊装 | 24.2 |
| 3 | 混凝土垫层（含模） | 168 | 16 | 吊车梁吊装（含基础梁） | 34.2 |
| 4 | 基础（含筋、模、混凝土） | 351.4 | 17 | 屋架扶直就位 | 2.8 |
| 5 | 回填土（第一次） | 573 | 18 | 屋架、板、支撑吊装 | 160.5 |
| 6 | 预制柱模板 | 108.6 | 19 | 脚手架 | 130 |
| 7 | 预制柱钢筋 | 50.5 | 20 | 屋面 | 210 |
| 8 | 预制柱混凝土 | 86.7 | 21 | 砌筑 | 556 |
| 9 | 预制柱拆模 | 53.6 | 22 | 外墙抹灰 | 246 |
| 10 | 预制屋架模板 | 258 | 23 | 地面（压、垫、面） | 702 |
| 11 | 预制屋架钢筋 | 16.7 | 24 | 内外墙涂料 | 60.5 |
| 12 | 预制屋架混凝土 | 153 | 25 | 水电、零星工程 | — |
| 13 | 预制屋架拆模 | 129 | | | |

### 3.5.3.5　进度计划安排

在流水施工进度计划编制中，应注意：

①安装垫层模板与浇注垫层混凝土合并为一个施工过程。

②柱子混凝土浇筑后养护 2d 拆模。

③屋架预制按照跨度分两大段，同时又按预制层分段，最后一层（即第五层）的两榀（如图 3-21）则不考虑跨间因素，合为一个施工段，故共为 9 个施工段。

④屋架养护 8d 后拆模。

⑤屋架浇注后 15d（混凝土强度达设计强度的 100%）时进行下弦预应力筋的张拉。

⑥屋架预应力筋张拉后 2d，进行屋架的扶直与就位。

⑦墙体砌筑分两段施工，每日砌筑高度不应大于 1.8m。

⑧水电零星工程一般从基础工程开始至主要工程基本完成后 1～1.5 月完工。

流水施工进度计划如图 3-22 所示。主要工程计划约 160 天，考虑每月 5 天大雨停工共约 30 天，加水电、零星工程延后 30～45 天，总工期共计 220～235 天，小于合同工期 250 天，满足要求。

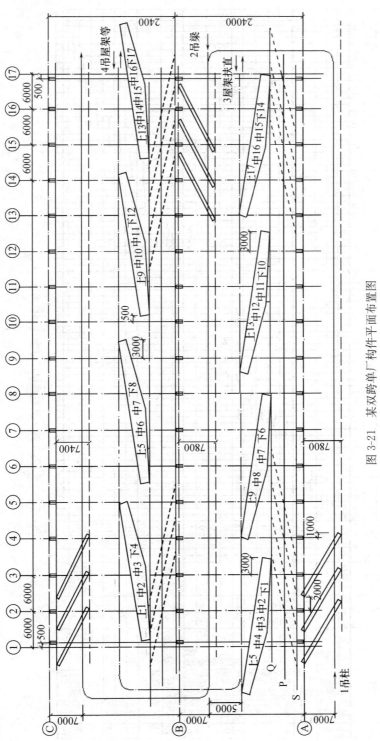

图 3-21  某双跨单厂构件平面布置图

| 序号 | 分部分项工程名称 | 劳动量（工日） | 机械 | 班制 | 人数 | 持续时间 |
|---|---|---|---|---|---|---|
| 1 | 基坑开挖 | 6 | 挖掘机 | 1 | 1 | 6 |
| 2 | 人工修复 | 72 | | 1 | 12 | 6 |
| 3 | 混凝土垫层（含模） | 168 | | 1 | 28 | 6 |
| 4 | 基础（含筋、模混凝土） | 351.4 | 蛙夯 | 1 | 39 | 9 |
| 5 | 回填土（第一次） | 573 | | 1 | 48 | 12 |
| 6 | 预制柱模板 | 108 | | 1 | 12 | 9 |
| 7 | 预制柱钢筋 | 50.6 | | 1 | 6 | 9 |
| 8 | 预制柱混凝土 | 86.7 | | 1 | 10 | 9 |
| 6 | 预制柱拆模 | 53.6 | | 1 | 6 | 9 |
| 7 | 预制屋架横板 | 258 | | 1 | 15 | 18 |
| 8 | 预制屋架钢筋 | 16.7 | | 1 | 2 | 9 |
| 6 | 预制屋架混凝土 | 153 | | 1 | 17 | 9 |
| 7 | 预制屋架拆模 | 129 | | 1 | 14 | 9 |
| 8 | 屋架预应力张拉 | 61 | | 1 | 8 | 9 |
| 9 | 柱吊装 | 24.2 | $W_1$-200 | 1 | 4 | 6 |
| 10 | 吊车梁吊装（含基础砌筑） | 34.2 | $W_1$-200 | 1 | 3 | 12 |
| 11 | 屋架扶直就位 | 2.8 | $W_1$-200 | 1 | 2 | 2 |
| 12 | 屋架、板、支撑吊装 | 160.5 | $W_1$-200 | 1 | 10 | 16 |
| 13 | 脚手架 | 130 | | 1 | 13 | 10 |
| 14 | 屋面 | 210 | | 1 | 21 | 10 |
| 15 | 砌筑 | 556 | | 1 | 56 | 10 |
| 16 | 外墙抹灰 | 246 | | 1 | 25 | 10 |
| 17 | 地面（压、垫、面） | 702 | 碾压机 | 1 | 44 | 16 |
| 18 | 内外墙涂料 | 61 | 喷涂机 | 1 | 6 | 10 |
| 19 | 水电、零星工程 | | | | | |

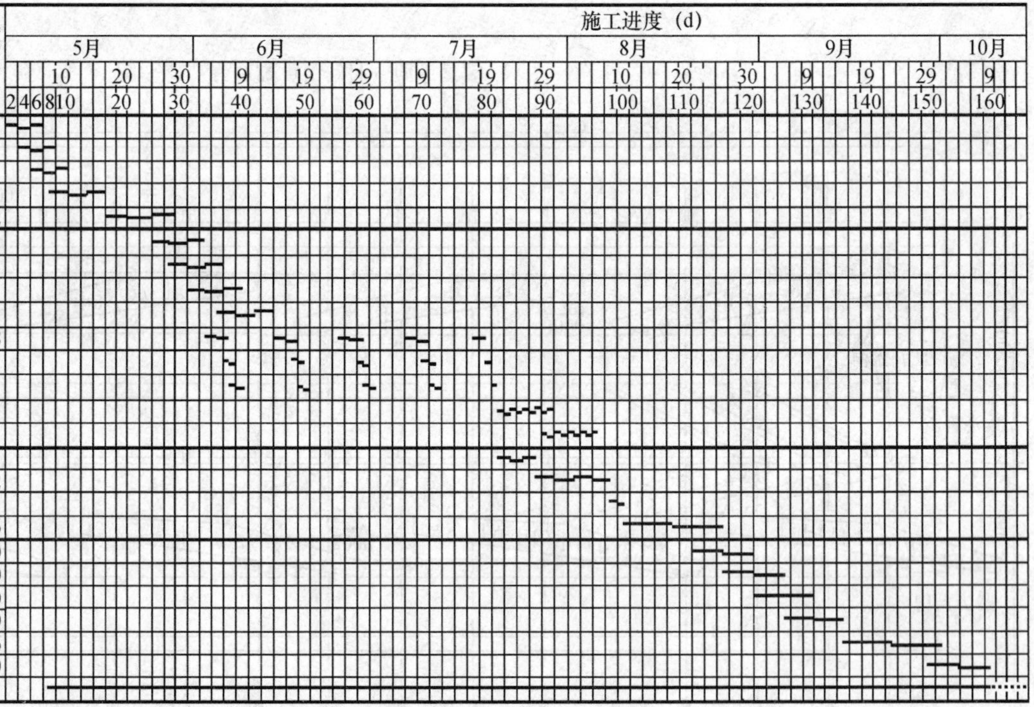

施工进度（d）：5月、6月、7月、8月、9月、10月（10～160d）

图 3-22 某双跨单厂进度计划横道图

## 本章小结

流水施工是搭接施工的一种特定形式，它集合了依次施工、平行施工、搭接施工的优点，即使同一个施工过程的班组保持连续、均匀施工，又使不同施工过程班组尽可能平行搭接施工。

流水施工按节拍的不同可以组织为全等节拍、成倍节拍、异节拍、非节奏等四种方式。它们具有各自的特点和适用范围，应视具体工程灵活选择应用。

## 思考题

**3-1** 组织流水施工需要具备哪些条件？

**3-2** 组织施工有哪些方式？各自有哪些特点？

**3-3** 流水施工中，主要参数有哪些？试分别阐述它们的含义。

**3-4** 试述流水施工的特点。

**3-5** 流水施工有哪些经济效益？

**3-6** 施工过程的划分需要考虑哪些因素？

**3-7** 流水节拍的确定应考虑哪些因素？

**3-8** 试述划分流水段的基本要求。

**3-9** 流水施工按节奏特征不同可分为哪几种方式？各有什么特点？

**3-10** 理解细部流水、分部工程流水、单位工程流水、分别流水法的含义。

## 习　　题

**3-1** 某工程有 A、B、C、D 四个施工过程，每个施工过程划分为四个施工段。设 $t_a = 2$ 天、$t_b = 4$ 天、$t_c = 3$ 天、$t_d = 1$ 天。试分别计算依次施工、平行施工及流水施工的工期，并绘出各自的施工进度计划。

**3-2** 已知某工程任务划分为五个施工过程，分五段组织流水施工，流水节拍均为 2 天，在第二个施工过程结束后有一天技术和组织间歇时间，试计算其工期并绘制进度计划。

**3-3** 某混凝土道路路面工程长为 900m，每 50m 为一个施工段；道路路面宽度为 15m，要求先挖去表层土 0.2m 并压实一遍，再用砂石三合土回填 0.3m 并压实两遍，上面为强度等级为 C15 的混凝土路面，厚 0.15m。设该工程可分为挖土、回填、混凝土 3 个施工过程。产量定额和流水节拍分别为：挖土 5 立方米/工日、$t_1 = 2$ 天；回填 3 立方米/工日、$t_2 = 4$ 天；混凝土 0.7 立方米/工日、$t_3 = 6$ 天。试组织成倍节拍流水施工并绘制横道图和劳动力动态变化曲线。

**3-4** 某分部工程，已知施工过程 $n = 4$，施工段数 $m = 4$，各施工过程在各施工段的流水节拍见表 3-9，并且在基础与回填土之间要求技术间歇为 $t_j = 2$ 天。试组织流水施工，计算流水步距与工期，并绘制其流水施工横道图且标明流水步距。

表 3-9 某分部工程各施工过程的流水节拍 (d)

| 序号 | 施工过程 | 施工段 | | | |
|---|---|---|---|---|---|
| | | ① | ② | ③ | ④ |
| 1 | 挖土 | 3 | 3 | 3 | 3 |
| 2 | 垫层 | 2 | 2 | 2 | 2 |
| 3 | 基础 | 4 | 4 | 4 | 4 |
| 4 | 回填土 | 2 | 2 | 2 | 2 |

**3-5** 试根据表 3-10 数据：（1）计算各流水步距和工期；（2）绘制流水施工进度表。

表 3-10 各施工过程的流水节拍 (d)

| 施工过程 \ 施工段 | 1 | 2 | 3 | 4 | 5 | 6 |
|---|---|---|---|---|---|---|
| A | 2 | 1 | 3 | 4 | 5 | 5 |
| B | 2 | 2 | 4 | 3 | 4 | 4 |
| C | 3 | 2 | 4 | 3 | 4 | 4 |
| D | 4 | 3 | 3 | 2 | 5 | 4 |

# 4 网络计划技术

## 内容提要

本章针对土建单位工程的四大分部工程，介绍了双代号网络计划，时间参数与时标网络计划，网络计划应用等。任务是编制进度计划。

## 要点说明

本章学习重点是标时网络计划和时标网络计划，难点是时间参数计算，用网络图作进度计划是核心。

关键词：网络。

网络即用一个巨大的虚拟画面，把所有东西连起来。为了适应生产发展和关系复杂的科学研究的需要，自 20 世纪 50 年代以来，国外陆续采用了一些计划管理的新方法，网络计划技术就是其中之一。它是由箭杆和节点组成，用来表达各项工作的先后顺序和相互关系。这种方法逻辑严密，主要矛盾突出，有利于计划的优化和调整及计算机的应用，因此网络计划技术在工业、农业、国防和关系复杂的科学研究计划管理中，都得到了广泛的应用。我国从 20 世纪 60 年代中期开始引进这种方法，经过多年的实践与应用，得到了大力的发展。

## 4.1　网络计划的基本概念

网络计划是一种用网状图形表示计划或工程开展顺序的工作流程图。通常有双代号和单代号两种表示方法，如图 4-1 和图 4-2 所示。

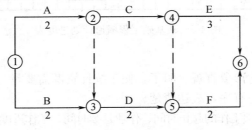

图 4-1　双代号网络图

1
A
2
3
C
1
5
E
3
0
开始
0
7
结束
0
2
B
2
4
D
2
6
F
2

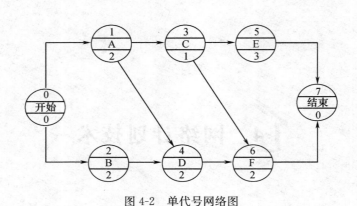

图 4-2 单代号网络图

## 4.1.1 网络计划方法的基本原理

首先绘制工程施工网络图，以此表达计划中各项先后顺序的逻辑关系；然后通过计算找出关键工作及关键线路；接着按选定目标不断改善计划安排，选择优化方案，并付诸实施；最后在执行过程中进行有效的控制和监督。

在建筑施工中，网络计划方法主要用来编制建筑企业的生产计划和工程施工的进度计划，并对计划进行优化、调整和控制，以达到缩短工期、提高工效、降低成本、增加经济效益的目的。

## 4.1.2 横道计划与网络计划的比较

**1. 横道计划**

横道计划是由一系列的横线条结合时间坐标表示各项工作起始点和先后顺序的整个计划，如图 4-3 所示。它也称甘特图（包括斜线计划），是美国人甘特在第一次世界大战前研究的，第一次世界大战以后，被广泛应用。它具有以下优缺点。

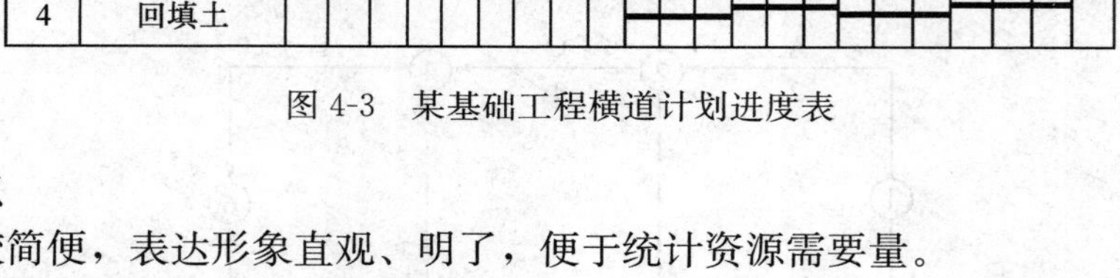

序号
工作
施工进度（d）
1 2 3 4 5 6 7 8 9 10 11 12 13 14 15 16 17 18 19 20 21 22
1
挖土及垫层
2
钢筋混凝土基础
3
基础墙
4
回填土

图 4-3 某基础工程横道计划进度表

（1）优点

①绘图较简便，表达形象直观、明了，便于统计资源需要量。

②流水作业排列整齐有序，表达清楚。

③结合时间坐标，各项工作的起止时间、作业延续时间、工作进度、总工期都能一目了然。

（2）缺点

①不能反映出各项工作之间错综复杂、相互联系、相互制约的生产和协作关系。

②不能明确指出哪些工作是关键的，哪些工作不是关键的，换言之就是不能明确反映关键线路，看不出可以灵活机动使用的时间，因此也就抓不住工作的重点，无法进行最合理的组织安排和指挥生产，不知道如何缩短工期、降低成本及调整劳动力。

③不能应用计算机计算各种时间参数，更不能对计划进行科学的调整与优化。

**2. 网络计划**

网络计划与横道计划相比具有以下优缺点。

（1）优点

①能全面而明确地反映出各项工作之间的相互依赖、相互制约的关系。

②网络图通过时间参数的计算，能确定各项工作的开始时间和结束时间，并能找出对全局性有影响的关键工作和关键线路，便于在施工中集中力量抓住主要矛盾，确保工期，避免盲目施工。

③能利用计算得出某些工作的机动时间，更好地利用和调配人力、物力，达到降低成本的目的。

④可以利用计算机对复杂的网络计划进行调整与优化，实现计划管理的科学化。

⑤在计划实施过程中能进行有效的控制与调整，保证以最小的消耗取得最大的经济效果。

（2）缺点

①流水作业不能清楚地在网络计划上反映出来。

②绘图较麻烦，表达不是很直观。

③不易看懂，不易显示资源平衡情况等。

以上不足之处可以采用时间坐标网络来弥补。

# 4.2 双代号网络图

## 4.2.1 组成双代号网络图的基本要素

双代号网络图是由箭线、节点、线路三个基本要素组成的，其各项意义如下。

**1. 箭线**

箭线是指实箭线和虚箭线，二者表示的内容不同。

（1）实箭线

在双代号网络图中，实箭线表达的内容如下：

①一项工作或一个施工过程。工作名称标注在箭线上方，如图 4-4（a）所示。箭线表示的工作可大可小，如挖土、垫层、基础、回填土各是一项工作，也可以把上述四项工作结合为一项工作，叫作基础工程，如图 4-4（b）所示。如何确定一项工作的范围取决于所绘制的网络计划的作用。

②一项工作所消耗的时间或资源，用数字标注在箭线的下方。一般而言，每项工作的完成都要消耗一定的时间及资源。只消耗时间不消耗资源的施工过程，如混凝土养护、砂浆找平层干燥等技术间歇，若单独考虑，也应作为一项工作来对待。均用实箭线表示，如图 4-4（c）所示。

57

③箭线的方向表示工作进行的方向和前进的路线，箭尾表示工作的开始，箭头表示工作的结束。

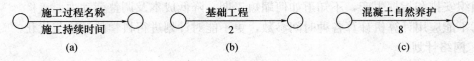

图 4-4　双代号网络工作示意图

（2）虚箭线

虚箭线仅表示工作之间的逻辑关系。它既不消耗时间，也不消耗资源。一般不标注名称，持续时间为 0，表示方式如图 4-5 所示。

图 4-5　双代号网络虚箭线两种表示方法

**2. 节点（也称结点、事件）**

在双代号网络图中节点就是圆圈。它表达的内容有以下几个方面：

（1）节点表示前面工作结束和后面工作开始的瞬间，节点不需要消耗时间和资源。

（2）节点根据其位置不同可以分为起点节点、终点节点、中间节点。起点节点是网络图的第一个节点，它表示一项计划（或工程）的开始。终点节点是网络图的终止节点，它表示一项计划（或工程）的结束。中间节点是网络图中的任意一个中间的节点，它既表示紧前各工作的结束，又表示其紧后各工作的开始，如图 4-6 所示。

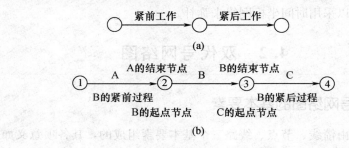

图 4-6　起点节点和终点节点

（3）每根箭线前后两个节点的编号表示一项工作。如图 4-6 中①、②表示 A 工作。

（4）对一个节点而言，可以有许多箭线通向该节点，这些箭线称为"内向箭线"或"内向工作"；同样也可以有许多箭线从同一节点出发，这些箭线称为"外向箭线"或"外向工作"，如图 4-7 所示。

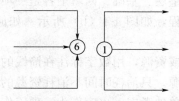

图 4-7　内向箭线和外向箭线

### 3. 线路和关键线路

网络图中，从起点节点到终点节点沿着箭线方向顺序通过一系列箭线与节点的通路，称为线路。一个网络图中，从开始事件到结束事件，一般都存在着许多线路，图 4-8 中有四条线路，每条线路都包含若干项工作，这些工作的持续时间之和就是这条线路的时间长度，即线路的总持续时间。图 4-8 中四条线路均有各自的总持续时间，见表 4-1。

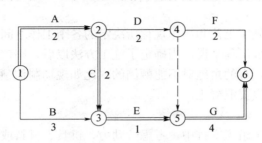

图 4-8　双代号网络图

**表 4-1　线路各自的总持续时间**

| 线路 | 总持续时间（d） |
| --- | --- |
| ①—A/2→②—C/2→③—E/1→⑤—G/4→⑥ | 9 |
| ①—A/2→②—D/2→④—→⑤—G/4→⑥ | 8 |
| ①—B/3→③—E/1→⑤—G/4→⑥ | 8 |
| ①—A/2→②—D/2→④—F/2→⑥ | 6 |

任何一个网络图中至少存在一条最长的线路，如图 4-8 中的①→②→③→⑤→⑥，这条线路的总持续时间决定了此网络计划的工期。这种线路是如期完成工程计划的关键所在，因此称为关键线路。在关键线路上的工作称为关键工作。在关键线路上没有任何机动时间，线路上的任何工作拖延时间都会导致总工期的后延。

关键线路不是一成不变的，在一定条件下，关键线路和非关键线路会互相转化，例如当关键工作的施工时间缩短，或非关键工作的施工时间拖延时，就有可能使关键线路发生转移。但在网络计划图中，关键工作的比重往往不易过大。越复杂的网络图，工作节点就越多，而关键工作的比重越小，这样有助于工程组织者集中力量抓好主要矛盾。

非关键线路都有若干天的机动时间（富裕时间），通常称它为时差。它意味着工作完成日期容许适当挪动而不影响工期。时差现实意义在于可以使非关键工作在时差允许范围内放慢施工进度，将部分人力、物力转移到关键工作上去，以加快关键工作的进程；或者在时差允许范围内改变工作开始和结束时间，以达到均衡施工的目的。

## 4.2.2　双代号网络图的绘制方法

正确绘制双代号网络图是网络计划方法应用的关键。因此，绘图时必须做到以下几个方面：一是正确表示各项逻辑关系；二是遵守绘图的基本规则；三是选择恰当的绘图排列方法。

### 1. 网络图的逻辑关系

网络图中的逻辑关系是指网络计划中所表示的各个工作之间客观上存在或主观上安排的先后顺序关系。这种顺序关系分为两类：一类是施工工艺关系，称为工艺逻辑；另一类是施工组织关系，称为组织逻辑。

（1）工艺逻辑关系

工艺逻辑关系是由施工工艺和操作规程所决定的各个工作之间客观存在的先后施工顺序。对于一个具体的分部工程来说，当确定了施工方法以后，则该分部工程的各个工作的先后顺序一般是固定的，有的是绝对不能颠倒的。比如现场制作预制桩必须在绑扎好钢筋笼和安装模板以后才能浇捣混凝土。

（2）组织逻辑关系

组织逻辑关系是施工组织安排中，考虑劳动力、机具、材料或工期等影响，在各工作之间主观上安排的先后顺序关系。这种关系不受施工工艺的限制，不是工程性质本身决定的，而是在保证施工质量、安全和工期等前提下，可以人为安排的顺序关系。比如有 A、B 两幢房屋基础工程的土方开挖，如果施工方案确定使用一台抓铲挖土机，那么先挖 A 还是先挖 B，则取决于施工方案。

### 2. 各种逻辑关系的正确表示方法

在绘制网络计划时，必须正确反映各工作之间的逻辑关系，其表示方法见表 4-2。

表 4-2　各工作之间逻辑关系在网络图中的表示方法

| 序号 | 各工作之间逻辑关系 | 用双代号网络图的表达方式 |
|---|---|---|
| 1 | A 完后进行 B、C | |
| 2 | A、B 完后，进行 C、D | |
| 3 | A、B 完后，进行 C | |
| 4 | A 完后，进行 C，A、B 完后进行 D | |

| 序号 | 各工作之间逻辑关系 | 用双代号网络图的表达方式 |
|---|---|---|
| 5 | A、B 完后进行 D，A、B、C 完后进行 E，B、D、E 完后进行 F | |
| 6 | A、B 各分成三个施工段，$A_1$ 完后进行 $A_2$、$B_1$，$A_2$ 完后进行 $A_3$，$A_2$、$B_1$ 完后进行 $B_2$，$A_3$、$B_2$ 完后进行 $B_3$ | |
| 7 | A 完后进行 B，B、C 完后进行 D | |

## 3. 绘制网络图的基本规则

网络图除了正确反映工作之间的各种逻辑关系外，还须遵循以下规则。

（1）网络图中，不允许出现一个代号代表一个工作，如图 4-9（a），工作 A 与 B 的表达是错误的，正确的表达应如图 4-9（b）中所示。

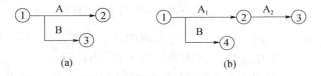

图 4-9　网络图的表达

(a) 错误的表达；(b) 正确的表示

（2）一个网络图中，只允许有一个起点节点和一个终点节点。如图 4-10（a）出现了①③两个起点节点和⑥⑦两个终点节点，都是错误的。

（3）网络图中不允许出现循环线路。如图 4-10（b）中工作②→④→⑤→③→②形成了循环回路，它所表达的逻辑关系是错误的。

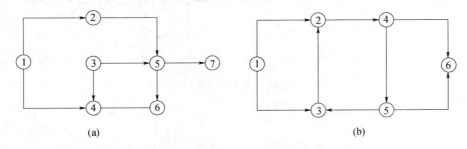

图 4-10　网络图的绘制

(a) 出现两个起点节点和两个终点节点；(b) 出现循环回路

（4）网络图中不允许出现有双向箭头或无箭头工作。如图 4-11（a）中的箭头是错误的。因为施工网络计划是一种有向图，沿箭头的方向循序前进，所以一根箭线只能有一个箭头。

另外，网络图中应尽量避免使用反向箭线，如图 4-11（b）中⑤→②，因为反向箭线容易发生错误，造成循环线路。

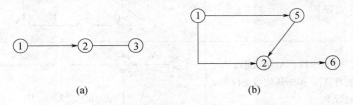

图 4-11　不允许出现双向箭头、无箭头或反向箭头

（5）一个网络图中，不允许出现同样编号的节点或箭线。图 4-12（a）中两个工作均用①→②代号表示是错误的，正确的表达如图 4-12（b）所示。此外，箭尾的编号应小于箭头的编号，编号不可重复，可连续编号或跳号。

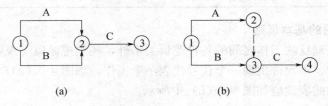

图 4-12　不允许出现相同的节点或箭线

（6）同一个网络图中，同一项工作不能出现两次。如图 4-13（a）所示，工作 C 出现了两次是不允许的，应引进虚工作，表达成如图 4-13（b）所示。

（7）网络图中，不允许出现没有箭尾节点的箭线和没有箭头节点的箭线，如图 4-14 所示。

（8）网络图中尽量避免交叉箭线，当无法避免时，应采用过桥法或指向法表示，如图 4-15 所示。

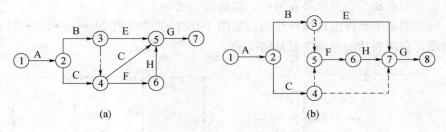

图 4-13　同一项工作不能出现两次

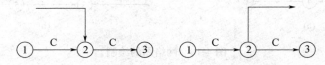

图 4-14　没有箭头节点和箭尾节点的箭线

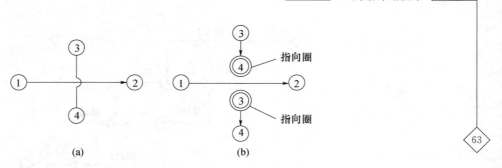

图 4-15 箭线交叉的处理方法
(a) 过桥法；(b) 指向法

（9）当网络图的起点节点有多条外向箭线或终点节点有多条内向箭线时，为使图形简洁，可应用母线法绘制。即使多条箭线经一条共用的母线线段从起点节点引出，或使多条箭线经一条共用的母线线段引入终点节点，如图 4-16 所示。

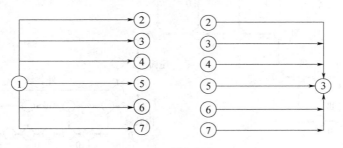

图 4-16 母线线法绘制

#### 4. 网络图的排列方法

（1）工艺顺序按水平方向排列

这种方法是把各工作的工艺顺序按水平方向排列，施工段按垂直方向排列。例如某工程有挖土、垫层、基础、回填等四项工作，分两个施工段组织流水施工，其形式如图 4-17 所示。

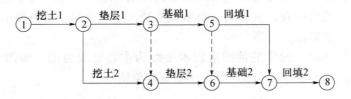

图 4-17 工艺顺序按水平方向排列

（2）施工段按水平方向排列

这种方法是把工艺顺序按垂直方向排列，施工段按水平方向排列，其形式如图 4-18 所示。

#### 5. 网络图的连接

编制一个工程规模比较复杂或有多幢房屋工程的网络计划时，一般先按不同的分部工程编制局部网络图，然后根据其相互之间的逻辑关系进行连接，形成一个总体网络图。图 4-19 为分别由某工程的基础、主体和装修三个分部工程局部网络图连接而成的总体网络图。

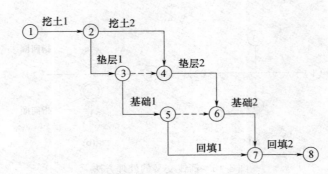

图 4-18　施工段按水平方向排列

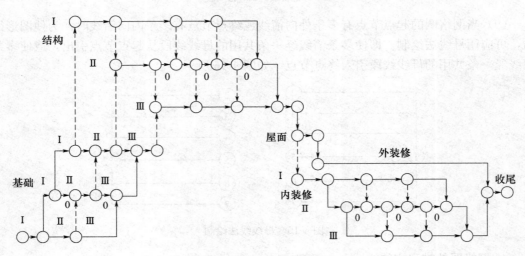

图 4-19　网络图的连接
Ⅰ——段；Ⅱ—二段；Ⅲ—三段

## 6. 绘制网络图应注意的事项

（1）层次分明、重点突出

绘制网络计划图时，首先遵循网络图的绘制规则，绘出一张符合工艺和组织逻辑关系的网络计划草图，然后检查、整理出一幅条理清楚、层次分明、重点突出的网络计划图。

（2）构图形式要简洁、易懂

绘制网络计划图时，通常的箭线应以水平线为主，竖线为辅，如图 4-20（a）所示，应尽量避免用曲线。如图 4-20（b）中②→⑥应避免使用。

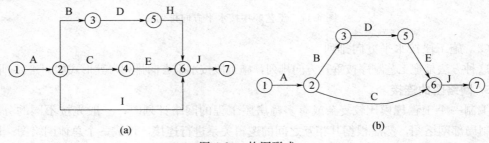

图 4-20　构图形式
（a）较好；（b）较差

（3）正确应用虚箭线

绘制网络图时，正确应用虚箭线可以使网络计划中的逻辑关系更加明确、清楚。在网络图中，虚箭线起到"断"和"连"的作用。

用虚箭线切断逻辑关系：如图 4-21（a）所示的 A、B 工作的紧后工作 C、D，如果要去掉 A 工作与 D 工作的关系，那么就增加节点，如图 4-21（b）所示。

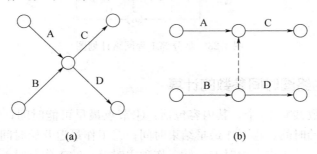

图 4-21　用虚箭线切断逻辑关系
(a) 切断前逻辑关系；(b) 切断后逻辑关系

用虚箭线连接逻辑关系：图 4-22（a）中 B 工作的紧前工作是 A 工作，D 工作的紧前工作是 C 工作。若 D 工作的紧前工作不仅有 C 工作而且还有 A 工作，那么连接 A 与 D 的关系就要使用虚箭线，如图 4-22（b）所示。

网络图中应力求减少不必要的虚箭线，如图 4-22（a）中⑤→⑥，④→⑥是多余虚箭线。正确的画法如图 4-22（b）所示。

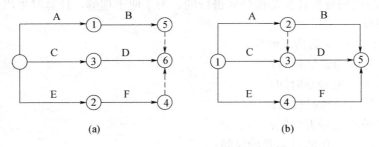

图 4-22 虚箭线的正确应用
（a）错误；（b）正确

### 7. 绘制双代号网络计划图的示例

根据表 4-3 中各工作的逻辑关系，绘制双代号网络图并进行节点编号（如图 4-23 所示）。

表 4-3　某分部工程各施工过程逻辑关系

| 施工过程 | A | B | C | D | E | F | G | H |
|---|---|---|---|---|---|---|---|---|
| 紧前过程 | 无 | A | B | B | B | C、D | C、G | F、G |
| 紧后过程 | B | C、D、E | F、G | F、G | G | H | H | 无 |

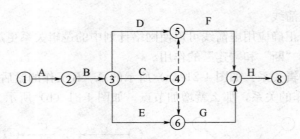

图 4-23　某分部工程网络计划图

## 4.2.3　双代号网络图时间参数的计算

网络图时间参数共有 10 个，其内容包括：①节点最早可能时间；②节点最迟可能时间；③工作最早开始时间；④工作最早结束时间；⑤工作最迟开始时间；⑥工作最迟结束时间；⑦公共时差；⑧工作自由时差；⑨工作独立时差；⑩工作总时差。

计算网络图时间参数的目的有 3 个：①确定关键线路，以便在工作中抓住主要矛盾，向关键线路"要"时间；②计算非关键线路上的富余时间，明确其存在多少机动时间，向非关键线路"要"劳动力和资源；③确定总工期，做到工程进度心中有数。

计算双代号网络图时间参数的方法有：分析计算法、图上计算法、表上计算法、矩阵计算法、电算法等。本节只介绍前两种计算法。

### 4.2.3.1　分析计算法

双代号网络图的分析计算是按公式进行的。为了便于理解，计算时采用下列符号。

**1. 常用符号**

$D_{i-j}$——工作 $i-j$ 的持续时间；

$ET_i$——$i$ 节点的最早时间；

$ET_j$——$j$ 节点的最早时间；

$LT_i$——$i$ 节点的最迟时间；

$LT_j$——$j$ 节点的最迟时间；

$ES_{i-j}$——$i-j$ 工作的最早开始时间；

$LS_{i-j}$——$i-j$ 工作的最迟开始时间；

$EF_{i-j}$——$i-j$ 工作的最早结束时间；

$LF_{i-j}$——$i-j$ 工作的最迟结束时间；

$PF_i$——$i-j$ 工作与紧前工作的公共时差；

$PF_j$——$i-j$ 工作与紧后工作的公共时差；

$FF_{i-j}$——$i-j$ 工作的自由时差；

$IF_{i-j}$——$i-j$ 工作的独立时差；

$TF_{i-j}$——$i-j$ 工作的总时差。

**2. 各种时间参数的计算**

（1）计算节点最早时间（$ET_j$）

节点的最早时间就是该节点前面工作全部完成，后面工作最早可能开始的时间。一般规定网络起点节点的最早开始时间为零，其他节点的最早时间等于从起点节点到达该节点的各线路中累加时间的最大者。其计算公式为：

$$ET_1 = 0 \qquad (4\text{-}1)$$

$$ET_j = \max\,[ET_i + D_{i-j}] \qquad (4\text{-}2)$$

【例 4-1】如图 4-24 所示，试计算节点最早时间。

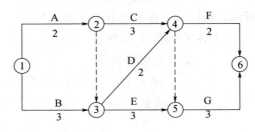

图 4-24　某工程网络图

【解】按公式（4-1）及公式（4-2）计算过程如下：

| 节点 | 计算过程 | | 节点最早时间 |
|---|---|---|---|
| | $(ET_j = \max\,[ET_i + D_{i-j}])$ | | $(ET_j)$ |
| ① | 0 | | 0 |
| ② | $(0+2)=2$ | | 2 |
| ③ | $(0+3)=3$ 与 $(2+0)=2$ | 最大值 | 3 |
| ④ | $(2+3)=5$ 与 $(3+2)=5$ | 最大值 | 5 |
| ⑤ | $(5+0)=5$ 与 $(3+3)=6$ | 最大值 | 6 |
| ⑥ | $(6+3)=9$ 与 $(5+2)=7$ | 最大值 | 9 |

（2）计算节点最迟时间（$LT_i$）

节点的最迟时间就是在不影响终点节点最迟时间的前提下，结束于该节点的各工序最迟完成时间。一般终点节点的最迟完成时间应以工程总工期为准，当无规定的情况下，终点节点最迟结束时间等于终点节点的最早时间，其他节点的最迟时间等于从终点节点逆向到达该节点的各线路中累加时间的最小值。其计算公式如下：

$$LT_n = ET_n \text{（当未规定工期时）} \qquad (4\text{-}3)$$

$$LT_n = T_r \text{（当规定工期为 } T_r \text{ 时）} \qquad (4\text{-}4)$$

$$LT_i = \min\,[LT_j - D_{i-j}] \qquad (4\text{-}5)$$

【例 4-2】如图 4-24 所示，工期无规定，试计算节点最迟时间。

【解】按公式（4-3）及公式（4-5）计算过程如下：

| 节点 | 计算过程 | | 节点最迟时间 |
|---|---|---|---|
| | $(LT_i = \min\,[LT_j - D_{i-j}])$ | | $(LT_i)$ |
| ⑥ | 9 | | 9 |
| ⑤ | $(9-3)=6$ | | 6 |
| ④ | $(6-0)=6$ 与 $(9-2)=7$ | 最小值 | 6 |
| ③ | $(6-2)=4$ 与 $(6-3)=3$ | 最小值 | 3 |
| ② | $(3-0)=3$ 与 $(6-3)=3$ | 最小值 | 3 |
| ① | $(3-3)=0$ 与 $(3-2)=1$ | 最小值 | 0 |

（3）计算各工作的最早开始时间（$ES_{i-j}$）

工作最早开始时间就是该工作最早可能开始时间，在此时间之前不具备开工条件。工作最早开始时间等于该工作左节点的最早时间，不必重新计算，即：

$$ES_{i-j}=ET_i \tag{4-6}$$

【例 4-3】如图 4-24 所示，试计算工作最早开始时间。

【解】按照公式（4-6）得出各工作的最早时间：

| 工作名称 | 左节点最早时间<br>（$ET_i$） | 工作最早时间<br>（$ES_{i-j}=ET_i$） |
|---|---|---|
| A | 0 | 0 |
| B | 0 | 0 |
| C | 2 | 2 |
| D | 3 | 3 |
| E | 3 | 3 |
| F | 5 | 5 |
| G | 6 | 6 |

（4）计算各工作的最早结束时间（$EF_{i-j}$）

工作最早结束时间就是该工作最早可能完成时间，工作最早结束时间等于该工作最早开始时间与本工作持续时间之和。其计算公式如下：

$$EF_{i-j}=ES_{i-j}+D_{i-j}=ET_i+D_{i-j} \tag{4-7}$$

【例 4-4】如图 4-24 所示，试计算工作最早结束时间。

【解】按公式（4-7），计算过程如下：

| 工作名称 | 工作最早时间<br>（$ES_{i-j}$） | 作业时间<br>（$D_{i-j}$） | 计算过程<br>（$ES_{i-j}+D_{i-j}$） | 工作最早结束时间<br>（$EF_{i-j}$） |
|---|---|---|---|---|
| A | 0 | 2 | 0＋2＝2 | 2 |
| B | 0 | 3 | 0＋3＝3 | 3 |
| C | 2 | 3 | 2＋3＝5 | 5 |
| D | 3 | 2 | 3＋2＝5 | 5 |
| E | 3 | 3 | 3＋3＝6 | 6 |
| F | 5 | 2 | 5＋2＝7 | 7 |
| G | 6 | 3 | 6＋3＝9 | 9 |

（5）计算各工作的最迟结束时间（$LF_{i-j}$）

工作最迟结束时间就是该工作最迟必须结束的时间，若超过此时间，会影响计划总工期并导致其后续工作不能按时开工。工作最迟结束时间就是该工作的右节点的最迟时间，也不必另行计算。即：

$$LF_{i-j}=LT_j \tag{4-8}$$

**【例 4-5】** 如图 4-24 所示，试计算工作最迟结束时间。

**【解】** 按照公式（4-8）计算过程如下：

| 工作名称 | 右节点最迟结束时间 ($LT_j$) | 工作最迟结束时间 ($LF_{i-j}=LT_j$) |
|---|---|---|
| A | 3 | 3 |
| B | 3 | 3 |
| C | 6 | 6 |
| D | 6 | 6 |
| E | 6 | 6 |
| F | 9 | 9 |
| G | 9 | 9 |

（6）计算各工作的最迟开始时间（$LS_{i-j}$）

工作最迟开始时间就是该工作最迟必须开始的时间。工作最迟开始时间等于该工作最迟结束时间减去本工作作业时间。其计算公式如下：

$$LS_{i-j}=LF_{i-j}-D_{i-j}=LT_j-D_{i-j} \tag{4-9}$$

**【例 4-6】** 如图 4-24 所示，试计算工作最迟开始时间。

**【解】** 按公式（4-9），计算过程如下：

| 工作名称 | 工作最迟结束时间 ($LF_{i-j}=LT_j$) | 作业时间 ($D_{i-j}$) | 计算过程 ($LF_{i-j}-D_{i-j}$) | 工作最迟开始时间 ($LS_{i-j}$) |
|---|---|---|---|---|
| A | 3 | 2 | 3－2＝1 | 1 |
| B | 3 | 3 | 3－3＝0 | 0 |
| C | 6 | 3 | 6－3＝3 | 3 |
| D | 6 | 2 | 6－2＝4 | 4 |
| E | 6 | 3 | 6－3＝3 | 3 |
| F | 9 | 2 | 9－2＝7 | 7 |
| G | 9 | 3 | 9－3＝6 | 6 |

（7）计算公共时差（$PF_i$）或（$PF_j$）

公共时差就是本工作能与紧前或紧后工作共同利用的机动时间，用符号 $PF_i$ 或 $PF_j$ 表示。本工作与紧前工作共同利用的机动时间称为紧前公共时差，本工作与紧后工作共同利用的机动时间称为紧后公共时差。在利用公共时差时，一般首先利用紧前公共时差，因为这样不影响其后工作的开工时间，其次才利用紧后公共时差。紧前或紧后公共时差值等于紧前或紧后节点的最迟时间与最早时间之差。其计算公式如下：

$$PF_i=LT_i-ET_i \text{ 或 } PF_j=LT_j-ET_j \tag{4-10}$$

**【例 4-7】** 如图 4-24 所示，试计算公共时差。

**【解】** 按公式（4-10），计算过程如下：

| 节点 | 节点最早时间 $(ET_i)$ | 节点最迟时间 $(LT_i)$ | 计算过程 $(LT_i-ET_i)$ | 公共时差 $(PF_i)$ |
|---|---|---|---|---|
| 1 | 0 | 0 | $0-0=0$ | 0 |
| 2 | 2 | 3 | $3-2=1$ | 1 |
| 3 | 3 | 3 | $3-3=0$ | 0 |
| 4 | 5 | 6 | $6-5=1$ | 1 |
| 5 | 6 | 6 | $6-6=0$ | 0 |
| 6 | 9 | 9 | $9-9=0$ | 0 |

（8）计算工作自由时差（$FF_{i-j}$）

自由时差就是各项工作在不影响紧后工作最早开始时间的条件下所具有的机动时间。

自由时差的特点：一是自由时差包含独立时差，且小于或等于总时差；二是以关键线路的节点为结束点的工作，其自由时差与总时差相等。

自由时差计算公式如下：

$$FF_{i-j}=ET_j-ET_i-D_{i-j} \tag{4-11}$$

【例 4-8】如图 4-24 所示，试计算各工作自由时差。

【解】按公式（4-11），计算过程如下：

| 工作名称 | 右节点最早时间 $(ET_j)$ | 左节点最早时间 $(ET_i)$ | 作业时间 $(D_{i-j})$ | 自由时差（计算过程）$(FF_{i-j}=ET_j-ET_i-D_{i-j})$ |
|---|---|---|---|---|
| A | 2 | 0 | 2 | $2-0-2=0$ |
| B | 3 | 0 | 3 | $3-0-3=0$ |
| C | 5 | 2 | 3 | $5-2-3=0$ |
| D | 5 | 3 | 2 | $5-3-2=0$ |
| E | 6 | 3 | 3 | $6-3-3=0$ |
| F | 9 | 5 | 2 | $9-5-2=2$ |
| G | 9 | 6 | 3 | $9-6-3=0$ |

（9）计算工作独立时差（$IF_{i-j}$）

独立时差就是非关键工作在其左节点最迟时间与右节点最早时间二者范围之内可以提前或推后作业的机动时间。它纯粹属于本工作所用的机动时间，不能被前后工作调整利用。所以在优化网络计划时，要首先利用非关键工作的独立时差，其次才考虑利用公共时差。独立时差等于右节点最早时间减去左节点最迟时间再减去作业时间。当独立时差出现负值时，说明本道工作若按左节点最迟时间开工，会影响后道工作的最早开工时间，比如独立时差等于一1，说明影响后道工作最早开工时间为1d。

独立时差的特点：一是属于本工作单独使用的机动时间，并小于或等于自由时差和总时差；二是其工作前后节点均为关键节点时，其独立时差与总时差相等；三是使用独立时差对后续工作没有影响，后续工作仍可按最早开始时间进行。独立时差计算公式如下：

$$IF_{i-j}=ET_j-LT_i-D_{i-j} \tag{4-12}$$

【例 4-9】如图 4-24 所示，试计算各工作独立时差。

**【解】** 按公式（4-12），计算过程如下：

| 工作名称 | 右节点最早时间 $(ET_j)$ | 左节点最迟时间 $(LT_i)$ | 作业时间 $(D_{i-j})$ | 独立时差（计算过程） $(IF_{i-j}=ET_j-LT_i-D_{i-j})$ |
|---|---|---|---|---|
| A | 2 | 0 | 2 | $2-0-2=0$ |
| B | 3 | 0 | 3 | $3-0-3=0$ |
| C | 5 | 3 | 3 | $5-3-3=-1$ |
| D | 5 | 3 | 2 | $5-3-2=0$ |
| E | 6 | 3 | 3 | $6-3-3=0$ |
| F | 9 | 6 | 2 | $9-6-2=1$ |
| G | 9 | 6 | 3 | $9-6-3=0$ |

（10）计算工作总时差（$TF_{i-j}$）

工作总时差简称总时差，它是各项工作在不影响工作总工期（但可能影响前后工作结束或开始时间）的前提下，所具有的机动时间（富余时间）。从图 4-24 的计算结果可以看出：工作从最早开始时间或最迟开始时间开始，均不会影响工期，其调剂利用范围是从最早开始时间到最迟完成时间。总时差等于右节点最迟时间减去左节点最早时间再减去本工作作业时间，或等于紧前公共时差加上紧后公共时差再加上独立时差。其计算公式如下：

$$TF_{i-j}=LT_j-ET_i-D_{i-j} \text{ 或 } TF_{i-j}=PF_i+PF_j+IF_{i-j} \tag{4-13}$$

**【例 4-10】** 如图 4-24 所示，试计算工作总时差。

**【解】** 按公式（4-13），计算过程如下：

| 工作名称 | 紧前公共时差 $(PF_i)$ | 紧后公共时差 $(PF_j)$ | 独立时差 $(IF_{i-j})$ | 总时差 $(PF_i+PF_j+IF_{i-j})$ |
|---|---|---|---|---|
| A | 0 | 1 | 0 | $0+1+0=1$ |
| B | 0 | 0 | 0 | $0+0+0=0$ |
| C | 1 | 1 | $-1$ | $1+1+(-1)=1$ |
| D | 0 | 1 | 0 | $0+1+0=1$ |
| E | 0 | 0 | 0 | $0+0+0=0$ |
| F | 1 | 0 | 1 | $1+0+1=2$ |
| G | 0 | 0 | 0 | $0+0+0=0$ |

（11）各类时差的关系

独立时差用于控制工程实施过程的中间进度或形象进度；公共时差一般用于控制总工期；总时差是上述二者之和。其相互关系如图 4-25 所示。

**3. 关键工作和关键线路的确定**

在网络计划中总时差最小的工作称为关键工作。在网络图上一般用双线表示，关键工作连成的自始至终的线路，就是关键线路。它是进行工作进度管理的重点。

关键线路的特点：

（1）若合同工期等于计划工期，关键线路上的工作总时差等于零。

（2）关键线路是从网络计划起点节点到结束节点之间持续时间最长的线路。

（3）关键线路在网络计划中不一定只有一条，有时存在两条以上。

（4）关键线路以外的工作称非关键工作，如果使用了总时差，非关键线路就变成关键

72

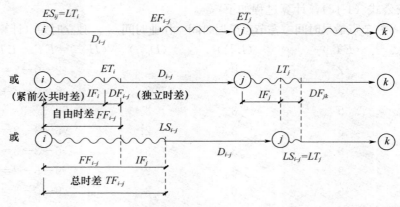

图 4-25　三种时差关系图

线路。

（5）在非关键线路上的工作时间延长超过它的总时差时，关键线路就变成非关键线路。

在工程进度管理中，应把关键工作作为重点管理来抓，保证各项工作如期完成，同时要注意挖掘非关键工作的潜力，合理安排资源，节省工程费用。

### 4.2.3.2　图上计算法

图上计算法就是根据分析计算法的时间参数计算公式，在图上直接计算的一种方法。此种方法必须在对分析计算法理解和熟练的基础上进行，边计算边将所得时间参数填入图中相应的位置上。由于比较直观、简便，所以手算一般都采用此种方法。

**1. 时间的标注形式**

双代号网络计划的图上计算法，可采用如图 4-26 所示的形式标注各时间参数。

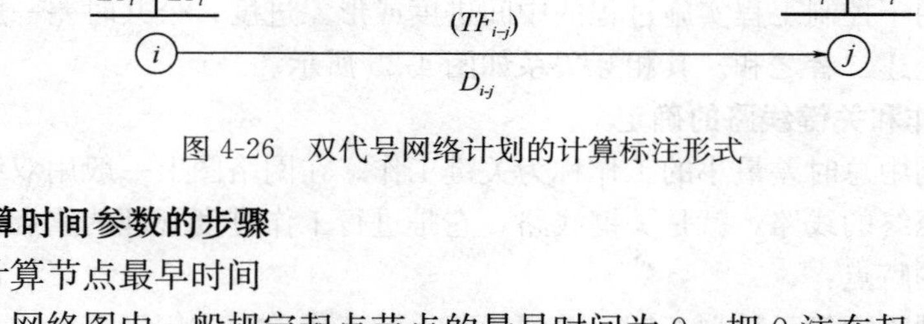

图 4-26　双代号网络计划的计算标注形式

**2. 图上计算时间参数的步骤**

（1）图上计算节点最早时间

起点节点：网络图中一般规定起点节点的最早时间为 0，把 0 注在起点节点的左上方位置上，如图 4-27 中的①节点。

中间节点和终点节点：网络图中间节点和终点节点的最早时间可采用"沿线累加，逢圈取大"的计算方法，也就是从网络的第一个节点起，沿着每条线路将各工作的作业时间

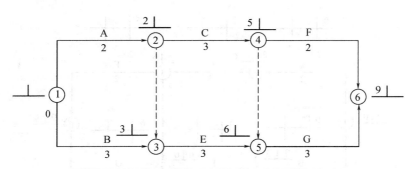

图 4-27 图上计算节点最早时间

累加起来，在每一个圆圈（即节点）处取到达该圆圈的各条线路累计时间的最大值，就是该节点的最早开始时间。将计算结果直接标注在相应的节点左上方。如图 4-27 所示。

（2）图上计算节点最迟时间

节点最迟时间的计算，是以网络图的终点节点逆箭头方向，从右到左逐个节点进行计算，并将计算的结果标注在相应节点右上方。

终点节点：当网络计划有规定工期时，终点节点的最迟时间就等于规定工期。当没有规定工期时，终点节点的最迟时间等于终点节点最早时间。

中间节点和起点节点：网络图中间节点和起点节点的最迟时间可采用"逆线累减、逢圈取小"的计算方法，也就是以网络图的终点节点 $n$ 逆着每条线路将计划总工期依次减去各工作的作业时间，就是该节点的最迟时间。将计算结果标注在相应节点的右上方。如图 4-28 所示。

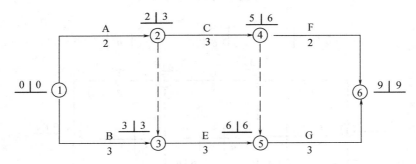

图 4-28 图上计算节点最迟时间

（3）图上计算工作最早开始时间

工作的最早开始时间也就是该工作左节点的最早时间，不必重新计算，可依照各工作左节点的最早时间，直接标注在本箭线上方的第一行第一格内，如图 4-29 所示。

（4）图上计算工作最早结束时间

工作的最早结束时间等于该工作最早开始时间与工作作业时间之和，计算结果标注在箭线上方第二行第一格内，如图 4-30 所示。

（5）图上计算工作最迟结束时间

工作最迟结束时间就是该工作的右节点最迟时间，不必另行计算，可直接依照各工作的右节点的最迟时间，将其标注在箭线上方第二行第二格内，如图 4-31 所示。

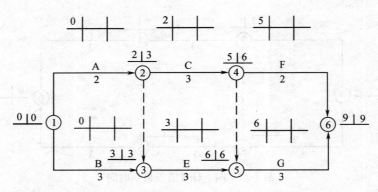

图 4-29　图上计算工作最早开始时间

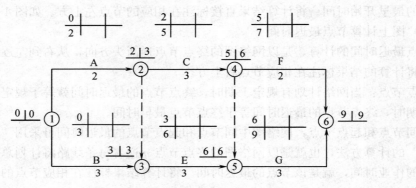

图 4-30　图上计算工作最早结束时间

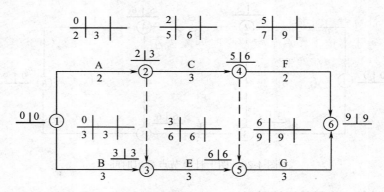

图 4-31　图上计算工作最迟结束时间

（6）图上计算工作最迟开始时间

工作最迟开始时间等于该工作最迟结束时间减去本工作作业时间，计算结果标注在箭线上方第一行第二格内，如图 4-32 所示。

（7）图上计算公共时差

公共时差可以分为本项工作的紧前公共时差和紧后公共时差。紧前或紧后公共时差等于紧前（紧后）节点最迟时间减去紧前（紧后）节点最早时间，将其计算结果标注在左（右）节点上方，如图 4-33 所示。

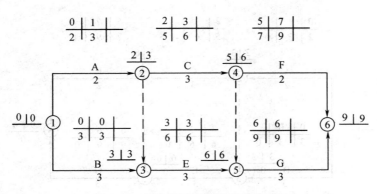

图 4-32　图上计算工作最迟开始时间

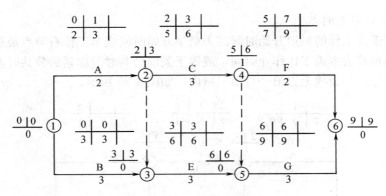

图 4-33　图上计算公共时差

（8）图上计算自由时差

自由时差等于本道工作右节点最早时间减去左节点最早时间再减去本道工作作业时间，将其计算结果标在箭线上方第二行第三格内，如图 4-34 所示。

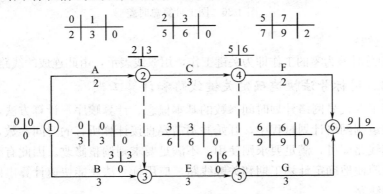

图 4-34　图上计算自由时差

（9）图上计算独立时差

独立时差等于本道工作的右节点最早时间减去左节点最迟时间再减去本道工作作业时间，将其计算结果标在箭线上方第二行第三格内，如图 4-35 所示。自由时差和独立时差可以根据需要选择其中一个计算。

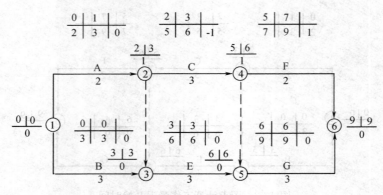

图 4-35　图上计算独立时差

（10）图上计算总时差

总时差等于该工作的最迟开始时间减去最早开始时间或本工作右节点最迟时间减去左节点最早时间再减去本道工作作业时间，或等于紧前公共时差加紧后公共时差再加独立时差。将其结果标注在箭线上方第一行第三格内，如图 4-36 所示。

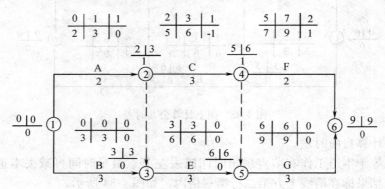

图 4-36　图上计算总时差

（11）关键线路

图 4-36 中总时差为零的工作即为关键工作，用双线表示，由此连成的线路为关键线路。

### 4.2.3.3　用标号法快速确定关键线路和计算工期

前面介绍了双代号网络计划时间参数的基本概念、计算顺序、计算方法，但计算比较麻烦。有时在编制网络计划过程中，开始并不需要直接计算所有的时间参数，而是明确计算工期和关键线路即可，满足要求则使用，不满足要求则调整修改。因此有必要寻求一种快速计算方法简便地确定计划工期和关键线路。应用标号法就能快速计算出网络计划的工期和确定关键线路。

标号法是对网络计划各节点按最早时间参数计算顺序和方法，对每个节点进行标号，每个节点应用双代号标注，即每个节点标注源节点号和标号值，源节点号作为第一标号，标号值作为第二标号。

1. 节点标号值的确定

设网络计划起点节点为 $i$，其标号值为零，即 $b_i = 0$。

其他节点的标号值等于以该节点为完成节点的各个工作的开始节点标号值加上其持续时间之和的最大值，即 $b_j = \max [b_i + D_{i-j}]$

**2. 源节点号**

源节点号是对应于该节点计算标号值的来源节点号，即该节点的标号值数据取值是由哪个节点计算所得，那么该节点号就是源节点号。

3. 将网络计划的所有节点都标号后，从网络计划的终点节点开始，逆箭头方向，按源节点号反追踪到开始节点寻找关键线路。网络计划终点节点的标号值就是计算工期。

**4. 标号法计算示例**

**【例 4-11】** 已知网络计划如图 4-37 所示，试用标号法快速计算该网络计划的工期和确定关键线路。

**【解】**（1）对节点进行标号：

$$b_1 = 0$$
$$b_2 = b_1 + D_{1-2} = 0 + 6 = 6$$

它是由①节点计算而得标号值为 6，故源节点为①；节点③的标号值 $b_2 = \max [b_1 + D_{1-2}, b_2 + D_{2-3}] = \max [0+7, 6+5] = 11$，由节点②计算而得，故节点③的标号为 [②，11]，同理可计算各节点的标号如图 4-38 所示。

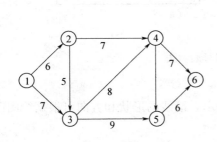

图 4-37　网络计划

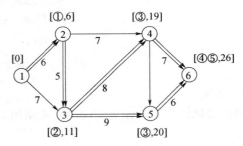

图 4-38　各节点的标号

（2）终点节点⑥的标号值为 26，则该网络计划的计算工期为 $T_c = 26$ 天。

（3）确定关键线路。自终点节点⑥开始，逆着箭线方向，按源节点号反向追踪至起点节点①，得关键线路为①→②→③→④→⑥和①→②→③→⑤→⑥。

# 4.3　单代号网络

单代号网络图是网络计划的另一种表示方法，它是用一个圆圈或方框代表一项工作，将工作代号、工作名称和完成工作所需的时间写在圆圈或方框里面，箭线仅用来表示工作之间的顺序关系。用这种表示方法把一项计划中所有工作按先后顺序将其相互之间的逻辑关系，从左至右绘制而成的图形，就叫单代号网络图，用这种网络图表示的计划叫作单代号网络计划。图 4-39 是一个简单的单代号网络图，图 4-40 是常见的几种单代号表示法。

## 4.3.1　组成单代号网络图的基本要素

单代号网络图是由箭线、节点、线路三个基本要素组成，如图 4-39 所示。

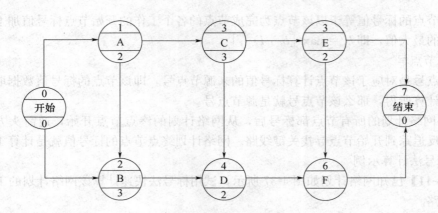

图 4-39 单代号网络图

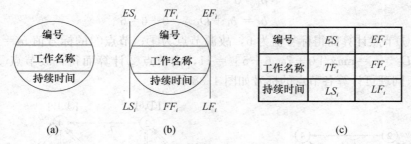

图 4-40 几种常见单代号表示法

### 1. 箭线

单代号网络图中工作之间的逻辑关系用箭线表示，箭线的形状和方向可根据绘图需要而定。

### 2. 节点

单代号网络图的工作用节点表示。节点可以用圆圈表示，也可以用方框表示。工作名称或内容、工作代号、工作所需时间及有关的工作时间参数都可以写在圆圈内或方框内。如图 4-40 所示。

### 3. 线路

单代号网络图的线路与双代号网络图的线路含义是相同的。即从网络计划起点节点到终点节点之间持续时间最长的线路叫关键线路，其余称为非关键线路。

## 4.3.2 单代号网络图的绘制方法

### 1. 正确表示各种逻辑关系

根据工程计划中各工作在工艺上、组织上的逻辑关系来确定其紧前紧后工作名称，见表 4-4。

### 2. 单代号网络图的规则

单代号网络图和双代号网络图所表达的计划内容是一致的，两者的区别仅在于绘图的符号不同。因此，在双代号网络图中所说明的绘图规则，在单代号网络图中原则上都应遵守。另外，根据单代号网络图的特点，在单代号网络图的开始和结束增加虚拟的起点节点和终点节点。这是单代号网络图所特有的，如图 4-39 所示。

表 4-4　单代号网络图逻辑关系表达示例

| 序号 | 工作间的逻辑关系 | 单代号的表达方式 |
|---|---|---|
| 1 | A、B 两项工作，依次进行施工 |  A → B |
| 2 | A、B、C 三项工作，同时开始施工 | 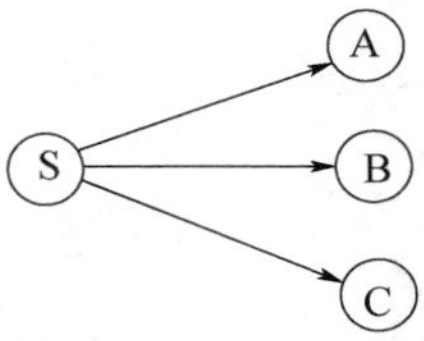 S → A, B, C |
| 3 | A、B、C 三项工作，同时结束施工 | 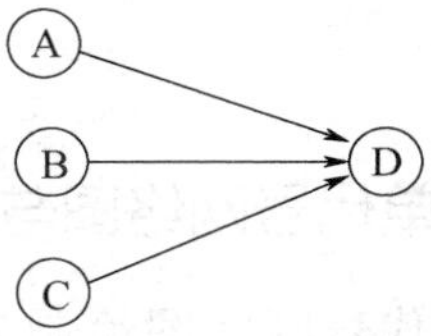 A, B, C → D |
| 4 | A、B、C 三项工作，A 完进行 B、C | 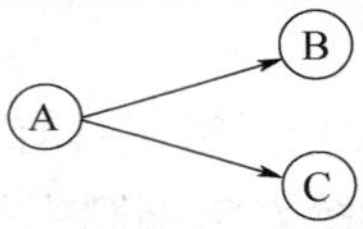 A → B, C |
| 5 | A、B、C 三项工作，C 只能在 A、B 完后开始 | 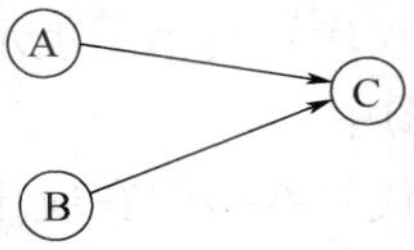 A, B → C |
| 6 | A、B、C、D 四项工作，A、B 完后开始 C、D | 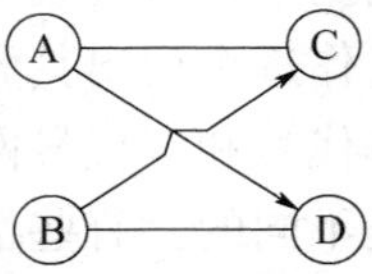 A, B → C, D |

## 4.3.3　单代号网络图举例

【例 4-12】根据表 4-5 的各施工过程的逻辑关系，绘出单代号网络计划图。

表 4-5　单代号网络图

| 工作名称 | 持续时间 | 紧前工作 | 紧后工作 |
|---|---|---|---|
| A | 2 | — | B、C |
| B | 3 | A | D |
| C | 2 | A | D、E |
| D | 1 | B、C | F |
| E | 2 | C | F |
| F | 1 | D、E | — |

【解】单代号网络计划图如图 4-41 所示。

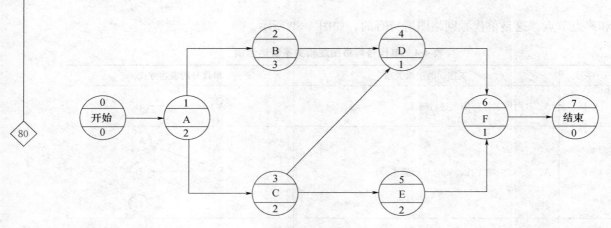

图 4-41　单代号网络图

### 4.3.4　单代号网络图与双代号网络图的特点比较

1. 单代号网络图绘制方便，不必增加虚工作。在此点上，弥补了双代号网络图的不足。

2. 单代号网络图具有便于说明，容易被非专业人员所理解和易于修改的优点。这对于推广应用统筹法编制工程进度计划，进行全面科学管理是有意义的。

3. 用双代号网络图表示工程进度比用单代号网络图更为形象，特别是在应用带时间坐标网络图中。

4. 双代号网络图在应用电子计算进行计算和优化时过程更为简便，这是因为双代号网络图中用两个代号代表一项工作，可直接反映其紧前或紧后工作关系。而单代号网络图就必须按工作逐个列出其紧前、紧后工作关系，这在计算机中需占用更多的存储单元。

由于单代号和双代号网络图有上述各种优缺点，且两种表示法在不同情况下，表现的繁简程度是不同的。有些情况下，应用单代号表示法比较简单，有些情况下，使用双代号表示法更为清楚。因此，单代号和双代号网络图是两种互为补充、各具特色的表现方法。

### 4.3.5　单代号网络图时间参数的计算

单代号网络图时间参数共有 6 个，包括：工作最早开始时间，工作最早完成时间，工作最迟开始时间，工作最迟完成时间，工作自由时差，工作总时差。

计算单代号网络图的时间参数的方法有：分析计算法，图上计算法，表上计算方法，矩阵计算法，电算法等，本节只介绍前两种计算法。

#### 4.3.5.1　分析计算法

单代号网络图的分析计算是按公式进行的，为了便于理解，计算公式采用下列符号进行计算。

**1. 常用符号**

$ES_i$——$i$ 工作最早开始时间；

$EF_i$——$i$ 工作最早结束时间；

$LS_i$——$i$ 工作最迟开始时间；

$LF_i$——$i$ 工作最迟结束时间；

$FF_i$——$i$ 工作的自由时差；

$TF_i$——$i$ 工作总时差。

**2. 各种时间参数的计算**

（1）计算工作（或节点）的最早开始时间（$ES_i$）

首先假定整个网络计划的开始时间为 0，然后从左向右递推计算。除起点节点外，任意一项工作（或节点）的最早开始时间等于它的各紧前工作的最早结束时间的最大值。其计算公式如下：

$$ES_s = 0 \text{（虚设起点节点）} \tag{4-14}$$

$$ES_i = \max [EF_h] \quad (h < i) \tag{4-15}$$

式中 $EF_h$——工作 $i$ 的各项紧前工作 $h$ 的最早开始时间。

（2）计算工作（或节点）的最早结束时间（$EF_i$）

工作（或节点）的最早结束时间等于其最早开始时间和本工作作业时间之和。其计算公式如下：

$$EF_i = ES_i + D_i \tag{4-16}$$

$$EF_n = ES_n = \max [EF_i] \text{（虚设结束节点）} \tag{4-17}$$

（3）计算工作（或节点）的最迟结束时间（$LF_i$）

工作（或节点）的最迟结束时间等于其紧后工作最迟开始时间的最小值。其计算公式如下：

$$LF_n = T \text{（当工期规定为 $T$ 时）} \tag{4-18}$$

$$LF_n = ES_n = T_c \text{（当工期等于计算工期 $T_c$ 时）} \tag{4-19}$$

$$TF_i = \min [LS_j] \quad (i < j) \tag{4-20}$$

式中 $LS_j$——工作 $i$ 的各项紧后工作 $j$ 的最迟开始时间。

（4）计算工作（或节点）的最迟开始时间（$LS_i$）

工作（或节点）的最迟开始时间等于其最迟结束时间减去本工作作业时间，其计算公式如下：

$$LS_i = LF_i - D_i \tag{4-21}$$

（5）计算相邻两项工作之间的时间间隔（$LAG_{i,j}$）

相邻两项工作 $i$ 和 $j$ 之间的时间间隔等于紧后工作最早开始时间减去本道工作的最早结束时间。按网络计划的计划工期 $T_p$ 确定时，其计算公式如下：

$$AG_{i,j} = T_p - EF_i \text{（终点节点为虚拟节点时）} \tag{4-22}$$

$$AG_{i,j} = ES_j - EF_i \quad (i < j) \tag{4-23}$$

（6）计算工作自由时差（$EF_i$）

工作的自由时差等于紧后工作最早开始时间减去本工作最早结束时间，若紧后工作两项以上，应取最小值。其计算公式如下：

$$EF_i = \min [ES_j - EF_i] \quad (i < j) \text{ 或 } FF_i = \min [L, AG_{i,j}] \tag{4-24}$$

（7）计算工作总时差（$TF_i$）

工作的总时差等于工作的最迟开始时间减去工作最早开始时间。

$$TF_i = LS_i - ES_i \tag{4-25}$$

【例 4-13】根据图 4-42 的已知条件，请按上述计算公式计算各种时间参数，并标出关键线路。

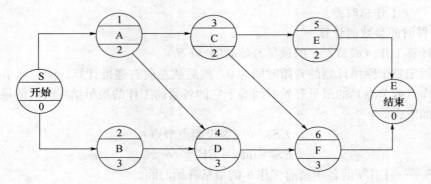

图 4-42 某工程单代号网络图

【解】第一步，计算工作（或节点）最早开始和最早结束时间：

按公式（4-14）、（4-15）、（4-16）、（4-17），计算过程见表 4-6。

表 4-6 计算工作（或节点）最早开始和最早结束时间

| 工作名称 | 前面工作的最早结束时间 | 本工作的最早开始时间 | 本工作持续时间 | 本工作的最早结束时间（计算过程） |
|---|---|---|---|---|
| 开始 | — | 0 | 0 | 0 |
| A | 0 | 0 | 2 | 0+2=2 |
| B | 0 | 0 | 3 | 0+3=3 |
| C | 2 | 2 | 2 | 2+2=4 |
| D | 2（A），3（B） | 取大值 3 | 3 | 3+3=6 |
| E | 4 | 4 | 22 | 4+2=6 |
| F | 4（C），6（D） | 取大值 6 | 3 | 6+3=9 |
| 结束 | 6（E），9（F） | 取大值 9 | 0 | 9+0=9 |

第二步，计算工作（或节点）最迟结束和最迟开始时间：

假定工期等于计划工期 $T_E^{LS}=T_E^{ES}=9$

所以 $T_L^{LE}=T_E^{ES}=9$

按公式（4-19）、（4-20）、（4-21），计算过程见表 4-7。

表 4-7 计算工作（或节点）最迟结束和最迟开始时间

| 工作名称 | 紧后工作最迟开始时间 | 本工作最迟结束时间 | 本工作作业时间 | 本工作最迟开始时间（计算过程） |
|---|---|---|---|---|
| 结束 | 9 | 9 | 0 | 9-0=9 |
| F | 9 | 9 | 3 | 9-3=6 |
| E | 9 | 9 | 2 | 9-2=7 |
| D | 6 | 6 | 3 | 6-3=3 |
| C | 7（E），6（F） | 取小值 6 | 2 | 6-2=4 |

| 工作名称 | 紧后工作<br>最迟开始时间 | 本工作<br>最迟结束时间 | 本工作<br>作业时间 | 本工作最迟开始<br>时间（计算过程） |
|---|---|---|---|---|
| B | 3 | 3 | 3 | 3－3＝0 |
| A | 4（C），3（D） | 取小值3 | 2 | 3－2＝1 |
| 开始 | 1（A），0（B） | 取小值0 | 0 | 0－0＝0 |

第三步，计算工作自由时差和两项工作之间的时间间隔：

按公式（4-22）、（4-23）、（4-24），计算过程见表4-8。

**表4-8　计算工作自由时差和两项工作之间的时间间隔**

| 工作名称 | 紧后工作<br>最早开始时间 | 本工作<br>最早结束时间 | 两项工作之间时间<br>间隔（计算过程） | 自由时差<br>（计算过程） |
|---|---|---|---|---|
| A | 2（C）<br>3（B） | 2 | 2－2＝0<br>3－2＝1 | 2－2＝0 |
| B | 3D | 3 | 3－3＝0 | 3－3＝0 |
| C | 4（E）<br>6（F） | 4 | 4－4＝0<br>6－4＝2 | 4－4＝0 |
| D | 6F | 6 | 6－6＝0 | 6－6＝0 |
| E | 9（结束） | 6 | 9－6＝3 | 9－6＝3 |
| F | 9（结束） | 9 | 9－9＝0 | 9－9＝0 |

第四步，计算工作的总时差：

按公式（4-25），计算过程见表4-9。

**表4-9　计算工作的总时差**

| 工作名称 | 本工作最迟开始时间 | 本工作最早开始时间 | 总时差（计算过程） |
|---|---|---|---|
| A | 1 | 0 | 1－0＝1 |
| B | 0 | 0 | 0－0＝0 |
| C | 4 | 2 | 4－2＝2 |
| D | 3 | 3 | 3－3＝0 |
| E | 7 | 4 | 7－4＝3 |
| F | 6 | 6 | 6－6＝0 |

第五步，寻求关键线路：

总时差最小的工作为关键线路，关键工作连成的线路就是关键线路。本例为 S→B→D→F→E，用双线表示。

### 4.3.5.2　图上计算法

单代号图上计算法也是根据分析计算法的时间参数计算公式，在图上直接计算的一种方法。此种方法边计算边将所得时间参数填入图中的相应位置上（图4-38），一般手算采用此种方法。下面通过前面例子对图上计算法进行说明。

第一步，计算工作（或节点）最早开始和最早结束时间起点节点的最早开始时间为零，其余节点的最早开始时间均等于紧前工作的最早结束时间的最大者。

工作（或节点）的最早结束时间等于本道工作最早开始时间与本道工作作业时间之和。

将上述计算结果标注在节点的左上方、右上方，如图 4-43 所示。

第二步，计算工作（或节点）的最迟结束和最迟开始时间

结束节点的最迟结束时间等于计划工期或规定工期。其余节点的最迟结束时间等于紧后工作（或节点）最迟开始时间的最小者。

工作（或节点）的最迟开始时间等于本道工作最迟结束时间减去本道工作作业时间。

将上述计算结果标注在节点的左下方、右下方，如图 4-44 所示。

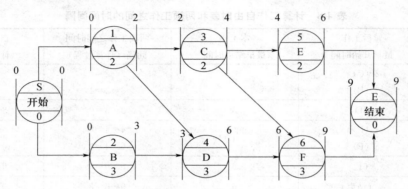

图 4-43　计算工作最早开始和最早结束时间

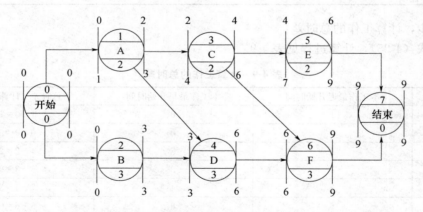

图 4-44　计算工作的最迟结束和最迟开始时间

第三步，计算相邻两项工作之间的时间间隔与工作自由时差

相邻两项工作之间的时间间隔等于紧后工作最早开始时间减去本道工作最早结束时间，将其计算结果标注在箭线的上方，如图 4-45 所示。

工作的自由时差等于紧后工作的最早开始时间最小值减去本工作的最早结束时间，将其计算结果标注在节点的正下方，如图 4-45 所示。

第四步，计算工作的总时差

工作的总时差等于本道工作的最迟开始时间减去本道工作的最早开始时间，将其计算结果标注在节点的正上方，如图 4-46 所示。

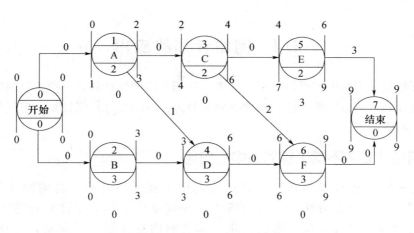

图 4-45　计算工作的自由时差

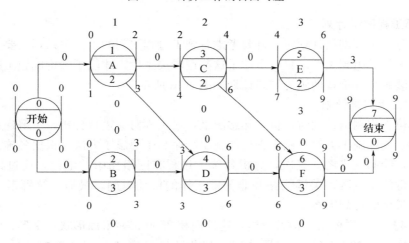

图 4-46　计算工作的总时差

**第五步，确定关键线路**

在图 4-46 中找出总时差最小的工作就是关键工作，从起点节点到终点节点由关键工作连成的线路就是关键线路，用双线标注，如图 4-47 所示。

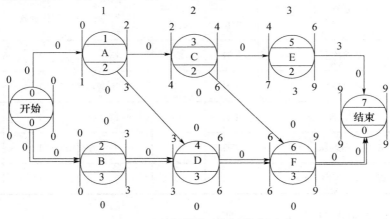

图 4-47　关键线路（用双线表示）

# 4.4 网络计划的应用

网络计划的应用根据工程对象不同分为：分部工程网络计划；单位工程网络计划；群体工程网络计划。若根据综合应用原理不同可分为：时间坐标网络计划；单代号搭接网络计划；流水网络计划。

## 4.4.1 网络计划在不同工程对象中的应用

无论是分部工程或是单位工程，还是群体工程网络计划，其编制步骤一般是：①确定施工方案或施工方法；②开列施工过程或单项工程；③计算各施工过程或单项工程的劳动量、持续时间、机械台班；④绘制网络计划图并调整；⑤计算时间参数及优化。

**1. 分部工程网络计划**

在编制分部工程网络计划时，既要考虑各施工过程之间的工艺关系，又要考虑在组织施工中它们之间的组织关系。只有考虑了这些逻辑关系后，才能正确构成施工网络计划。

基础、装修分部工程的施工网络计划如图 4-48 所示。

**2. 单位工程网络计划**

编制单位工程网络计划时，首先熟悉图纸，对工程对象进行分析，了解建设要求和现场施工条件，选择施工方案，确定合理的施工顺序和主要施工方法，根据各施工过程之间的逻辑关系，绘制网络图。其次，分析各施工过程在网络图中的地位，通过计算时间参数，确定关键施工过程、关键线路和非关键工作的机动时间。最后，统筹考虑，调整计划，制定出最优的计划方案。

**【例 4-14】**某五层框架结构教学楼，建筑面积 $2500m^2$，平面形状一字形，钢筋混凝土条形基础。本工程的基础分为三段施工，其劳动量见表 4-10，试绘制基础工程网络计划图。

表 4-10 基础工程劳动量一览表

| 序号 | 分部分项名称 | 劳动量 | | 工作持续天数 | 每天工作班数 | 每班工作人数 |
| --- | --- | --- | --- | --- | --- | --- |
| | | 单位 | 数量 | | | |
| 1 | 基础挖土 | 工日 | 300 | 15 | 1 | 20 |
| 2 | 基础垫层 | 工日 | 45 | 3 | 1 | 15 |
| 3 | 基础现浇混凝土 | 工日 | 567 | 18 | 1 | 30 |
| 4 | 基础墙（素混凝土） | 工日 | 90 | 6 | 1 | 15 |
| 5 | 基础及地坪回填土 | 工日 | 120 | 6 | 1 | 20 |

**【解】**该工程的网络计划如图 4-48 所示。

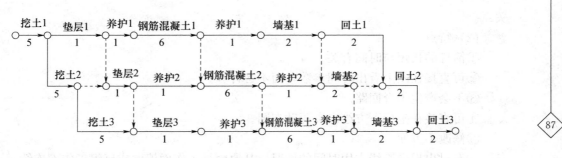

图 4-48 基础工程网络计划

### 3. 群体工程网络计划

对于小区住宅建筑群，采用网络编制计划时，其步骤同单位工程的网络计划一样，但需把每一幢视为一个施工段。

【例 4-15】某小区有三幢相同的住宅楼，每幢基础的工艺流程为：挖土（5 天）→垫层（3 天）→养护（0.5 天）→钢筋混凝土基础（6 天）→养护（1 天）→素混凝土墙基（2 天）→回填土（1 天）。

【解】三幢住宅楼的基础网络计划如图 4-49 所示。

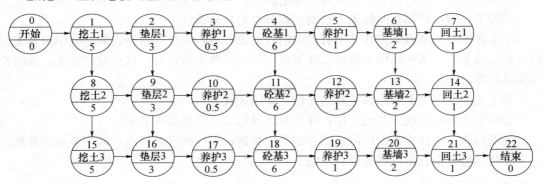

图 4-49 某群体工程基础网络计划

## 4.4.2 综合应用网络计划

### 4.4.2.1 时标网络计划

#### 1. 概念及特点

（1）概念

时标网络计划是综合应用横道图的时间坐标和网络计划的原理，吸取了二者长处，使其结合起来应用的一种网络计划方法。时间坐标的网络计划简称时标网络计划。前面讲到的是非时标网络，在非时标网络图中，工作持续时间由箭杆下方标注的数字表明，而与箭杆的长短无关。无坐标网络计划更改比较方便，但是由于没有时标，看起来不太直观，工地使用不方便，不能一目了然地在图上直接看出各项工作的开工和结束时间。

为了克服非时标网络计划的不足，产生了时标网络计划。在时标网络计划中，箭杆的长短和所在的位置即表示工作的时间进程，因此它能够表达工程各项工作之间恰当的时间关系。

（2）特点

①箭杆的长短与时间有关。

②可直接在图上看出时间参数，而不必计算。

③不会产生闭合回路。

④可直接在坐标下方绘出资源动态图。

⑤修改不方便。

⑥有时出现虚箭线占用时间的情况，其原因是工作面停歇或班组工作不连续。

**2. 绘制方法**

时标网络计划的绘制方法有间接绘制法和直接绘制法两种。一般按最早时间绘制，即在绘制时应使节点和虚工作尽量向左靠。

（1）直接绘制法

直接绘制法是不计算网络计划时间参数，直接在时间坐标上进行绘制的方法。其绘制步骤和方法如下：

①定坐标线；

②将起点定位于时标表的起始刻度线上。

③按工作持续时间在时标表上绘制起点节点的外向箭线。

④工作的箭头节点必需在其所有内向箭线绘出以后，定位在这些内向箭线中最迟完成的实箭线箭头处。某些内向实箭线长度不足以到达该箭头节点时，可用波线补足，波线长度就是时差的大小。

⑤工艺上或组织上有逻辑关系的工作，要用虚线表示。

⑥时差为零的箭线为关键工作，并用双线或粗线或彩色箭线表示。

绘图口诀：箭杆长短坐标限，曲直斜平应相连；箭杆到齐画节点，画完节点补波线。零杆尽量画垂直，否则安排有缺陷。

（2）间接绘制法

间接绘制法是先计算网络计划的时间参数，再根据时间参数在时间坐标上进行绘制的方法。其绘制的步骤和方法如下：

①绘制无时标网络计划草图，计算时间参数，确定关键工作及关键线路。

②根据需要确定时间单位并绘制时标横轴。时标可标注在时标网络图的顶部或底部，时标的长度单位必须注明。

③根据网络图中各节点的最早时间（或各工作的最早开始时间），从起点节点开始将各节点（或各工作的开始节点）逐个定位在时间坐标的纵轴上。

④依次在各节点间绘出箭线长度及时差。

绘制时宜先画出关键工作、关键线路，再画非关键工作。箭线最好画成水平或由水平线和竖直线组成的折线箭线，以直接表示其持续时间。如箭线画成斜线，则以其水平投影长度为其持续时间。如箭线长度不够与该工作的结束节点直接相连，则用波形线从箭线端部画至结束节点处。波形线的水平投影长度，即为该工作的时差。

⑤用虚箭线连接各有关节点，将各有关的施工过程连接起来。在时标网络计划中，有时会出现虚线的投影长度不等于零的情况，其水平投影长度为该虚工作的时差。

⑥把时差为零的箭线从起点节点到终点节点连接起来，并用粗线或双箭线或彩色箭线表示，即形成时标网络计划的关键线路。

（3）举例

根据上述已知双代号网络图，绘制出时标网络图。

【例 4-16】如图 4-50 所示为某基础工程双代号网络计划，请将图 4-48 改绘制成时标网络图。

【解】时标网络图如图 4-51 所示。

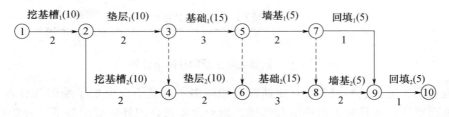

图 4-50  双代号网络图

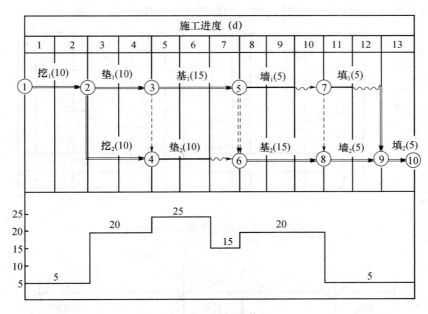

图 4-51  时标网络图

### 4.4.2.2  单代号搭接网络图

**1. 概念**

单代号搭接网络计划是综合单代号网络与搭接施工的原理使二者有机结合起来应用的一种网络计划表示方法。在前面所述的网络计划技术中，组成网络计划的各项工作之间的连接关系是任何一项工作在它的紧前工作全部结束后才能开始的。但是，在实际工作中，并不都是如此。在建筑工程施工中，为了缩短工期，许多工作采用平行搭接的方式进行。例如钢筋混凝土预制桩有三道施工过程，支模板、绑扎钢筋和浇混凝土，当分三个施工段施工时，各施工段之间的工作搭接，若用普通网络来表示，必须使用虚箭杆才能严格表示它们的逻辑关系，如图 4-52 所示。

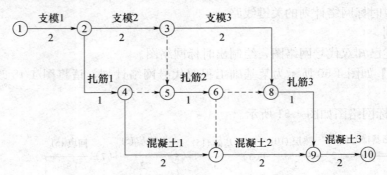

图 4-52  钢筋混凝土预制桩网络计划

当施工段和施工过程较多时，虚箭杆也相应多了，这不仅增加了绘图和计算工作量，还会使画面复杂，不易被人们理解和掌握。近十多年来，国外陆续出现了一些能够反映各种搭接关系的网络计划技术，它能更好地表达建筑施工组织的特点。以上面的钢筋混凝土预制桩为例，其横道图和单代号搭接网络图如图 4-53 和图 4-54 所示。

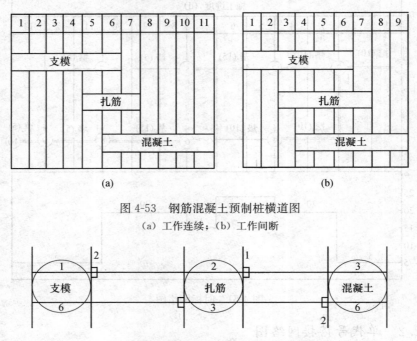

图 4-53  钢筋混凝土预制桩横道图

（a）工作连续；（b）工作间断

图 4-54  钢筋混凝土预制桩单代号搭接网络图

图 4-51 表示该钢筋混凝土预制桩工程分为三个施工段施工，支模开始 2 天后可以进行第一段的钢筋绑扎，但它比支模晚 1 天结束；当钢筋绑扎 1 天后就可以开始浇捣第一段的混凝土，浇捣混凝土要比绑扎晚 2 天结束。由于绑扎钢筋的时间只需 3 天，比支模的施工时间短，因此，扎钢筋工序可以根据实际情况，做连续安排或间断安排。

**2. 表达方式**

单代号搭接网络属工作节点网络图，它的绘图要点和逻辑规则可概括为：

（1）一个节点代表一项工作，箭杆表示工作先后顺序和相互搭接关系。节点可以用不同的形式，但基本内容必须包括工作编号、工作名称、持续时间以及6个时间参数。

（2）一般情况下要设开始点和结束点。开始点的作用是使最先可同时开始的若干工作有一个共同的起点；结束点的作用是使最后可同时结束的若干工作有一个共同的终点。这样，对计算机程序设计的通用性有很大的好处。

（3）根据工作顺序依次建立搭接关系。

（4）不能出现闭合回路。

（5）每项工作的开始都须和开始点建立直接或间接的关系。

（6）每项工作的结束都必须和结束点建立直接或间接的关系。

其基本的搭接关系有五种：

①结束到开始的关系（$FTS_{i,j}$）：两项工作之间的关系通过前项工作结束到后项工作开始之间的时距（$LT$）来表达。当时距为零时，表示两项工作之间没有间歇。这就是普通网络图中的逻辑关系。

②开始到开始的关系（$STS_{i,j}$）前后两项工作关系用其相继开始的时距 $LT_i$ 来表示。就是说，前项工作 $i$ 结束后，要经过 $LT_i$ 时间后，后项工作 $j$ 才能结束。

③结束到结束的关系（$FTF_{i,j}$）两项工作之间的关系用前后工作相继结束的时距 $LT_j$ 来表示。就是说，前项工作 $i$ 结束后，经过 $LT_j$ 时间，后项工作 $j$ 才能结束。

④开始到结束的关系（$STF_{i,j}$）两项工作之间的关系用前项工作开始到后项工作的结束之间的时距 $LT_i$ 和 $LT_j$ 来表达。就是说，后项工作 $j$ 的最后一部分，它的延续时间 $LT_j$，要在前项工作 $i$ 开始进行到 $LT_i$ 时间后，才能接着进行。

【例4-17】某分部工程有A、B、C、D、E、F、G七项工作（表4-11），试绘制单代号搭接网络计划图。

【解】结果如图4-55所示。

表4-11　某分部工程的七项工作及搭接关系

| 工作名称 | 紧前工作 | 搭接关系 | 作业时间 |
|---|---|---|---|
| A | 开始 | 一般搭接 | 6 |
| B | A | $STS=2$ | 7 |
| C | A | $STS=7$ | 10 |
| D | A | 一般搭接 | 10 |
|   | B | $FTS=3$ |   |
| E | B | $FTF=10$ | 15 |
| F | C | $FTF=15$ | 20 |
| G | D | $FTF=2$　$STS=3$ | 10 |
|   | E | 一般搭接 |   |
|   | F | $STS=2$ |   |

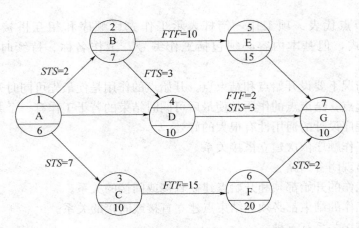

图 4-55　某分部工程单代号搭接网络计划图

### 4.4.2.3　流水网络计划

流水网络计划方法是综合应用流水施工和网络计划的原理，汲取横道图与网络图表达计划的优点，并使两者结合起来的一种网络计划方法。

**1. 流水网络计划的产生**

前面所述的一般网络计划方法，在每个施工过程之间的逻辑关系上是一种衔接关系，即紧前施工过程完成之后才能开始紧后施工过程。用一般网络计划方法来表达一项工程的流水施工时，每个施工段都要用一条箭线两个节点来表示。同时，为了使各施工段之间的逻辑关系正确，还需增加许多虚箭线，因而使网络图过于繁琐。例如，某三层楼住宅房屋内装修工程，划分为四个施工过程，现以每一层楼作为一个施工段，组织流水施工，其双代号网络计划表达如图 4-56 所示。

从图 4-56 中可以看到：节点和箭线很多，这不仅增加了绘制网络图的工作量和复杂性，而且大量虚箭线的存在，使网络计划时间参数的计算工作量也相应增加，为了克服这些缺点，就产生了流水网络计划。

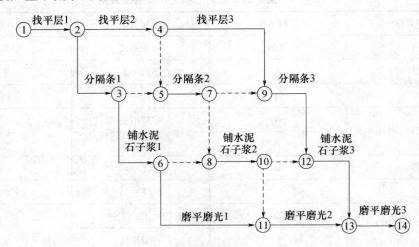

图 4-56　双代号网络计划图

**2. 流水网络计划的基本概念**

（1）流水箭线

将一般网络图中同一施工过程的若干个施工段的连续工作箭线合并为一个箭线，称为"流水箭线"，如图 4-57 所示。流水箭线用粗实线表示。

流水箭线的这种形式，既表达了同一施工过程的施工段数目及其流水施工的组织性质，又去掉了许多中间节点和由此而增添的许多虚箭头，从而大大简化了网络计划的表达。

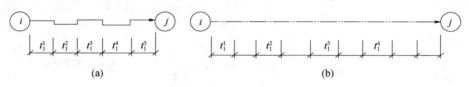

图 4-57　流水箭线（连续式）

（a）连续式；（b）间断式

（2）时距箭线

时距箭线是用于表达两个相邻施工过程之间逻辑上和时间上的相互制约关系的箭线。建立时距箭线，是为了代替被简化的虚箭头的功能。时距箭线均用细实线表示。时距箭线所表示的时距可分为下述三种：

①开始时距（$K_{i,i+1}$）：是指相邻两个施工过程先后进入第一施工段的时间间隔。它与流水步距的概念基本一致，但开始时距用一条箭线表达，起到了先后两个相邻施工过程之间逻辑连接的作用，如图 4-58 所示。

②结束时距（$J_{i,i+1}$）：是指相邻两个施工过程先后退出最后一个施工段的时间间隔。它制约两个相邻施工过程先后结束的时间逻辑关系，如图 4-58 所示。

③间歇时距（$N_{i,i+1}$）：是指在前后两个相邻施工过程中，从前一个施工过程结束到最后一个施工过程开始之间的间歇时间，一般指技术间歇或施工组织间歇。

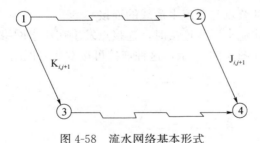

图 4-58　流水网络基本形式

（3）流水网络块

流水网络块是组织流水施工时流水网络的一种基本形式。例如，图 4-56 所示的内装修分部工程双代号网络图可改为图 4-59 的流水网络块。

**3. 流水网络块、非流水箭线、虚箭线等的连接**

（1）流水网络块之间的连接

两个（或多个）流水网络块，可按它们之间施工工艺上的先后关系在某些流水箭线的开始（或完成）节点处连接，也可通过某些不参加流水施工的非流水箭线或虚箭线连接，如图 4-60 所示。

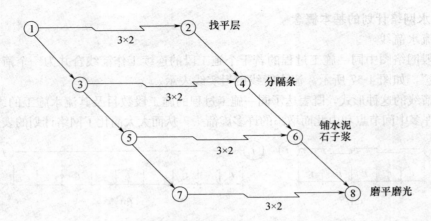

图 4-59 流水网络块（与图 4-56 对应）

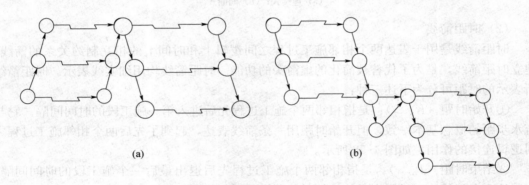

图 4-60 流水网络块之间的连接
（a）按相互之间施工工艺上的先后关系在某些流水箭线的开始（或完成）结点处连接；
（b）通过某些不参加流水施工的非流水箭线或虚箭线连接

（2）流水网络块外部节点与非流水箭线的连接

一个流水网络块与非流水箭线连接时，连接点发生在流水网络块的某些流水箭线的开始（或完成）节点处，如图 4-61 所示，这种连接可按双代号网络的有关方式处理。

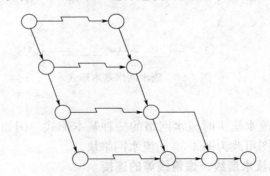

图 4-61 流水网络块外部节点与非流水箭线的连接

（3）流水网络块内部与非流水箭头之间的连接

一个流水网络块内的一条（或几条）流水箭线上某个施工段端点与外部引进的非流水

箭线连接，表达该流水施工过程在进入这个施工段前必须与外部某个施工过程发生联系；或者表示外部某个施工过程必须在该流水施工过程退出这个施工段后开始。前者称为"进点"，后者称为"出点"。进点和出点都用一个节点表达，画在流水箭线上与进出有联系的某个施工段端点处。进、出节点不得中断该流水箭线，而应画在它的上边或下边，如图 4-62 所示。

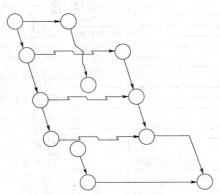

图 4-62　流水网络块内部与非流水箭头之间的连接

（4）流水网络块内部的逻辑关系箭头的连接

在流水网络块内部，某些在施工工艺上或组织上有逻辑关系的流水箭线，可用虚箭线将它们连接起来，如图 4-63 所示。这在表达一层楼砌完后到二层楼砌墙等情况时较常用。

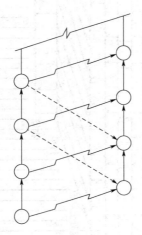

图 4-63　流水网络块内部的逻辑关系箭头的连接

### 4.4.2.4　网络计划应用实例

用较为常见的框架结构的流水施工实例来阐述单位工程网络计划的应用。

【**例 4-18**】本例工程概况、工程量与劳动量情况、施工方案等，与 3.5.2 框架结构流水施工应用实例相同。

【**解**】其时标网络计划如图 4-64 所示（模板等工程每层两段之间既可连续，也可间断）。

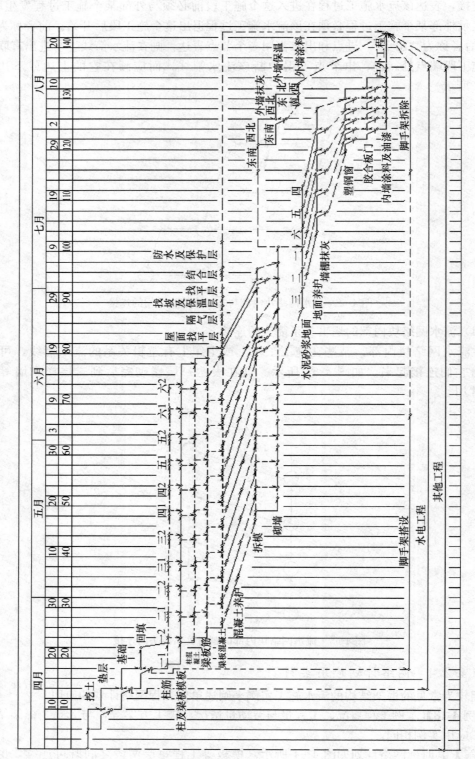

图 4-64　某六层框架结构宿舍楼时标网络图

# 4.5  网络计划优化

网络计划的优化是在既定约束条件下，按某一目标通过不断改善网络计划的最初方案，得到相对最佳的网络计划。

网络计划的优化内容包括：工期优化、资源优化、费用优化等。这些优化目标应按实际工程的需要和条件确定。

由于网络计划一般用于大中型的计划，其施工过程和节点较多，要优化时，需进行大量繁琐的计算，因而要真正实现网络的优化，有效地指导实际工程，必须借助计算机。以下简单介绍几种常用的优化原理和方案。

## 4.5.1  工期优化

工期优化是指在一定约束条件下，按合同工期目标，通过延长或缩短计算工期以达到合同工期的目标。目的是使网络计划满足工期，保证按期完成工程任务。

### 4.5.1.1  计算工期大于合同工期时

计算工期大于合同工期时，可通过压缩关键的作业时间，满足合同工期，与此同时必须相应增加被压缩作业时间的关键工作的资源需要量。

由于关键线路的缩短，次关键线路可能转化为关键线路，即有时需同时缩短次关键线路上有关工作的作业时间，才能达到合同工期的要求。

优化步骤：

(1) 计算并找出网络计划中的关键线路及关键工作；

(2) 计算工期与合同工期对比，求出相应压缩的时间；

(3) 确定各关键工作能压缩的作业时间；

(4) 选择关键工作，压缩其作业时间，并重新计算网络计划的工期。

选择压缩作业时间的关键工作应考虑以下因素：

(1) 备用资源充足；

(2) 压缩作业时间对质量和安全影响较小；

(3) 压缩作业时间所需增加的费用最少；

(4) 通过上述步骤，若计算工期仍超过合同工期，则重复以上步骤，直到满足工期要求；

(5) 当所有关键工作的作业时间都已达到其能缩短的极限而工期仍不满足要求时，应对计划的技术、组织方案进行调整或对合同工期重新审定。

【例 4-19】已知某网络计划初始方案如图 4-65 所示。图中箭杆上数据为工作正常作业时间，括号内数据为工作最短作业时间，假定合同工期为 146 天。

【解】假设③—④工作有充足的资源，且缩短时间对质量无太大影响，④—⑥缩短时间所需费用最少，且资源充足。①—③工作缩短时间的有利因素不如③—④和④—⑥。

第一步，根据工作正常时间计算各个节点的最早和最迟时间，并找出关键工作及关键线路。计算结果如图 4-66 所示。图中①→③→④→⑥为关键线路。

第二步，计算需缩短的工期。根据图 4-66 计算工期为 166 天，合同工期为 146 天，

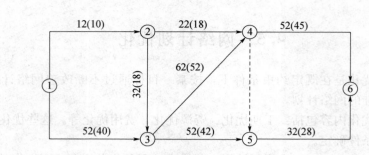

图 4-65 某网络计划初始方案

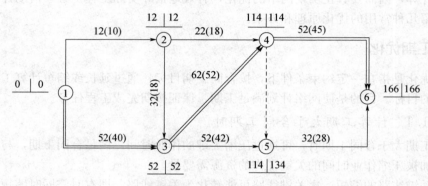

图 4-66 某网络计划图

需要缩短时间 20 天。

第三步，关键工作①—③可缩短 12 天，③—④可缩短 10 天，④—⑥可缩短 7 天。共计可缩短时间 29 天。

第四步，选择关键工作，考虑选择因素，由于④—⑥缩短时间所需费用最省，且资源充足。优先考虑压缩其工作时间，由原 52 天压缩为 45 天，即得网络计划图 4-67。

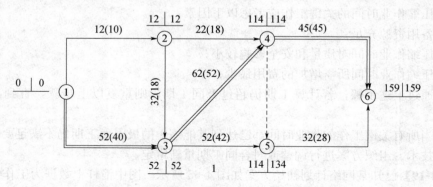

图 4-67 缩短④—⑥工作后的网络计划图

图 4-67 计算工期为 159 天，与合同工期 146 天相比尚需压缩 13 天，考虑选择因素，选择③—④工作，因为有充足的资源，且缩短工期对质量无太大的影响。由原 62 天压缩为 52 天，即得网络计划图 4-68。

图 4-68 计算工期 149 天，与合同工期 146 天相比仍需压缩 3 天，考虑选择因素，选

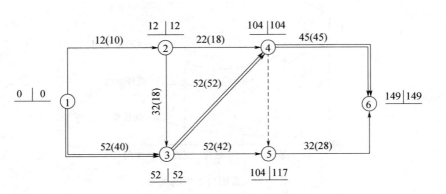

图 4-68 缩短③—④工作后的网络计划图

择①—③工作，因为关键线路上可压缩时间的工作只剩①—③工作。由原 52 天压缩为 49 天，即得网络计划图 4-69。

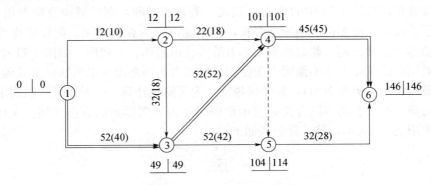

图 4-69 优化后的网络计划图

### 4.5.1.2 计算工期小于或等于合同工期时

若计算工期小于合同工期不多或两者相等，一般可不必优化。

若计算工期小于合同工期较多，则宜进行优化。优化方法是：首先延长个别关键工作的持续时间（相应减少这些工作的资源需要量），相应变化非关键工作的时差；然后重新计算各工作的时间参数，反复进行，直至满足合同工期为止。

## 4.5.2 费用优化

费用优化是通过不同工期及相应工程费用的比较，寻求与工程费用最低相对应的最优工期。

### 1. 工程费用与工期的关系

工程费用包括直接费用和间接费用两部分。它们与工期有密切关系，在一定范围内，直接费用随着时间的延长而减少，而间接费用随着时间的延长而增加，如图 4-70 所示。

间接费用曲线表示间接费用或称正常费用和时间成正比关系的曲线，其斜率表示间接费用在单位时间内的增加（或减少）值。间接费用与施工单位的管理水平、施工条件、施工组织有关。

如图 4-70 所示，直接费用在一定范围内和时间成反比关系，因施工时要缩短时间，

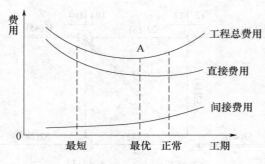

图 4-70　费用与工期的关系

需采取加班加点多班制作业,增加许多非熟练工人,并且增加机械设备和材料、照明费用等,所以直接费用也随之增加,然而工期缩短存在着一个极限,也就是无论增加多少直接费用,也不能再缩短工期。此极限称为临界点,此时的时间为最短工期,此时费用叫作最短时间直接费用,如图 4-71 中的 A 点。反之,若延长时间,则可减少直接费用,然而时间延长至某一极限,则无论工期延至多长,也不能再减少直接费用。此极限称为正常点,此时的工期称为正常工期,此时的费用称为最低费用或称正常费用。如图 4-71 中的 B 点。

直接费用曲线实际上并不像图中实际的那样圆滑,而是由一系列线段组成的折线,并且越接近最高费用(极限费用),其曲线越陡,为了简化计算,一般将其近似表示为直线。其斜率称为费用率,它的实际含义是表示单位时间内所需增加的直接费用。工作 $i-j$ 的直接费用率用 $\Delta C_{i-j}$ 表示,其计算公式如下:

$$\Delta C_{i-j} = \frac{C_{i-j}^{C} - C_{i-j}^{N}}{D_{i-j}^{N} - D_{i-j}^{C}} \tag{4-26}$$

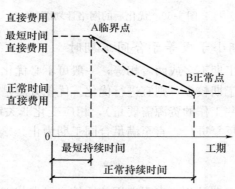

图 4-71　直接费用与时间的关系

$C_{i-j}^{C}$ ——工作 $i-j$ 的最短时间直接费用,即将工作 $i-j$ 持续时间缩短为最短持续时间后,完成该工作所需的直接费用;

$C_{i-j}^{N}$ ——工作 $i-j$ 正常时间直接费用,即在正常条件下完成工作 $i-j$ 所需直接费用;

$D_{i-j}^{C}$ ——工作 $i-j$ 最短持续时间,即工作 $i-j$ 再继续增加费用也不能进一步使其缩短工作时间;

$D_{i-j}^{N}$ ——工作 $i-j$ 的正常时间,及在正常时间下完成工作 $i-j$ 所需持续时间。

由于施工过程的性质不同,其工作持续时间和费用之间的关系通常有以下两种情况:

（1）连续型变化关系

连续型变化关系是指直接费用随着工作时间的改变而改变，介于正常持续时间和最短时间（极限）之间的任意持续时间的费用，可根据其费用用斜率的数学式子推算出来，其时间和费用之间的关系是连续变化的。

如某施工过程的正常持续时间为 9 天，所需费用 400 元，在综合考虑增加机械设备、劳力、加班等情况下，其最短时间为 5 天，而费用为 800 元，则其单位时间变化率为：

$$\Delta C_{i-j} = \frac{C^C_{i-j} - C^N_{i-j}}{D^N_{i-j} - D^C_{i-j}} = \frac{800 - 400}{9 - 5} = 100 \ (元)$$

即每缩短一天，其费用增加 100 元。

（2）非连续型变化关系

非连续型变化关系是指某些施工过程的直接费用与持续时间之间的关系是根据不同施工方案分别估算的，介于正常持续时间与最短持续时间之间的关系不能用线性关系表示。不能通过数学式子计算，只能在几种情况下选择。

如某单层工业厂房吊装工程，采用三种不同的吊装机械，其费用和持续时间见表4-12。

因此在确定施工方案时，根据工期要求，只能在表 4-12 中的三种不同机械中选择。

表 4-12　持续时间与费用表

| 机械类型 | A | B | C |
| --- | --- | --- | --- |
| 持续时间（天） | 4 | 5 | 6 |
| 费用（元） | 3200 | 2800 | 1900 |

### 2. 费用优化的方法与步骤

费用优化的基本方法就是从网络计划的各个工作时间和费用关系中，依次找出既能使计划工期缩短又能使其直接费用增加最少的工作，不断地缩短持续时间，同时考虑相应间接费用的叠加，即可求出工程成本最低时的相应最优工期，现举例说明费用的优化步骤。

【例 4-20】某工程任务的网络计划如图 4-72 所示。箭头上方括号外为正常时间直接费用，括号内为最短时间直接费用，箭线下方括号外为正常持续时间，括号内为最短持续时间。假定平均每天的间接费用为 100 元。试对其做费用优化。

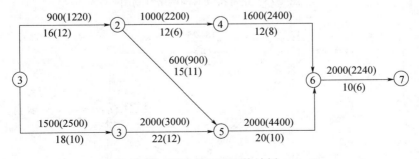

图 4-72　某工程网络计划

【解】第一步，列出时间和费用的原始数据表，并计算各工作的费用率（表 4-13）。

表 4-13　时间-费用数据表

| 工作代号 | 正常工期 | | 最短工期 | | 相差 | | 费用率 $\Delta C_{i-j}$（元/天） | 费用与时间变化情况 |
| | 时间 $D_{i-j}^N$（天） | 直接费用 $C_{i-j}^C$（天） | 时间 $D_{i-j}^N$（天） | 直接费用 $C_{i-j}^C$（天） | $C_{i-j}^C - C_{i-j}^N$（天） | $D_{i-j}^N - D_{i-j}^C$（天） | | |
|---|---|---|---|---|---|---|---|---|
| 1-2 | 16 | 900 | 12 | 1220 | 4 | 320 | 80 | 连续 |
| 1-3 | 18 | 1500 | 10 | 2500 | 8 | 1000 | 125 | 连续 |
| 2-4 | 12 | 1000 | 6 | 2200 | 6 | 1200 | 200 | 连续 |
| 2-5 | 15 | 600 | 11 | 900 | 4 | 300 | 75 | 非连续 |
| 3-5 | 22 | 2000 | 12 | 3000 | 10 | 1000 | 100 | 连续 |
| 4-6 | 12 | 1600 | 8 | 2400 | 4 | 800 | 200 | 连续 |
| 5-6 | 20 | 2000 | 10 | 4400 | 10 | 2400 | 240 | 连续 |
| 6-7 | 10 | 2000 | 6 | 2240 | 4 | 240 | 60 | 连续 |
| | | $\sum 11600$ | | $\sum 18860$ | | | | |

　　第二步，分别计算各工作在正常持续时间和最短持续时间下网络计划参数，确定其关键线路，如图 4-73 和图 4-74 所示。

　　从图 4-73 和表 4-13 可以看出正常时间网络计划的计算工期为 70 天，关键线路为①→③→⑤→⑥→⑦，正常时间直接费为 11600 元。

　　最短持续时间网络计划的计算工期为 39 天，关键路线为①→②→⑤→⑥→⑦，最短时间直接费用为 18600 元。

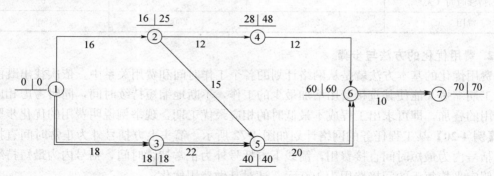

图 4-73　正常持续时间网络计划图

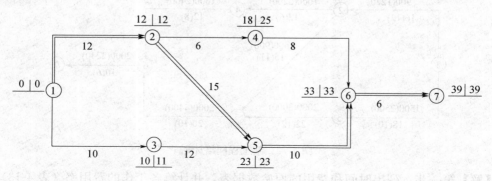

图 4-74　最短持续时间网络计划图

图 4-73 与图 4-74 相比，两者计算工期相差 70－39＝31 天，直接费用相差 188600－11600＝7260 元。

第三步，进行工期缩短，从直接费用增加额最少的关键工作入手进行优化，优化通常需经过多次循环。而每一个循环又分为以下几个步骤：

（1）通过计算找出上次循环后网络图的关键路线和关键工作；

（2）从各种关键工作中找出缩短单位时间所增加费用最少的方案；

（3）计算并确定该方案可能缩短的最多天数；

（4）计算由于缩短工作持续时间所引起的费用增加或其循环后的费用。

在本例中，循环一：

在正常持续时间原始网络计划图（图 4-73）中，关键工作为①—③、③—⑤、⑤—⑥、⑥—⑦，从表 4-13 中可以看到：⑥—⑦工作费用变化率最小 60 元/天，时间可以缩短为 4 天，则：

工期　　　　　　$T_1 = 70 - 4 = 66$ 天

直接费用　　　　$C_1 = 11600 + 4 \times 60 = 11840$ 元

关键线路没有改变（图 4-75）。

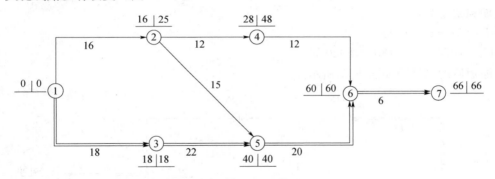

图 4-75　优化网络图（循环一）

循环二：

从图 4-75 可以看到，关键工作仍为①—③、③—⑤、⑤—⑥、⑥—⑦，表中费用率最低的是⑥—⑦工作，但在循环一已经达到了最短时间，不能再缩短，所有考虑工作①—③、③—⑤、⑤—⑥，经比较工作③—⑤费用率最低为 100 元/天，工作③—⑤可以缩短 10 天，但压缩 10 天时其他非关键工作也必须缩短。所以在不影响其他工作的情况下，只能压缩 9 天，其工期和费用为：

$T_2 = 66 - 9 = 57$ 天

$C_2 = 11840 + 9 \times 100 = 12740$ 元

这时关键路线已经变成 2 条（图 4-76）。

循环三：

从图 4-76 中可以看到，关键线路已经变成两条：①→②→⑤→⑥→⑦和①→③→⑤→⑥→⑦。

关键工作为：①—②，②—⑤，⑤—⑥，①—③，③—⑤，⑥—⑦。

其压缩方案为：

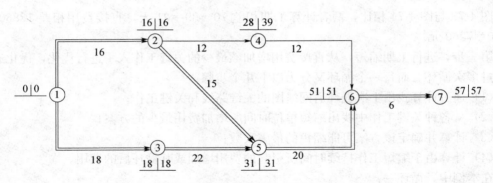

图 4-76  优化网络图（循环二）

方案一：缩短⑤—⑥工作，每天增加费用 240 元，可以缩短 10 天。

方案二：缩短①—②、①—③工作，每天增加费用 205 元，可缩短 4 天。

方案三：缩短①—②、③—⑤工作，只能缩短 1 天，每天增加费用 180 元。

方案四：缩短②—⑤、①—③，必须缩短 4 天，每天平均增加费用 200 元。

根据增加费用最少原则，经过比较选择方案三，若平均缩短①—②，③—⑤各一天，其工期和费用为：

$T_3 = 57 - 1 = 56$ 天

$C_3 = 12740 + 1 \times 180 = 12920$ 元

缩短后的网络图如图 4-77 所示。

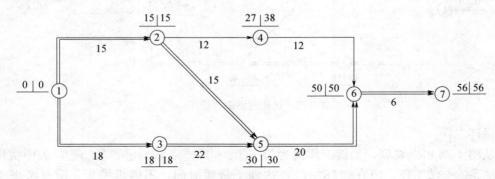

图 4-77  优化网络图（循环三）

循环四：

从 4-77 图中可以看到，关键线路仍为两条：①→②→⑤→⑥→⑦和①→③→⑤→⑥→⑦。

关键工作为：①—②、②—⑤、⑤—⑥、①—③、③—⑤、⑥—⑦。

其压缩方案为：

方案一：缩短⑤—⑥工作，每天增加费用 240 元，可压缩 10 天。

方案二：缩短①—②、①—③工作，每天增加费用 205 元，可压缩 4 天。

方案三：缩短①—③、②—⑤工作，必须缩短 4 天，每天平均增加费用 200 元。

根据增加的费用最少原则，通过比较选择方案三，缩短①—③、②—⑤工作，必须缩短 4 天，每天平均增加费用 200 元。

$T_4 = 56 - 4 = 52$ 天

$C_4 = 12920 + 4 \times 200 = 13720$ 元

缩短后的网络图如图 4-78 所示。

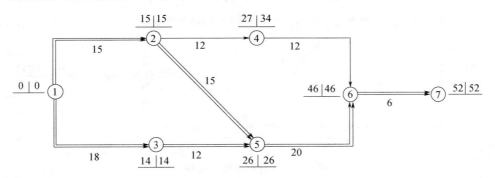

图 4-78 优化网络图（循环四）

循环五：

从图 4-78 中可以看到，关键线路仍为：①→②→⑤→⑥→⑦和①→③→⑤→⑥→⑦。

关键工作为：①—②、②—⑤、⑤—⑥和①—③、③—⑤、⑤—⑦。

其压缩方案为

方案一：缩短⑤—⑥工作，每天增加费用 240 元，可以压缩 10 天。

方案二：缩短①—②、①—③工作，每天增加费用 205 元，可压缩 3 天。

根据费用增加最少原则，通过比较选择方案二，缩短①—②、①—③工作，缩短 3 天，平均每天增加 205 元。

$T_4 = 52 - 3 = 49$ 天

$C_4 = 13720 + 3 \times 205 = 14335$ 元

缩短后的网络图如图 4-79 所示。

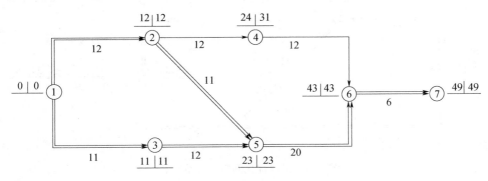

图 4-79 优化网络图（循环五）

循环六：

从图 4-79 可以看到，关键路线仍为：①→②→⑤→⑥→⑦和①→③→⑤→⑥→⑦。

其压缩方案只有一个，即压缩⑤—⑥工作。可以压缩 10 天，每天增加费用 240 元，但⑤—⑥工作由于压缩到 8 天，其费用增加，工期未能缩短，所以只能压缩 7 天。

$T_6 = 49 - 7 = 42$ 天

$C_6 = 14335 + 7 \times 240 = 16015$ 元

优化后的网络图如图 4-80 所示。

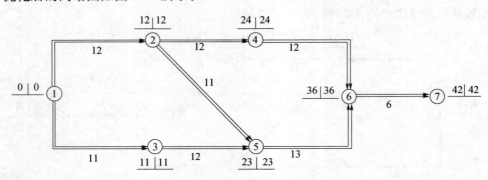

图 4-80　优化网络图（循环六）

循环七：

从图 4-80 中可以看出，关键路线变为三条：①→②→④→⑥→⑦；①→②→⑤→⑥→⑦；①→③→⑤→⑥→⑦。

其压缩方案为：

方案一：缩短工作②—④、⑤—⑥，每天增加费用 440 元，可以缩短 3 天。

方案二：缩短工作④—⑥、⑤—⑥，每天增加费用 440 元，可以缩短 3 天。

由于方案一和方案二增加费用相等，所以可以任意选择，若选择方案一，缩短 3 天，每天增加 440 元。

$T_7 = 42 - 3 = 39$ 天

$C_7 = 16015 + 3 \times 440 = 17335$ 元

缩短后的网路图如图 4-81 所示。

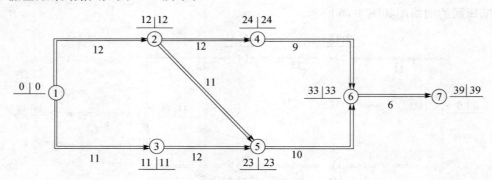

图 4-81　最终优化网络图（循环七）

从图 4-81 可以看出，②—④、④—⑥工作还可以继续缩短，其费用增加到 $C = 17775 + 3 \times 200 = 18375$ 元。

但与其平行的其他工作不能缩短了，即已达到极限时间，所以尽管缩短②—④、④—⑥工作费用增加了，但工期没有缩短，那么缩短②—④、④—⑥工作是徒劳的。

另一方面，从循环七可以看到共缩短 70 − 39 = 31 天，增加直接费用 17335 − 11600 = 5735 元，而全部采用最短时间的直接费用为 18860 元，采用优化方案直接费用为 17335

元，可以节约 18860－17335＝1525 元。

第四步：列表计算，将优化的每一循环的结果直接汇总列表，并将直接费用与间接费用叠加，确定工程费用曲线，求出最低费用及对应的最佳工期。

将上述时间-费用的计算结果汇总于表 4-14 中，从表 4-14 中可以看出，本工程的最优化工期约 57 天，与此相对应的工程总费用为 18440 元（最低费用）。

表 4-14　费用优化结果

| 循环次数 | 工期（天） | 直接费用（元） | 间接费用（元） | 总费用（元） | 最低费用数（元） |
|---|---|---|---|---|---|
| 原始网络 | 70 | 11600 | 7000 | 18600 | — |
| 1 | 66 | 11840 | 6600 | 18440 | — |
| 2 | 57 | 12740 | 5700 | 18440 | 18440 |
| 3 | 56 | 12920 | 5600 | 18520 | — |
| 4 | 52 | 13720 | 5200 | 18920 | — |
| 5 | 49 | 14335 | 4900 | 19235 | — |
| 6 | 42 | 16015 | 4200 | 20125 | — |
| 7 | 39 | 17335 | 3900 | 21235 | — |

优化后的工程费用曲线如图 4-82 所示。

本例中，根据表 4-14 和图 4-80，可得出最低费用为 18440 元，对应的最少工期为 57 天。

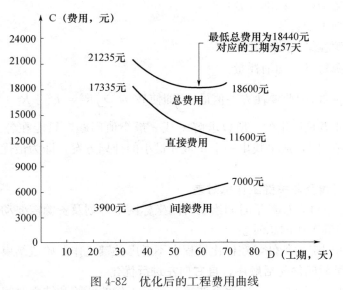

图 4-82　优化后的工程费用曲线

## 4.5.3　资源优化

资源优化就是在工期固定的条件下，如何使资源均衡或在资源限制的条件下如何使工期最短。

资源优化的方法是通过改变工作开始时间，使资源按时间的分布符合优化目标。

### 4.5.3.1 工期固定、资源均衡的优化

工期固定、资源均衡的优化就是在工期不变的情况下，使资源需要量大致均衡。

衡量资源需要量的不均衡程度有两个指标，即方差（$\sigma^2$）与标准差（$\sigma$）。方差（或标准差）越大，说明计划的均衡性越差。

方差和标准差可按下式计算：

$$\sigma^2 = \frac{1}{T}\sum_{i=1}^{t}(R_i - \overline{R})^2 = \frac{1}{T}[(R_1 - \overline{R})^2 + (R_2 - \overline{R})^2 + \cdots + (R_t - \overline{R})^2]$$

$$= \frac{1}{T}[(R_1^2 + R_2^2 + \cdots + R_t^2) + T] = \frac{1}{T}\Big[\sum_{i=1}^{t}R_i^2 + T\overline{R}^2 - 2\overline{R}\sum_{i=1}^{t}R_i\Big]$$

因为 $\overline{R} = \dfrac{R_1^2 + R_2^2 + \cdots + R_t^2}{T} = \dfrac{\sum\limits_{i=1}^{t}R_t}{T}\,\overline{R} = \dfrac{R_1^2 + R_2^2 + \cdots + R_t^2}{T} = \dfrac{\sum\limits_{i=1}^{t}R_i}{T}$

$$\sum_{i=1}^{t}R_i = T\overline{R}$$

所以 $\sigma^2 = \dfrac{1}{T}\Big[\sum\limits_{i=1}^{t}R_i^2 + T\overline{R}^2 - 2\overline{R}\cdot T\overline{R}\Big] = \dfrac{1}{T}\sum\limits_{i=1}^{t}R_i^2 - \overline{R}^2$

或 $\sigma = \sqrt{\dfrac{1}{T}\sum\limits_{i=1}^{t}R_i^2 - \overline{R}^2}$

式中　　$\sigma^2$——资源消耗的方差；

$\sigma$——资源消耗的标准方差；

$T$——计划工期；

$R_i$——资源在第 $i$ 天的消耗量；

$\overline{R}_j$——资源每日平均消耗量。

因为 $T$、$\overline{R}$ 为常数,因此要使方差值最小,即使 $W = \sum\limits_{i=1}^{t}R_i^2 = R_1^2 + R_2^2 + \cdots + R_t^2$ 为 最小。

由于计划工期 $T$ 是固定的，所以求解 $\sigma^2$ 或 $\sigma$ 最小值问题，只能在各工序总时差范围内调整其开始结束时间，从中找出一个 $\sigma^2$ 或 $\sigma$ 最小的计划方案，即为最优方案。其优化方法和步骤如下：

**1. 确定关键路线及非关键工作总时差**

根据工期固定条件，按最早时间绘制时间坐标网络计划及资源需要动态曲线，从中明确关键路线和非关键工作的总时差。

为了满足工期固定的条件，在优化过程中不考虑关键工作开始或结束时间的调整。

**2. 按节点最早时间的先后顺序，自右向左进行优化**

自终止节点开始，逆箭头方向逐个调整非关键工作的开始和结束时间。假设节点 $j$ 为最后一个节点，应首先对以节点 $j$ 为结束的工作进行调整，若以节点 $j$ 为结束点的非关键工作不止一个，应首先考虑开始时间为最晚的那项工作。

假定 $j$ 工作的开始时间最晚的一项工作为 $i$—$j$，若 $i$—$j$ 工作在第 $K$ 天开始，到第 $L$ 天结束，如果工作 $i$—$j$ 向右移一天，那么第 $K$ 天需要的资源量将减少 $r_{i-j}$，而 $L+1$ 天需

要的资源量将增加 $r_{i-j}$，即：

$$R'_k = R_k - r_{i-j}, \quad R'_L = R_{L+1} + r_{i-j}$$

工作 $i-j$ 向右移一天后，$R_1^2 + R_2^2 + \cdots R_T^2$ 的变化值等于

$$\Delta W = \left[ (R_{L+1} + r_{i-j})^2 - R_{L+1}^2 \right] - \left[ R_k^2 - (R_k - r_{i-j})^2 \right]$$

上式简化后得

$$\Delta W = 2r_{i-j} \left[ R_{L+1} - (R_k - r_{i-j}) \right]$$

显然，$\Delta W < 0$ 时，表示 $\sigma^2$ 减小，工作 $i-j$ 可向右移动一天。在新的动态曲线上，按上述同样的方法继续考虑 $i-j$ 是否还能再向右移一天，如果能右移一天，那么就再右移，直至不能移动为止。

若 $\Delta W > 0$ 时，表示 $\sigma^2$ 增加，不能向右移动一天，那么就考虑 $i-j$ 能否向右移两天（在总时差允许的范围内）。此时，如果 $R_{L+2} - (R_{L+1} - r_{i-j})$ 为负值，那么就计算 $\left[ R_{L+1} - (R_k - r_{i-j}) \right] + \left[ R_{L+2} - (R_{k+1} - r_{i-j}) \right]$，如果结果为负值，即表示工作 $i-j$ 可右移两天；反之，则考虑工作 $i-j$ 能否右移三天（在总时差许可的范围内）。

当工作 $i-j$ 右移确定以后，按上述顺序继续考虑其他工作的右移。

**3. 按节点最早时间的先后顺序，自右向左继续优化**

在所有工作都按节点最早时间的先后顺序，自右向左进行了一次调整以后，再按节点最早时间的先后顺序，自右向左进行第二次调整。反复循环，直至所有工作的位置都不能再移动为止。

【**例 4-21**】某资源的供应计划如图 4-83 所示，资源供应量没有限制，最高峰日期每天资源需要量为 $R_{max} = 21$ 个单位，请进行工期-资源优化，即在工期不变的条件下改善网络计划的进度安排，选择资源消耗量最均衡的计划方案。

【**解**】第一步，画出初始时标网络计划图，如图 4-84 所示，确定关键工作和关键线路（图中双线表示）。

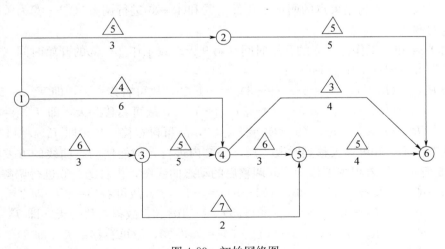

图 4-83 初始网络图

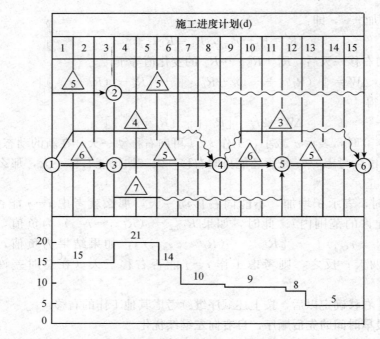

图 4-84 初始时标网络图

第二步，求每天平均需用量 $R_m$。

$$R_m = \frac{15 \times 3 + 21 \times 2 + 14 + 10 \times 2 + 9 \times 3 + 8 + 5 \times 3}{15} = 11.4$$

资源需用量不均衡系数为：

$$K = \frac{21}{11.4} \approx 1.84$$

第三步，第一次调整。

（1）对以节点⑥为结束点的两项工作②—⑥和④—⑥进行调整（⑤—⑥为关键工作，不考虑它的调整）。

从图 4-84 知，工作④—⑥的开始时间（第 9 天）较工作②—⑥的开始时间（第 4 天）迟，因此先考虑调整工作④—⑥。

由于 $R_{13} - (R_9 - r_{4-6}) = 5 - (9-3) = -1 < 0$，故可右移一天，即 $T^{ES}_{4-6} = 9$。

又因 $R_{14} - (R_{10} - r_{4-6}) = 5 - (9-3) = -1 < 0$，故可右移一天，即 $T^{ES}_{4-6} = 10$。

$R_{15} - (R_{11} - r_{4-6}) = 5 - (9-3) = -1 < 0$，故可再右移一步，即 $T^{ES}_{4-6} = 11$。

可见工作④—⑥可逐天移到时段 [12, 15] 内进行，均能使动态曲线的方差值减少，如图 4-85 所示。接着根据工作④—⑥调整后的动态曲线图，再对②—⑥进行调整。

由于 $R_9 - (R_4 - r_{4-6}) = 6 - (21-5) = -10 < 0$，故可右移一天，即 $T^{ES}_{2-6} = 4$。

$R_{10} - (R_5 - r_{2-6}) = 6 - (21-5) = -10 < 0$，故再右移一天，即 $T^{ES}_{2-6} = 5$。

$R_{11} - (R_6 - r_{2-6}) = 6 - (14-5) = -3 < 0$，故再右移一天，即 $T^{ES}_{2-6} = 6$。

$R_{12} - (R_7 - r_{2-6}) = 8 - (10-5) = 3 > 0$，故不能右移。

$R_{13} - (R_8 - r_{2-6}) = 8 - (10-5) = 3 > 0$，故不能右移。

$R_{14} - (R_9 - r_{2-6}) = 8 - (11-5) = 2 > 0$，故不能右移。

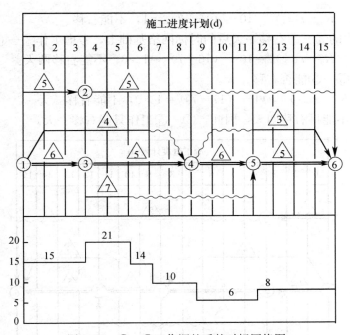

图 4-85 ④—⑥工作调整后的时标网络图

$R_{15} - (R_5 - r_{2-6}) = 8 - (11-5) = 2 > 0$，故不能右移。

因此，工作②—⑥只能右移三天，其移动后的时标网络计划如图 4-86 所示。

（2）对以节点⑤为结束点的工作③—⑤进行调整。根据②—⑥调整后的时标网络图（图 4-86）进行计算。

$R_{10} - (R_4 - r_{3-5}) = 9 - (16-7) = 0$，故可右移一天，即 $T^{ES}_{3-5} = 4$。

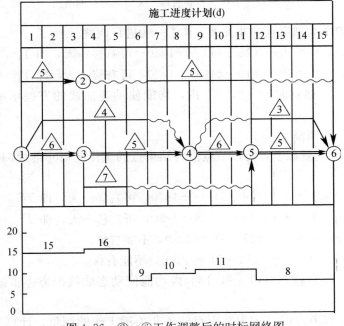

图 4-86 ②—⑥工作调整后的时标网络图

$R_7 - (R_5 - r_{3-5}) = 10 - (16 - 7) = 1$，不能右移。

在图 4-87 中的③—⑤右移一天后的时标网络基础上，考虑工作③—⑤能否右移两天。

因为 $R_8 - (R_6 - r_{3-5}) = 10 - (16 - 7) = 1 > 0$，不能右移两天。

再考虑工作③—⑤能否右移三天。

又 $R_9 - (R_7 - r_{3-5}) = 11 - (17 - 7) = 1 > 0$，不能右移三天。

同样可算得不能再右移四天，因此，③—⑤工作只能右移一天。

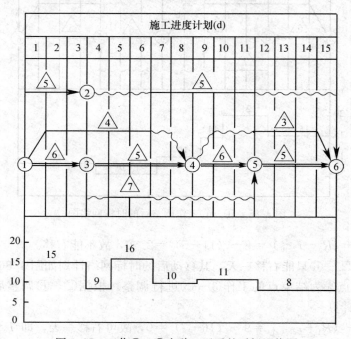

图 4-87 工作③—⑤右移一天后的时标网络图

（3）对以节点④为结束点的非关键工作①—④进行调整。

$R_7 - (R_1 - r_{1-4}) = 10 - (15 - 4) = -1 < 0$　可右移一天，即 $T_{1-4}^{ES} = 1$。

$R_8 - (R_2 - r_{1-4}) = 10 - (15 - 4) = -1 < 0$　可右移一天，即 $T_{1-4}^{ES} = 2$。

可见工作①—④移到时段 [3，8] 内，均能使动态曲线的方差值减少。如图 4-88 所示。

第四步，第二次调整。

（1）在图 4-88 的基础上，对以节点⑥为结束点的工作②—⑥继续调整（④—⑥时差已用完）。

$R_{12} - (R_7 - r_{2-6}) = 8 - (14 - 5) = -1 < 0$，可右移一天，即 $T_{2-6}^{ES} = 7$。

$R_{13} - (R_8 - r_{2-6}) = 8 - (14 - 5) = -1 < 0$，可右移一天，即 $T_{2-6}^{ES} = 8$。

$R_{14} - (R_9 - r_{2-6}) = 8 - (11 - 5) = 2 > 0$，不能右移。

$R_{15} - (R_{10} - r_{2-6}) = 8 - (11 - 5) = 2 > 0$，不能右移。

可见工作②—⑥右移到时段 [9，13] 内均能使动态曲线的方差值减少，如图 4-89 所示。

（2）分别考虑以节点⑤、④为结束点的各非关键工作的调整，计算结果表明都不能

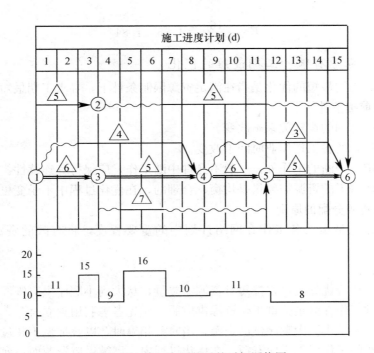

图 4-88　第一次调整后的时标网络图

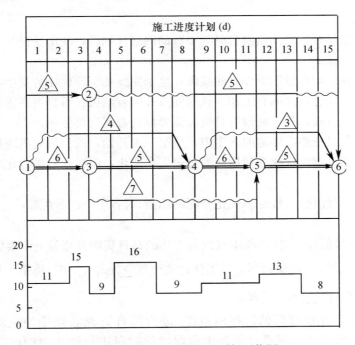

图 4-89　第二次调整后的时标网络图

右移。

从图 4-87 可以看出，优化后的资源动态曲线，最高峰日期每天资源需用量 $R_{max}=16$，不均衡系数为：

$$K=\frac{16}{11.84}=1.35<1.84$$

### 4.5.3.2 资源有限、工期最短的优化

资源有限、工期最短的优化是指在满足资源限制条件下，寻求工期最短的施工计划。

**1. 优化的前提条件**

（1）原网络计划的逻辑关系不改变。

（2）网络计划的各工作作业时间不改变。

（3）除规定可中断的工作外，一般不允许中断工作，应保持其连续性。

（4）各工作每天的资源需要量是均衡、合理的，在优化过程中不予变更。

**2. 优化时资源分配的原则**

资源优化分配是指按各工作在网络计划中的重要程度，将有限的资源进行科学的分配。

其原则是：

（1）关键工作应优先满足，按每日资源需要量，从大到小顺序供应资源。

（2）非关键工作在满足关键工作资源供应后，应先考虑利用独立时差，然后考虑利用总时差，根据时差从小到大顺序供应资源。当时差相等时，以叠加量不超过资源限额的工作并能用足限额的工作优先供应资源。在优化过程中，已被供应资源而不允许中断的工作在本条内优先供应。

**3. 优化步骤**

第一步，按最早开始时间绘制带时间坐标的网络计划图，找出关键线路和非关键工作的自由时差及总时差。

第二步，计算并画出资源需要量曲线图，这条曲线是资源优化的初始状态。每日资源需要量曲线的每一变化都说明有工作在该时间点开始或结束。每日资源需要量不变且连续的一段时间，称为时段。每一时段每日资源需要量的数值均要注明。

第三步，在每日资源需要量曲线图中，从第一天开始，找到最先出现超过资源供应限额的时段进行调整。调整优化会使后面的时段发生变化，但在本时段优化时，对其他时段的影响暂不考虑。

第四步，本时段优化时，按资源优化分配的原则，对各工作的分配顺序进行列表编号，从第一号至第 $n$ 号。

第五步，按编号的序列，依次将本段内各工作的每日资源需要量 $r_{i-j}$ 累加并逐次与资源供应限额 $R$ 进行比较。当累加到第 $x$ 号工作首先出现 $\sum r_{i-j}>r$ 时，将第 $x$ 号到第 $n$ 号工作全部推移出本时段，使 $\sum r_{i-j}\leqslant R$。

第六步，画出工作推移后的时标网络图，进行每日资源需要量的重新叠加，从已优化的时段向后找到首先出现超过资源供应限额的时段进行优化。优化工作是重复第四步至第六步，直至所有的时段每日资源需要量都不再超过资源限额，资源优化工作就结束了。

**【例 4-22】** 如图 4-90 所示的网络计划，箭线上面△内的数据表示该工作每天的资源需用量 $r_{i-j}$，箭线下面的数据为工作作业时间 $t_{i-j}$。现假定每天可能供应的资源数量为 14 个

单位，工作不允许中断，试进行资源有限、工期最短的优化。

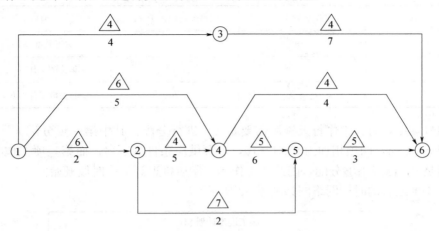

图 4-90　资源优化初始网络计划图

【解】第一步，按最早开始时间绘制时标网络图。并画出资源需用量动态曲线，如图 4-91 所示。

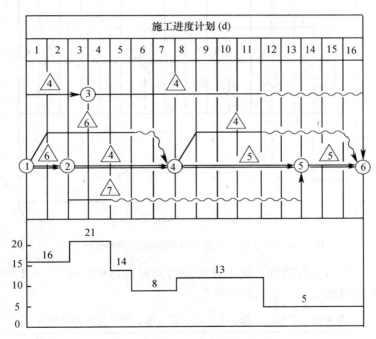

图 4-91　原始时标网络图

从图 4-91 中可以看出，时段 [0，2]、[2，4]、[4，5] 每条所需要的资源数量分别为 16、21 和 15 个单位，均超出了可能供应的限制条件，所以计划必须调整。

调整工作首先从时段 [0，2] 开始。

处于该时段内同时进行的工作有①—②、①—③、①—④，按照资源分配原则，它们的编号顺序见表 4-15。

115

表 4-15　工作有①—②、①—③、①—④的编号顺序

| 编号顺序 | 工作名称 $i-j$ | 每天资源需要 $r$ | 编号依据 |
|---|---|---|---|
| 1 | ①—② | 6 | 关键路线 $TF_{1-2}=0$ |
| 2 | ①—③ | 4 | 非关键工作 $TF_{1-3}=5$ |
| 3 | ①—④ | 6 | 非关键工作 $TF_{1-4}=2$ |

按编号顺序，对各工作每天资源需要量 $r_{i-j}$ 进行分配，其中第一项分配 $r_{1-2}=6$，第二项分配 $r_{1-3}=4$，两项相加为 $6+4=10$，资源供应条件 $R=14$，而第三项工作①—④每天需要量是 6，已经不够分配，因此，工作①—④应推迟到下一时段开始。

①—④推迟后的时标网络图如图 4-92 所示。

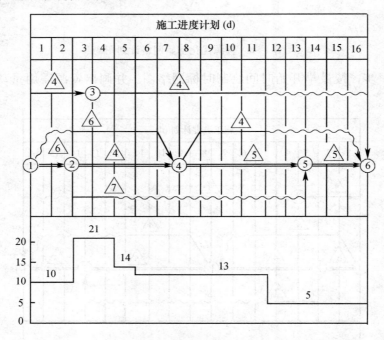

图 4-92　工作①—④推迟开始时间后的时标网络图

再研究时段 [2，4] 的调整，处于该时段内同时进行的工作①—③、①—④、②—④、②—⑤，根据分配原则，它们的顺序见表 4-16。

表 4-16　工作①—③、①—④、②—④、②—⑤的编号顺序

| 编号顺序 | 工作名称 $i-j$ | 每天工作需要量 $r_{i-j}$ | 编号依据 |
|---|---|---|---|
| 1 | ②—④ | 4 | 关键线路 $TF_{2-4}=0$ |
| 2 | ①—④ | 6 | 非关键线路 $FF_{1-4}=0$（时差已用完） |
| 3 | ①—③ | 4 | 非关键线路 $TF_{1-3}=5$ |
| 4 | ②—⑤ | 7 | 非关键线路 $FF_{2-5}=9$ |

按编号顺序，工作②—④、①—④、①—③三项每天的资源需要量之和为 $4+6+4=14=R$，故工作②—⑤必须推到下一个时段开始。

工作②—⑤推迟开始后的时标网络图如图 4-93 所示。

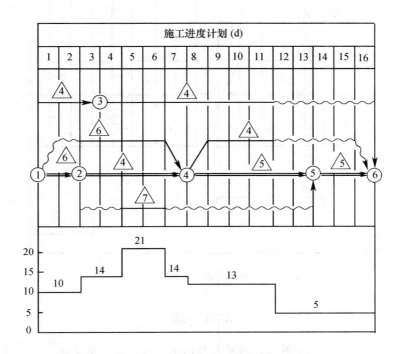

图 4-93  工作②—⑤推迟开始后的时标网络图

再研究时段 [4，6] 的调整，处于该时段内同时进行的工作有②—④、①—④、②—⑤、③—⑥，根据分配原则，它们的顺序见表 4-17。

表 4-17  工作②—④、①—④、②—⑤、③—⑥的顺序

| 编号顺序 | 工作名称 | 每天工作需要量 $r_{i-j}$ | 编号依据 |
| --- | --- | --- | --- |
| 1 | ②—④ | 4 | 关键线路 $TF_{2-4}=0$ |
| 2 | ①—④ | 6 | 非关键线路总时差用完 |
| 3 | ③—⑥ | 4 | 非关键线路 $TF_{3-6}=5$ |
| 4 | ②—⑤ | 5 | 非关键线路 $FF_{2-5}=7$ |

按编号顺序，工作②—④、①—④、③—⑥三项每天的资源需要量之和为 $4+6+4=14$，因此，②—⑤都应推迟到下一时段开始。

依此类推，继续以下各步调整，最后可得如图 4-94 所示的资源有限、工期最短的图解。

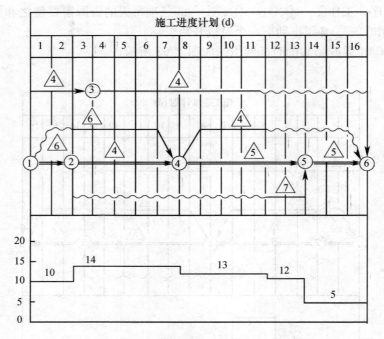

图 4-94　资源有限、工期最短的图解

## 本章小结

双代号网络计划与单代号网络计划有各自的优缺点，在不同情况下，其表现的繁简程度是不同的，有些情况用单代号表示法比较简单，有些情况使用双代号表示法则更为清楚，因此，它们是互为补充、各具特色的表现方法，但由于双代号网络图更符合人们的思维习惯，所以目前在工程中应用更多。时标网络、标时网络也各有优缺点，对于一般工程，由于时标网络图综合了横道图与网络图的优点，在工程应用中更为广泛。

## 思考题

**4-1**　什么是双代号和单代号网络图？

**4-2**　组成双代号网络图的三要素是什么？试述各要素的含义和特征。

**4-3**　什么叫虚箭线？它在双代号网络图中起什么作用？

**4-4**　网络计划有哪两种逻辑关系？

**4-5**　试绘制双代号网络图的基本规则。

**4-6**　施工网络计划有哪几种排列方法？

**4-7**　试述节点时差、独立时差和总时差的含义和特点。

**4-8**　双代号网络图时间参数有哪几种？应如何计算？

**4-9**　什么是线路、关键工作、关键线路？

**4-10**　时标网络、单代号搭接网络和流水网络各自有什么特点？

**4-11**　试述工期优化、费用优化、资源优化的基本步骤？

# 习　　题

**4-1** 将图 4-95 所示的双代号网络图绘制成单代号网络图。比较两图，其主要差别是什么？

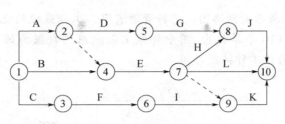

图 4-95　双代号网络图

**4-2** 试指出如图 4-96 所示网络图的错误。

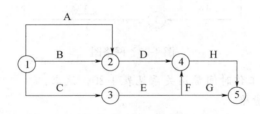

图 4-96

**4-3** 按下列工作的逻辑关系，分别绘出其双代号网络图。

（1）A、B 均完成后作 E；D、E 完成后作 F。

（2）A、B 均完成后作 C；B、D 均完成后作 E；C、E 完成后作 F。

（3）A、B、C 均完成后作 D；B、C 完成后作 E；D、E 完成后作 F。

（4）A 完成后作 B、C、D；B、C、D 完成后作 E；C、D 完成后作 F。

**4-4** 根据表 4-18 中各施工过程的逻辑关系，绘制双代号网络图并进行节点编号。

表 4-18　各施工过程的逻辑关系

| 施工过程 | A | B | C | D | E | F | G | H | I | J | K |
|---|---|---|---|---|---|---|---|---|---|---|---|
| 紧前工作 | — | A | A | B | B | E | A | D、C | E | F、G、I | I、J |
| 紧后工作 | B、C、G | D、E | H | H | F、I | J | J | J | K | K | — |

**4-5** 按表 4-19 给出的工作和工作持续时间，绘制出双代号网络图，并计算出各工作的时间参数：$T_{i-j}^{ES}$，$T_{i-j}^{EF}$，$T_{i-j}^{LS}$，$T_{i-j}^{LF}$，$T_{i-j}^{F}$。

表 4-19　数据资料表

| 工作编号 | 持续时间 | 工作编号 | 持续时间 |
|---|---|---|---|
| ①—② | 3 | ③—④ | 0 |
| ①—③ | 4 | ③—⑤ | 7 |

续表

| 工作编号 | 持续时间 | 工作编号 | 持续时间 |
|---|---|---|---|
| ①—④ | 6 | ③—⑥ | 6 |
| ②—③ | 2 | ④—⑥ | 8 |
| ②—⑤ | 4 | ⑤—⑥ | 3 |

**4-6** 根据图 4-97 所示的网络图，进行资源有限，工期最短的优化。假定每天可能供应的资源数量为常数（10 个单位）。图中箭线上面△内的数据为该工作每天的资源需用量，箭线下面的数据为该工作持续时间。

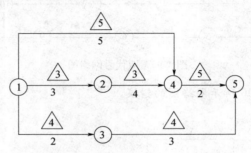

图 4-97 网络图

**4-7** 某网络计划各工作时间费用关系见表 4-20，试求：

（1）各工作的赶工费率。

（2）通过优化计算绘出该网络计划的工期-直接费用关系曲线。

（3）在最短工期下，采用优化方法可捷运多少资金。

表 4-20 时间费用原始资料表

| 紧前工作 | 工作名称 | 正常使用 | | 最快 | |
|---|---|---|---|---|---|
| | | 持续时间（天） | 费用（元） | 持续时间（天） | 费用（元） |
| — | A | 4 | 600 | 2 | 1000 |
| — | B | 6 | 800 | 3 | 1400 |
| A | C | 8 | 500 | 3 | 1200 |
| B、C | D | 7 | 600 | 2 | 1200 |

**案例：**

**【背景】**

某单项工程，按如下进度计划网络图组织施工：

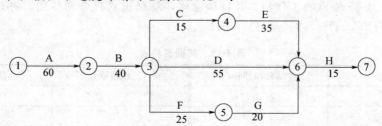

原计划工期为170d，在第75d进行的进度检查时发现：工作A已全部完成，工作B刚刚开始。由于工作B是关键工作，所以它拖后15d，将导致总工期延长15d。

本工程各工作相关参数见表4-21。

**表4-21 各工作相关参数**

| 序号 | 工作 | 最大可能压缩时间（d） | 赶工费用（元/d） |
|------|------|---------------------|-----------------|
| 1 | A | 10 | 200 |
| 2 | B | 5 | 200 |
| 3 | C | 3 | 100 |
| 4 | D | 10 | 300 |
| 5 | E | 5 | 200 |
| 6 | F | 10 | 150 |
| 7 | G | 10 | 120 |
| 8 | H | 5 | 420 |

【问题】

1. 为使本单项工程仍按原工期完成，则必须赶工，调整原计划，应如何调整原计划，既经济又保证整修工作能在计划的170d内完成，并列出详细调整过程。

2. 试计算经调整后所需投入的赶工费用。

3. 重新绘制调整后的进度计划网络图，并列出关键线路（关键工作表示法）。

**答案与解析**

【案例】答：

1. 目前总工期拖后15d，此时的关键线路：B—D—H

（1）其中工作B赶工费率最低，故先对工作B持续时间进行压缩

工作B压缩5d，因此增加费用为5×200＝1000（元）

总工期为：185－5＝180（d）

关键线路：B—D—H

（2）剩余关键工作中，工作D赶工费率最低，故应对工作D持续时间进行压缩。

工作D压缩的同时，应考虑与之平等的各线路，以各线路工作正常进行均不影响总工期为限。

故工作D只能压缩5d，因此增加费用为5×300＝1500（元）

总工期为：180－5＝175（d）

关键线路：B—D—H和B—C—F—H两条

（3）剩余关键工作中，存在三种压缩方式：①同时压缩工作C、D；②同时压缩工作F、D；③压缩H。

同时压缩工作C、D的赶工费率最低，故应对工作C和工作D同时进行压缩。

工作C最大可压缩天数为3d，故本次调整只能压缩3d，因此增加费用为3×100＋3×300＝1200（元）

总工期为：175－3＝172（d）

关键线路：B—D—H和B—C—F—H两条

（4）剩余压缩方式中：压缩工作 H 赶工费率最低，故应对工作 H 进行压缩。

工作 H 压缩 2d，因此增加费用为 2×420＝840（元）

总工期为：172－2＝170（d）

（5）通过以上工期调整，工作仍能按原计划的 170d 完成。

2. 所需投入的赶工费为：1000＋1500＋1200＋840＝4540（元）

3. 调整后的进度计划网络图如下：

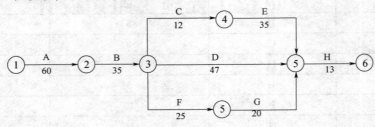

# 5  单位工程施工组织设计

## 内容提要

本章从应用角度介绍了如何编制单位工程施工组织设计，包括工程概况、施工方案、单位工程施工进度计划、施工准备与各项资源需要量计划、施工平面图设计、技术经济分析，并附有单位工程施工组织设计工程应用实例。

## 要点说明

本章学习重点是施工平面图设计，难点是单位工程进度计划编制。单位工程施工组织设计的核心是施工方案，密切关联课程是建筑工程施工技术、建筑工程造价及建筑工程管理。

关键词：单位工程施工进度计划、施工方案、施工平面图。

单位工程施工组织设计是规划和指导拟建工程从施工准备到竣工验收全过程施工活动的技术经济文件。它是施工前的一项重要准备工作，是施工组织总设计的具体化，是编制季度、月度计划和劳动力、材料、机械设备等供应计划的主要依据，也是施工企业和现场管理的重要手段。它既要体现拟建工程的设计和使用要求，又要符合建筑施工的客观规律，对施工的全过程起战略部署或战术安排的作用。

## 5.1  单位工程施工组织设计的编制依据、内容和程序

### 5.1.1  编制单位工程施工组织设计的依据

单位工程施工组织设计的编制依据主要有以下几个方面：

**1. 施工合同**

包括工程范围和内容，工程开、竣工日期，工程质量保修期及保养条件，工程造价，工程价款的支付、结算及交工验收办法，设计文件及概预算和技术资料的提供日期，材料和设备的供应和进场期限，双方间相互协作事项，违约责任等。

**2. 经过会审的施工图**

包括单位工程的全部施工图纸、会议记录和标准图等有关的设计资料。对于较复杂的工业厂房，还要有设备图纸，并了解设备安装对土建施工的要求及设计单位对新结构、新

材料、新技术和新工艺的要求。

**3. 施工组织总设计**

本工程若为整个建设项目中的一个项目，应把施工组织总设计中的总体施工部署及对本工程施工的有关规定和要求作为编制依据。

**4. 建设单位可能提供的条件**

建设单位可能提供的条件包括：可能提供的临时房屋数量，施工用水、用电供应量，水压、电压能否满足施工要求等。

**5. 工程预算文件及有关定额**

应有详细的分部、分项工程量，必要时应有分层、分段或分部位的工程量及预算定额和施工定额。

**6. 本工程的资源配备情况**

包括施工中需要的劳动力情况，材料、预制构件和加工品来源及其供应情况，施工机具和设备的配备及其生产能力等。

**7. 施工现场的勘察资料**

包括施工现场的地形、地貌，地上与地下障碍物，工程地质和水文地质，气象资料，交通运输道路及场地面积等。

**8. 有关的国家规定和标准**

包括施工及验收规范、质量评定标准及安全操作规程等。

**9. 其他**

有关的参考资料及类似工程施工组织设计实例等。

## 5.1.2 单位工程施工组织设计的内容

单位工程施工组织设计的内容，根据工程的性质、规模、结构特点、技术复杂程度和施工条件的不同，对其内容和深广度要求也不同，不强求一致，但内容必须简明扼要，应以讲求实效为目的。

单位工程施工组织设计的内容一般应包括：

**1. 工程概况**

主要包括工程特点、建设地点特征和施工条件等内容。

**2. 施工方案**

主要包括施工程序及施工流程、施工顺序的确定，施工机械与施工方法的选择，技术组织措施的制定等内容。

**3. 施工进度计划**

主要包括各分部工程的工程量、劳动量或机械台班量、施工班组人数、每天工作班数、工作持续时间及施工进度等内容。

**4. 施工准备工作及各项资源需要量计划**

主要包括施工准备工作计划及劳动力、施工机具、主要材料、构件和半成品需要量计划。

**5. 施工平面图**

主要包括起重运输机位置的确定，搅拌站、加工棚、仓库及材料堆放场地的布置，运输道路的布置，临时设施及供水、供电管线的布置等内容。

**6. 主要技术经济指标**

主要包括工期指标、质量和文明安全指标、实物量消耗指标和投资额指标等。

对于一般常见的建筑结构类型或规模不大的单位工程，其施工组织设计可以编制得简单一些，其内容一般以施工方案、施工进度计划、施工平面图为主，辅以简要的文字说明即可。

## 5.1.3  单位工程施工组织设计的编制程序

单位工程施工组织设计的编制程序，是指对其各组成部分形成的先后次序及相互之间的制约关系的处理，单位工程施工组织设计的编制程序如图 5-1 所示，从中可进一步了解单位工程施工组织设计的内容。

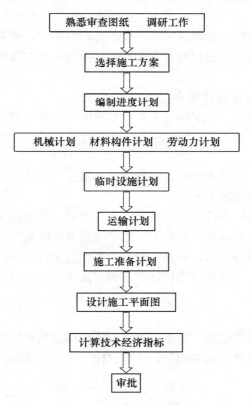

图 5-1  单位工程施工组织设计的编制程序

# 5.2  工程概况

单位工程施工组织设计中的工程概况，是对拟建工程的工程特点、地点特征和施工条件等所做的一个简洁、明了、突出重点的文字介绍。

工程概况的内容如下：

### 5.2.1 工程特点

针对工程特点，结合调查资料，进行分析研究，找出关键性的问题加以说明。对新材料、新结构、新工艺及施工的难点应着重说明。

**1. 工程建设概况**

主要说明：拟建工程的建设单位，工程名称、性质、用途、作用和建设目的，资金来源及工程投资额，开、竣工日期，设计单位，施工单位，施工图纸情况，施工合同，主管部门的有关文件或要求，以及组织施工的指导思想等。

**2. 建筑设计特点**

主要说明：拟建工程的建筑面积、平面形状和平面组合情况，层数、层高、总高度、总长度和总宽度等尺寸及室内外装修的情况，并附有拟建工程的平面、立面、剖面简图。

**3. 结构设计特点**

主要说明：基础构造特点及埋置深度，设备基础的形式，桩基础的根数及深度，主体结构的类型，墙、柱、梁、板的材料及截面尺寸，预制构件的类型、重量及安装位置，楼梯构造及形式等。

**4. 设备安装、智能系统设计特点**

主要说明：建筑采暖与卫生及煤气工程，建筑电气安装工程，通风与空调工程，电梯安装、智能系统工程的设计要求。

**5. 工程施工特点**

主要说明：工程施工的重点所在，一般应突出重点，抓住关键，使施工顺利进行，提高施工单位的经济效益和管理水平。

不同类型的建筑、不同条件下的工程施工，均有其不同的施工特点。如砖混结构住宅建筑的施工特点是：砌砖和抹灰工程量大，水平与垂直运输量大等。又如现浇钢筋混凝土高层建筑的施工特点主要是：结构和施工机具设备的稳定性要求高，钢材加工量大，混凝土浇筑难度大，脚手架搭设要进行设计计算，要有高效率的垂直运输设备等。

### 5.2.2 建设地点特征

主要介绍：拟建工程的位置、地形、地质（不同深度的土质分析、结冻期及冻层厚），地下水位、水质，气温及冬、雨期期限，主导风向、风力和地震烈度等特征。

### 5.2.3 施工条件

主要说明：水、电、道路及场地平整的"三通一平"情况，施工现场及周围环境情况，当地的交通运输条件，预制构件生产及供应情况，施工单位机械、设备、劳动力的落实情况，内部承包方式，劳动组织形式及施工管理水平，现场临时设施、供水、供电问题的解决等。

对于规模不大的工程，可采用表格的形式对工程概况进行说明，见表 5-1 和表 5-2。

### 表 5-1　工程概况

| 建设单位 | 工程名称 | 设计单位 | 建筑面积（m²） | | | 性质 | 结构 | 层次 |
|---|---|---|---|---|---|---|---|---|
| | | | 地下 | 地上 | 合计 | | | |
| | | | | | | | | |

| 地质资料 | 钻探单位 | | 技术经济支持 | 总造价（万元） | |
|---|---|---|---|---|---|
| | 持力层土质 | | | 单方造价（元/m²） | |
| | 地耐力 | | | 钢材用量（kg/m²） | |
| | 地下水位 | | | 水泥用量（kg/m²） | |
| | | | | 木材用量（m³/m²） | |

工程简况及主要实物量

| 项目 | 说明 | 项目 | 单位 | 数量 | 其中 |
|---|---|---|---|---|---|
| 平面图形 | | 挖土 运土 | m³ | | |
| 长、跨度、高 | | 填土 | m³ | | |
| 地下室 | | 砌石 | m³ | | |
| 基础 | | 砌砖 | m³/万块 | | |
| 梁、柱 | | 捣制混凝土 | m³ | | 无筋混凝土　　m³ |
| 板 | | 预制梁 | m³/根 | | 最重　　t/根 |
| 墙体 | | 预制柱 | m³/根 | | 最重　　t/根 |
| 门窗 | | 预制板 | m³/块 | | 最重　　t/根 |
| 圈梁 | | 预制桩 | m³/根 | | 桩长　　m |
| 楼梯 | | 门窗 | m³/樘 | | |
| 屋面 | | 屋面 | m² | | |
| 地面 | | 钢结构 | t | | |
| 内、外装饰 | | 内、外粉饰 | m² | | |
| 水暖 | | 水暖 | | | |
| 电照 | | 电照 | | | |

### 表 5-2　施工条件、总体安排

| 工地条件简介 | | 施工安排说明 | | |
|---|---|---|---|---|
| 项目 | 说明 | 项目 | | 说明 |
| 场地面积概量 | | 总工期 | | 日历天　实际天 工期　　工期 |
| 场地地势 | | 其中 | 地下工期 | |
| 场内外道路 | | | 主体工期 | |
| 场内地表土质 | | | 装修工期 | |
| 施工用水 | | 单方耗工（工日/m²） | | |
| 施工用电 | | 总工日数 | | |
| 热源条件 | | 冬季施工安排 | | |
| 施工用电话号码 | | 总体流水方法 | | |
| 地下障碍物 | | 垂直运输 | | |
| 地上障碍物 | | 混凝土构件 | | |
| 空中障碍物 | | 钢构件 | | |
| 周围环境 | | 打桩 | | |
| 防火条件 | | 土方 | | |
| 现场预制条件 | | 地下水 | | |
| 可代暂设房屋 | | 吊装方法 | | |
| 就地取材 | | 内脚手架 | | |
| 占地要求 | | 外脚手架 | | |
| 毗邻建筑情况 | | 关键 | | |

# 5.3 施工方案

施工方案是单位工程施工组织设计的核心。施工方案合理与否，不仅影响到施工进度计划的安排和施工平面图的布置，而且将直接关系到工程的施工效率、质量、工期和成本、安全等，因此，必须引起足够的重视，为了防止施工方案的片面性，必须对拟定的施工方案进行技术经济分析比较，使选定的施工方案施工上可行、技术上先进、经济上合理，而且符合施工现场的实际情况。

施工方案的选择一般包括：确定施工程序和施工流程、施工顺序，合理选择施工机械和施工方法，制定技术组织措施等。

## 5.3.1 确定施工程序

施工程序是指单位工程中分部工程或施工阶段的先后次序及其制约关系。工程施工受到自然条件和物质条件的制约，不同施工阶段的不同工作内容按照其固有的、不可违背的先后次序循序渐进地向前开展，它们之间有着不可分割的联系，既不能相互代替，也不允许颠倒或跨越。

**1. 遵守"先地下后地上"、"先土建后设备"、"先结构后围护"、"先主体后装饰"的原则**

"先地上后地下"，指的是在地上工程开始之前，尽量把管线、线路等地下设施敷设完毕，并完成或基本完成土方及基础工程，以免对地上部分施工有干扰、带来不便、造成浪费、影响质量。

"先土建后设备"，就是说不论是工业建筑还是民用建筑，土建与水、暖、电、气、通信等建筑设备的关系都需要摆正，尤其在装修阶段，要从保质量、降成本的角度处理好两者的关系。

"先主体后装饰"，主要是指应先施工主体结构，后内外装饰施工，以免影响装饰工程质量。

"先结构后围护"，是指应先施工框架或排架主体结构，后内外墙体施工。由于影响施工的因素很多，故施工程序并不是一成不变的，特别是随着建筑工业的不断发展，有些施工程序也将发生变化。一般情况而言，有时为了压缩工期，也可以部分搭接施工，尤其高层建筑宜尽量搭接施工，以便有效节约时间。

**2. 合理安排土建施工与设备安装的施工程序**

工业厂房的施工很复杂，除了要完成一般土建工程外，还要同时完成工艺设备和工业管道等安装工程，为了使工厂早日投产，不仅要加快土建工程施工速度，为设备安装提供工作面，而且应该根据设备性质、安装方法、厂房用途等因素，合理安排土建工程与工艺设备安装工程之间的施工程序。一般有三种施工程序：

（1）封闭式施工：是指先完成土建基础和主体结构，而后进行设备基础的施工，最后进行设备安装，它适用于一般机械工业厂房（如精密仪器厂房）。

封闭式施工的优点：由于工作面大，有利于预制构件现场就地预制、拼装和安装就位的布置，适合选择各种起重机和便于布置开行路线，从而加快主体结构的施工速度。围护结构能及早完工，设备基础能在室内施工，不受气候影响，可以减少设备基础施工时的防雨、防寒设施费用，可利用厂房内的桥式吊车为设备基础施工服务。其缺点是：出现某些重复性工作，如部分柱基回填土的重复挖填和运输道路的重新铺设等。设备基础施工条件较差，场地拥挤，其基坑不宜采用机械挖土。当厂房设备基础与柱基础连成一片时，在设备基础基坑挖土过程中，易造成地基不稳定，需增加加固措施费用，不能提前为设备安装提供工作面，因此工期较长。

（2）敞开式施工：是指先施工设备基础、安装工艺设备，然后对厂房结构进行安装。此法适用于设备基础较大较深，基坑挖土范围与柱基础的基坑挖土连成一片，或深于厂房柱基础，而且土质不好时，如冶金、电站等工业的某些厂房（如冶金工业厂房中的高炉间）。

敞开式施工的优缺点与封闭式施工相反。

（3）设备安装与土建施工同时进行：这样土建施工可以为设备安装创造必要的条件，同时又能防止设备被砂浆、建筑垃圾等污染。例如，在建造水泥厂时，工程进度快、经济效益最好的施工程序便是两者同时进行。

## 5.3.2　确定施工流程

施工流程是指单位工程在平面或空间上施工的开始部位及其展开方向。它着重强调单位工程粗线条的施工流程，但这粗线条却决定了单位工程施工的方法步骤。

确定单位工程施工流程，一般应考虑以下因素：

（1）施工方法是确定施工流程的关键因素。如一栋建筑物要用逆作法施工地下两层结构，施工流程可做如下表达：测量定位放线→进行地下连续墙施工→进行钻孔灌注桩施工→±0.000标高结构层施工→地下两层结构施工，同时进行地上一层结构施工→底板施工并做各层柱，完成地下室施工→完成上部结构。

若采用顺作法施工地下两层结构，其施工流程为：测量定位放线→底板施工→换拆第二道支撑→地下两层施工→换拆第一道支撑→±0.000顶板施工→上部结构施工（先做主楼以保证工期，后做裙房）。

（2）车间的生产工艺流程也是确定施工流程的主要因素。因此，从生产工艺上考虑，影响其他工程试车投产的工段应该先施工。例如，B车间生产的产品要受A车间生产的产品影响，A车间又划分为三个施工段（Ⅰ、Ⅱ、Ⅲ段），且Ⅱ、Ⅲ段的生产要受Ⅰ段的约束，故其施工应从A车间的Ⅰ段开始，A车间施工完后，再进行B车间施工。

（3）建设单位对生产和使用的需要。一般应考虑建设单位对生产或使用要求急的工段或部位先施工。

（4）单位工程各部位的繁简程度。一般对技术复杂、施工进度较慢、工期较长的工段或部位先施工。例如，高层现浇钢筋混凝土结构房屋，主楼部位应先施工，裙房部分后施工。

（5）当有高低层或高低跨并列时，应从高低层或高低跨并列处开始。例如，在高低跨并列的单层工业厂房结构安装中，应先从高低跨并列处开始吊装；又如在高低层并列的多层建筑物中，层数多的区段常先施工。

（6）工程现场条件和施工方案。施工场地大小、道路布置和施工方案所采用的施工方法和机械也是确定施工流程的主要因素。例如，土方工程施工中，边开挖边外运余土，则施工起点应确定在远离道路的部位，由远及近地展开施工。又如，根据工程条件，挖土机械可选用正铲、反铲、拉铲等，吊装机械可选用履带吊、汽车吊或塔吊，这些机械的开行路线或布置位置便决定了基础挖土及结构吊装的施工流程。

（7）施工组织的分层分段。划分施工层、施工段的部位，如伸缩缝、沉降缝、施工缝，也是决定施工流程的因素。

（8）分部工程或施工阶段的特点及其相互关系。如基础工程由施工机械和方法决定其平面的施工流程；主体结构工程从平面上看，从哪一边先开始都可以，但竖向一般应自下而上施工；装饰工程竖向的流程比较复杂，室外装饰一般采用自上而下的流程，室内装饰则有自上而下、自下而上及自中而下再自上而中三种流向。密切相关的分部工程或施工阶段，一旦前面施工过程的流程确定了，则后续施工过程也便随之而定了，如单层工业厂房的土方工程的流程决定了柱基础施工过程和某些构件预制、吊装施工过程的流程。

①室内装饰工程自上而下的流水施工方案是指主体结构工程封顶，做好屋面防水层以后，从顶层开始，逐层向下进行。其施工流程为如图 5-2 所示的水平向下和垂直向下两种情况，施工中一般采用如图 5-2（a）所示的水平向下的方式较多。这种方案的优点是：主体结构完成后有一定的沉降时间，能保证装饰工程的质量；做好屋面防水层后，可防止在雨期施工时因雨水渗漏而影响装饰工程质量；自上而下的流水施工，各施工过程之间交叉作业少，影响小，便于组织施工，有利于保证施工安全，从上而下清理垃圾方便。其缺点是不能与主体施工搭接，因而工期较长。

②室内装饰工程自下而上的流水施工方案是指主体结构工程施工完第三层楼板后，室内装饰从第一层插入，逐层向上进行。其施工流程为如图 5-3 所示的水平向上和垂直向上两种情况。这种方案的优点是可以和主体工程进行交叉施工，故可以缩短工期。其缺点是各施工过程之间交叉多，需要很好地组织和安排，并采取安全技术措施。

③室内装饰工程自中而下再自上而中的流水施工方案，综合了前两者的优缺点，一般适用于高层建筑的室内装饰工程施工。

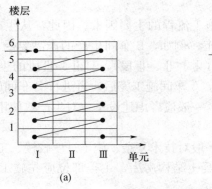 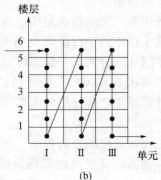

图 5-2　室内装饰工程自上而下的流程

（a）水平向下；（b）垂直向下

### 5.3.3　确定施工顺序

施工顺序是指分项工程或工序之间施工的先后次序。它的确定既是为了按照客观的施

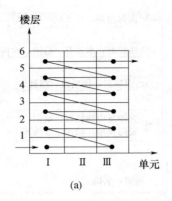
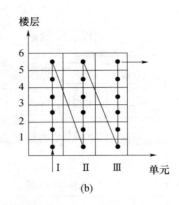

图 5-3　室内装饰工程自下而上的流程
(a) 水平向上；(b) 垂直向上

工规律组织施工，也是为了解决工种之间在时间上的搭接和在空间上的利用问题。在保证质量与安全施工的前提下，充分利用空间，争取时间，实现缩短工期的目的。合理地确定施工顺序是编制施工进度计划的需要。确定施工顺序时，一般应考虑以下因素：

（1）遵循施工程序。施工程序确定了施工阶段或分部工程之间的先后次序，确定施工顺序时必须遵循施工程序。例如先地下后地上的程序。

（2）必须符合施工工艺的要求。这种要求反映出施工工艺上存在的客观规律和相互间的制约关系，一般是不可违背的。如预制钢筋混凝土柱的施工顺序为：支模板→绑钢筋→浇混凝土→养护→拆模。而现浇钢筋混凝土柱的施工顺序为：绑钢筋→支模板→浇混凝土→养护→拆模。

（3）与施工方法协调一致。如单层工业厂房结构吊装工程的施工顺序，当采用分件吊装法时，施工顺序为：吊柱→吊梁→吊屋盖系统构件；当采用综合吊装法时，施工顺序为：第一节间吊柱、梁和屋盖系统构件→第二节间吊柱、梁和屋盖系统构件→……→最后一节间吊柱、梁和屋盖系统构件。

（4）按照施工组织的要求。如安排室内外装饰工程施工顺序时，可按施工组织规定的先后顺序。

（5）考虑施工安全和质量。如为了安全施工，屋面采用卷材防水时，外墙装饰安排在屋面防水施工完成后进行；为了保证质量，楼梯抹面在全部墙面、地面和天棚抹灰完成之后，自上而下一次完成。

（6）受当地气候条件影响。如冬期室内装饰施工时，应先安门窗扇和玻璃，后做其他装饰工程。

现将多层混合结构居住房屋、多层全现浇钢筋混凝土框架结构房屋和装配式钢筋混凝土单层工业厂房的施工顺序分别叙述如下。

### 5.3.3.1　多层混合结构居住房屋的施工顺序

多层混合结构居住房屋的施工，一般可划分为基础工程、主体结构工程、屋面及装饰工程三个施工阶段。图 5-4 即为混合结构四层居住房屋施工顺序示意图。

**1. 基础工程的施工顺序**

基础工程施工阶段是指室内地坪（±0.00）以下的所有工程施工阶段。其施工顺序一

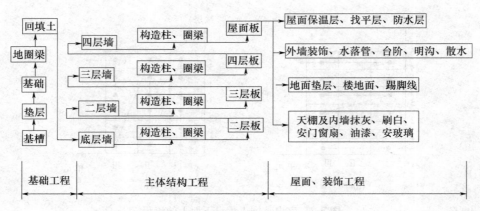

图 5-4　混合结构居住房屋施工顺序示意图

般是：挖土→垫层→基础→铺设防潮层→回填土。如果有地下障碍物、坟穴、防空洞、软弱地基等问题，需先进行处理；如有桩基础，应先进行桩基础施工；如有地下室，则应在基础完成后或完成一部分，施工地下室墙，在做完防潮层后施工地下室顶板，最后回填土。

需注意的是，挖基槽（坑）和做垫层的施工搭接要紧凑，时间间隔不宜过长，以防雨后基槽（坑）内灌水，影响地基的承载力。垫层施工后要留有一定的技术间歇时间，使其具有一定强度后，再进行下一道工序。各种管沟的挖土、做管沟垫层、砌管沟墙、管道铺设等应尽可能与基础工程施工配合，平行搭接进行。回填土根据施工工艺的要求，可以在结构工程完工以后进行，也可以在上部结构开始以前完成，施工中采用后者的较多，这样，一方面可以避免基槽遭雨水或施工用水浸泡，另一方面可以为后续工程创造良好的工作条件，提高生产效率。回填土原则上是一次分层夯填完毕。对零标高以下室内回填土（房心土），最好与基槽（坑）回填土同时进行，但要注意水、暖、电、卫、煤气管道沟的回填标高，如不能同时回填，也可以在装饰工程之前，与主体结构施工同时交叉进行。

**2. 主体结构工程的施工顺序**

主体结构工程施工阶段的工作，若圈梁、构造柱、楼板、楼梯为现浇时，其施工顺序应为立、绑构造柱筋→砌墙→安装柱模→浇筑混凝土→安装梁、板、梯模板→安装梁、板、梯钢筋→浇梁、板、梯混凝土。若楼板为预制时，砌筑墙体和安装预制楼板工程量较大，因此砌墙和安装楼板是主体结构工程的主导施工过程，它们在各楼层之间的施工是先后交替进行的，各层预制楼梯段的吊装应在砌墙、安装楼板的同时相继完成。在组织主体结构工程施工时，一方面应尽量使砌墙连续施工，另一方面应当重视现浇楼梯、厨房、卫生间现浇楼板的施工。现浇厨房、卫生间楼板的支模、绑筋可安排在墙体砌筑的最后一步插入，在浇筑构造柱、圈梁的同时浇筑厨房、卫生间楼板。特别是当采用现浇钢筋混凝土楼梯时，更应与楼层施工紧密配合，否则由于混凝土养护时间的需要，会使后续工程不能按计划投入而拖长工期。

**3. 屋面和装饰工程的施工顺序**

这个阶段具有施工内容多、劳动消耗量大、手工操作多、需要时间长等特点。

屋面施工的施工顺序一般为：找平层→隔气层→保温层→找平层→结合层→防水层或

找平层→防水层→隔热层。

装饰工程可分为室内装饰（天棚、墙面、楼地面、楼梯等抹灰，门窗扇安装，门窗油漆、玻璃安装，油漆墙裙，做踢脚线等）和室外装饰（外墙找平抹灰、做保温层、做面层及勒脚、散水、台阶、明沟、水落管等）。室内外装饰工程的施工顺序通常有先内后外、先外后内、内外同时进行三种顺序，具体确定为哪种顺序应视施工条件和气候条件而定。通常室外装饰应避开冬期或雨期；当室内为水磨石楼面时，为防止楼面施工时水的渗漏对外墙面的影响，应先完成水磨石的施工；如果为了加速脚手架的周转或要赶在冬、雨期到来之前完成室外装修，则应采取先外后内的顺序。同一层的室内抹灰施工顺序有楼地面→天棚→墙面和天棚→墙面→楼地面两种。前一种顺序便于清理地面，地面质量易于保证，且便于收集墙面和天棚的落地灰，节省材料，但由于地面需要留养护时间及采取保护措施，使墙面和天棚抹灰时间推迟，影响工期。后一种顺序在做地面前必须将天棚和墙面上的落地灰和渣滓扫清洗净后再做面层，否则会影响楼面层同预制楼板间的黏结，引起地面起鼓。

底层地面一般多是在各层天棚、墙面、楼面做好之后进行。楼梯间和踏步抹面，由于其施工期间易损坏，通常是在其他抹灰工程完成后，自上而下统一施工。门窗扇安装可在抹灰之前或之后进行，视气候和施工条件而定。例如，室内装饰工程若是在冬期施工，为防止抹灰层冻结和加速干燥，门窗扇和玻璃均应在抹灰前安装完毕。门窗玻璃安装一般在门窗扇油漆之后进行。

室外装饰工程总是采取自上而下的流水施工方案。在自上而下每层装饰及水落管安装等分项工程全部完成后，即可拆除该层的脚手架，然后进行散水及台阶的施工。

**4. 水、暖、电、卫等工程的施工顺序**

水、暖、电、卫等工程不同于土建工程，可以分成几个明显的施工阶段，它一般与土建工程中有关的分部分项工程进行交叉施工，紧密配合。

（1）在基础工程施工时，先将相应的管道沟的垫层、地沟墙做好，然后回填土。

（2）在主体结构施工时，应在砌砖墙和现浇钢筋混凝土楼板的同时，预留出上下水管和暖气立管的孔洞、电线孔槽或预埋木砖和其他预埋件。

（3）在装饰工程施工前，安设相应的各种管道和电器照明用的附墙暗管、接线盒等。水、暖、电、卫安装一般在楼地面和墙面抹灰前或后穿插施工。若电线采用明线，则应在室内粉刷后进行。

室外外网工程的施工可以安排在土建工程施工之前或与土建工程施工同时进行。

### 5.3.3.2  多层全现浇钢筋混凝土框架结构房屋的施工顺序

钢筋混凝土框架结构多用于多层民用房屋和工业厂房，也常用于高层建筑。这种房屋的施工，一般可划分为基础工程、主体结构工程、围护工程和装饰工程等四个施工阶段。图5-5即为多层现浇钢筋混凝土框架结构房屋施工顺序示意图。

1. ±0.00以下工程施工顺序

多层现浇钢筋混凝土框架结构房屋的基础一般可分为有地下室和无地下室基础工程。

若有地下室一层，且房屋建造在软土地基时，基础工程的施工顺序一般为：

桩基→围护结构→土方开挖→垫层→地下室底板→地下室墙、柱（防水处理）→地下室顶板→回填。

若无地下室，且房屋建造在土质较好的地区时，基础工程的施工顺序一般为：

133

挖土→垫层→基础（扎筋、支模、浇混凝土、养护、拆模）→回填。

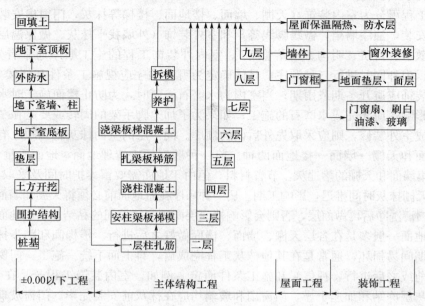

图 5-5　多层现浇钢筋混凝土框架结构房屋施工顺序示意图

在多层框架结构房屋基础工程施工之前，和混合结构居住房屋一样，也要先处理好基础下部的松软土、洞穴等，然后分段进行平面流水施工。施工时应根据当地的气候条件，加强对垫层和基础混凝土的养护，在基础混凝土达到拆模要求时及时拆模，并提早回填土，从而为上部结构施工创造条件。

2. 主体结构工程的施工顺序（假定采用木模板）

主体结构工程的施工包括墙体工程。不同的分项工程之间可组织平行、搭接、立体交叉流水施工。屋面工程、墙体工程应密切配合，如在主体结构工程结束之后，先进行屋面保温层、找平层施工，待外墙砌筑到顶后，再进行屋面防水层的施工。脚手架应配合砌筑工程搭设，在室外装饰之后、做散水坡之前拆除。内墙的砌筑则应根据内墙的基础形式而定，有的需在地面工程完成后进行，有的则可在地面工程之前与外墙同时进行。

3. 屋面工程的施工顺序与混合结构居住房屋屋面工程的施工顺序相同

4. 装饰工程的施工顺序

装饰工程的施工分为室内装饰和室外装饰。室内装饰包括天棚、墙面、楼地面、楼梯等抹灰，门窗扇安装，门窗油漆，安玻璃等；室外装饰包括外墙抹灰、勒脚、散水、台阶、明沟等施工。其施工顺序与混合结构居住房屋的施工顺序基本相同。

### 5.3.3.3　装配式钢筋混凝土单层工业厂房的施工顺序

单层工业厂房由于生产工艺的需要，无论在厂房类型、建筑平面、造型或结构构造上都与民用建筑有很大差别，具有设备基础和各种管网，因此，单层工业厂房的施工要比民用建筑复杂。装配式钢筋混凝土单层工业厂房的施工可分为基础工程、预制工程、结构安装工程、围护工程和装饰工程等五个施工阶段。图 5-6 即为装配式钢筋混凝土单层工业厂房施工顺序示意图。

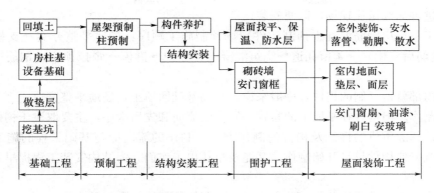

图 5-6 装配式钢筋混凝土单层工业厂房施工顺序示意图

**1. 基础工程的施工顺序**

单层工业厂房的柱基础一般为现浇钢筋混凝土杯型基础，宜采用平面流水施工。它的施工顺序与现浇钢筋混凝土框架结构的独立基础施工顺序相同。

对于厂房的设备基础，由于与其厂房柱基础施工顺序不同，常常会影响到主体结构的安装方法和设备安装投入的时间。因此，需根据具体情况决定其施工顺序。通常有两种方案：

（1）当厂房柱基础的埋置深度大于设备基础的埋置深度时，则采用"封闭式"施工，即厂房柱基础先施工，设备基础后施工。

一般来说，当厂房施工处于冬季或雨季时，或设备基础不大，在厂房结构安装后对厂房结构的稳定性并无影响时，或对于较大、较深的设备基础采用了特殊的施工方法（如沉井法）时，可采用"封闭式"施工。

（2）当设备基础埋置深度大于厂房柱基础埋置深度时，通常采用"开敞式"施工，即设备基础与厂房柱基础同时施工。

如果设备基础与厂房柱基础埋置深度相同或接近，那么两种施工顺序可随意选择。只有当设备基础较大、较深，其基坑挖土范围已经与厂房柱基础的基坑挖土范围连成一片或深于厂房柱基础，以及厂房柱基础所在地土质不佳时，采用"开敞式"施工。

在单层工业厂房基础工程施工之前，和民用房屋一样，也要先处理好基础下部的松软土，洞穴等，然后分段进行平面流水施工。施工时，应根据当时的气候条件，加强对钢筋混凝土垫层和基础的养护，在基础混凝土达到拆模要求时及时拆模，并提早回填土，从而为现在预制工程创造条件。

**2. 预制工程的施工顺序**

单层工业厂房结构构件的预制方式，一般可采用加工厂预制和现场预制相结合的方法。在具体确定预制方案时，应结合构件技术特征、当地加工厂的生产能力、工程的工期要求、现场施工及运输条件等因素，经过技术经济分析之后确定。通常，对于尺寸大、自重大的大型构件，因运输困难等带来较多问题，所以多采用在拟建厂房内部就地预制，如柱、托架梁、屋架、鱼腹式预应力吊车梁等；对于种类及规格繁多的异型构件，可在拟建厂房外部集中预制，如门窗过梁等；对于数量较多的中小型构件，可在加工厂预制，如大型屋面板等标准构件、木制品及钢结构构件等。加工厂生产的预制构件应随着厂房结构安装工程的进展陆续运往现场，以便安装。

单层工业厂房钢筋混凝土预制构件现场预制施工顺序：场地平整夯实→支模→扎筋（有时先扎筋后支模）→预留孔道→浇筑混凝土→养护→拆模→张拉预应力钢筋→锚固→灌浆。

现场内部就地预制的构件，一般来说，只要基础回填土、场地平整完成一部分以后就可以开始制作。但构件在平面上的布置、制作的流向和先后次序，主要取决于构件的安装方法、所选择起重机的性能及构件的制作方法。制作的流向应与基础工程的施工流向一致，这样既能使构件早日开始制作，又能及早让出工作面，为结构安装工程提早开始创造条件。

（1）当预制构件采用分件安装方法时，预制构件的施工有三种方案：

一是若场地狭窄而工期又允许时，不同类型的构件可分别进行制作，首先制作柱和吊车梁，待柱和吊车梁安装完毕再进行屋架制作。

二是若场地宽敞，可以依次安排柱、梁、屋架的连续制作。

三是若场地狭窄而工期又要求紧迫，可首先将柱和梁等构件在拟建厂房内部就地制作，接着或同时将屋架在拟建厂房外部进行制作。

（2）当预制构件采用综合安装方法时，由于是分节安装完各种类型的所有构件，因此，构件需一次制作。这样在构件的平面布置等问题上，要比分件安装法困难得多，需视场地的具体情况确定出构件是全部在拟建厂房内就地预制，还是一部分在拟建厂房外预制。

**3. 结构安装工程的施工顺序**

结构安装工程的施工顺序取决于安装方法。当采用分件安装方法时，一般起重机分三次开行才安装完全部构件，其安装顺序是：第一次开行安装全部柱子，并对柱子进行校正与最后固定；待杯口内的混凝土强度达到设计强度的 70% 后，起重机第二次开行安装吊车梁、连系梁和基础梁；第三次开行安装屋盖系统。当采用综合吊装方法时，其安装顺序是：先安装第一节间的四根柱，迅速校正并灌浆固定，接着安装吊车梁、连系梁、基础梁及屋盖系统，如此依次逐个节间地进行所有构件的安装，直至整个厂房全部安装完毕。抗风柱的安装顺序一般有两种：一是在安装柱的同时，先安装一端的抗风柱，另一端的抗风柱则在屋盖系统安装完毕后进行；二是全部抗风柱的安装均待屋盖系统安装完毕后进行。

结构安装工程是装配式单层工业厂房的主导施工阶段，应单独编制结构安装工程的施工作业设计。其中，结构吊装的流向通常应与预制构件制作的流向一致。当厂房为多跨且有高低跨时，构件安装应从高低跨柱列开始，先安装高跨，后安装低跨，以适应安装工艺的要求。

**4. 围护结构工程的施工顺序**

单层工业厂房的围护结构的内容和施工顺序与现浇钢筋混凝土框架结构房屋基本相同。

**5. 装饰工程的施工顺序**

装饰工程的施工顺序分为室内装饰和室外装饰。室内装饰包括地面的平整、垫层、面层、门窗扇和玻璃安装，以及油漆、刷白等分项工程；室外装饰包括勾缝、抹灰、勒脚、散水坡等分项工程。

**6. 水、暖、电、气等工程的施工顺序**

水、暖、电、气等工程与混合结构居住房屋水、暖、电、气等工程的施工顺序基本相同，但应注意空调设备安装工程的安排。生产设备的安装，一般由专业公司承担，由于其专业性强、技术要求高，应遵照有关专业的生产顺序进行。

上面所述三种类型房屋的施工过程及其顺序，仅适用于一般情况。建筑施工是一个复杂的过程，建筑结构、现场条件、施工环境，均对施工过程及其顺序的安排产生不同的影响。因此，对于每一个单位工程，必须根据其施工特点和具体情况，合理地确定施工顺序，最大限度地利用空间，争取时间。为此应组织立体交叉、平行流水施工，以期达到时间和空间的充分利用。

## 5.3.4 选择施工机械和施工方法

选择施工方法和施工机械是施工方案中的关键问题，它直接影响施工进度、质量、安全及工程成本。因此，编制施工组织设计时，必须根据建筑结构特点、抗震要求、工程量大小、工期长短、资源供应情况、施工现场情况和周围环境等因素，制定出可行方案，并进行技术经济分析比较，确定出最优方案。

### 5.3.4.1 选择施工方法

选择施工方法时，应重点考虑影响整个单位工程施工的分部分项工程的施工方法，主要是选择工程量大且在单位工程中占有重要地位的分部分项工程、施工技术复杂或采用新技术、新工艺及对工程质量起关键作用的分部分项工程、不熟悉的特殊结构工程或由专业施工单位施工的特殊专业工程的施工方法，要求详细而具体，必要时应编制单独的分部分项工程的施工作业设计，提出质量要求及达到这些质量要求的技术措施，指出可能发生的问题并提出预防措施和必要的安全措施。而对于按照常规做法和工人熟悉的分项工程，只提出应注意的一些特殊问题即可。

通常，施工方法选择的内容有：

**1. 土方工程**

（1）地下室、基坑、基槽的挖土方法，放坡要求，所需人工，机械的型号及数量。

（2）余土外运方法，所需机械的型号及数量。

（3）地下、地表水的排水方法，排水沟、集水井、井点的布置，所需设备的型号及数量。

**2. 钢筋混凝土工程**

（1）模板工程：模板的类型和支模方法是根据不同的结构类型、现场条件确定现浇和预制用的各种类型模板（如工具式钢模、木模，翻转模板，土、砖、混凝土胎膜，钢丝网水泥、竹、纤维模板等）及各种支撑方法（如钢、木立柱、桁架、钢制托具等），并分别列出采用的项目、部位和数量及隔离剂的选用。

（2）钢筋工程：明确构件厂与现场加工的范围；钢筋调直、切断、弯曲、成型、焊接方法；钢筋运输及安装方法。

（3）混凝土工程：搅拌与供应（集中或分散）输送方法；砂石筛选、计量、上料方法；拌合料、外加剂的选用及掺量；搅拌、运输设备的型号及数量；浇筑顺序的安排，工作班次，分层浇筑厚度，振捣方法；施工缝的位置；养护制度。

**3. 结构安装工程**

（1）构件尺寸、自重、安装高度。

（2）选用吊装机械型号及吊装方法，塔吊回转半径的要求，吊装机械的位置或开行路线。

（3）吊装顺序，运输、装卸、堆放方法，所需设备型号及数量。

（4）吊装运输对道路的要求。

**4. 垂直及水平运输**

（1）标准层垂直运输量计算表。

（2）垂直运输方式的选择及型号、数量、布置、服务范围、穿插班次。

（3）水平运输方式及设备的型号及数量。

（4）地面及楼面水平运输设备的行驶路线。

**5. 装饰工程**

（1）室内外装饰抹灰工艺的确定。

（2）施工工艺流程与流水施工的安排。

（3）装饰材料的场内运输，减少临时搬运的措施。

**6. 特殊项目**

（1）对四新（新结构、新工艺、新材料、新技术）项目，高耸、大跨、重型构件，水下、深基础、软弱地基，冬季施工等项目均应单独编制，单独编制的内容包括：工程示意图，工程量，施工方法，工艺流程，劳动组织，施工进度，技术要求，质量、安全措施，材料、构件及机具设备需要量。

（2）对大型土方、打桩、构件吊装等项目，无论内、外分包均应由分包单位提出单项施工方法与技术组织措施。

### 5.3.4.2 选择施工机械

选择施工方法必须涉及施工机械的选择问题。机械化施工是改变建筑工业生产落后面貌、实现建筑工业化的基础。因此，施工机械的选择是施工方法选择的中心环节。选择施工机械时应着重考虑以下方面：

1. 选择施工机械时，应首先根据工程特点，选择适宜主导工程的施工机械。如在选择装配式单层工业厂房结构安装用的起重机类型时：当工程量较大且集中时，可以采用生产效率较高的塔式起重机；当工程量较小或工程量虽大却较分散时，则采用无轨自行式起重机较为经济。在选择起重机型号时，应使起重机在起重臂外伸长度一定的条件下，能适应起重量及安装高度的要求。

2. 各种辅助机械或运输工具应与主导机械的生产能力协调配套，以充分发挥主导机械的效率。如土方工程施工中采用汽车运土时，汽车的载重量应为挖土机斗容量的整数倍，汽车的数量应保证挖土机连续工作。

3. 在同一工地上，应力求建筑机械的种类和型号尽可能少一些，以利于机械管理。为此，工程量大且分散时，宜采用多用途机械施工，如挖土机既可用于挖土，又能用于装卸、起重和打桩。

4. 施工机械的选择还应考虑充分发挥施工单位现有机械的能力。当本单位的机械能力不能满足工程需要时，则应购置或租赁所需的新型机械或多用途机械。

### 5.3.5 制定技术组织措施

技术组织措施是指在技术和组织方面对保证工程质量、安全、节约和文明施工所采用的各种方法的综合应用。制定这些措施时施工组织设计编制者需带有创造性的工作。

**1. 保证工程质量措施**

保证工程质量的关键是对施工组织设计的工程对象经常发生的质量通病制订防治措施，可以按照各主要分部分项工程提出的质量要求，也可以按照各工种工程提出的质量要求进行制订。保证工程质量的措施可以从以下方面考虑：

（1）确保拟建工程定位、放线、轴线尺寸、标高测量等准确无误的措施。

（2）为了确保地基土壤承载能力符合设计规定的要求而应采取的有关技术组织措施。

（3）各种基础、地下结构、地下防水施工的质量措施。

（4）确保主体承重结构各主要施工过程的质量要求；各种预制承重构件检查验收的措施；各种材料、半成品、砂浆、混凝土等检验及使用要求。

（5）对新结构、新工艺、新材料、新技术的施工操作提出质量措施或要求。

（6）冬、雨期施工的质量措施。

（7）屋面防水施工、各种抹灰及装饰操作中，确保施工质量的技术措施。

（8）解决质量通病措施。

（9）执行施工质量的检查、验收制度。

（10）提出各分部分项工程的质量评定的目标计划等。

**2. 安全施工措施**

安全施工措施应贯彻安全操作规程，对施工中可能发生的安全问题进行预测，有针对性地提出预防措施，以杜绝施工中伤亡事故的发生。安全施工措施主要包括：

（1）提出安全施工宣传、教育的具体措施；对新工人进场上岗前必须做安全教育及安全操作的培训。

（2）针对拟建工程地形、环境、自然气候、气象等情况，提出可能突然发生自然灾害时有关施工安全方面若干措施及具体的办法，以便减少损失，避免伤亡。

（3）提出易燃、易爆品严格管理及使用的安全技术措施。

（4）防火、消防措施；高温、有毒、有尘、有害气体环境下操作人员的安全要求和措施。

（5）土方、深坑施工，高空、高架操作，结构吊装、上下垂直平行施工时的安全要求和措施。

（6）各种机械、机具安全操作要求；交通、车辆的安全管理。

（7）各种电器设备的安全管理及安全使用措施。

（8）狂风、暴雨、雷电等各种特殊天气发生前后的安全检查措施及安全维护制度。

**3. 降低成本措施**

降低成本措施的制定应以施工预算为尺度，以企业（或基层施工单位）年度、季度降低成本计划和技术组织措施计划为依据进行编制。要针对工程施工中降低成本潜力大的（工程量大、有采取措施的可能性及有条件）项目，提出措施，并计算出经济效益和指标，加以评价、决策。这些措施必须是不影响质量且能保证安全的，它应考虑以下几方面：

（1）生产力水平是先进的。

（2）能有精心施工的领导班子来合理组织施工生产活动。

（3）有合理的劳动组织，以保证劳动生产率的提高，减少总的用工数。

（4）物资管理的计划，从采购、运输、现场管理及竣工材料回收等方面，最大限度地降低原材料、成品和半成品的成本。

（5）采用新技术、新工艺，以提高工效，降低材料耗用量，节约施工总费用。

（6）保证工程质量，减少返工损失。

（7）保证安全生产，减少事故频率，避免意外工伤事故带来的损失。

（8）提高机械利用率，减少机械费用的开支。

（9）增收节支，减少施工管理费的支出。

（10）工程建设提前完工，以节省各项费用开支。

降低成本措施应包括节约劳动力、材料费、机械设备费、工具费、间接费及临时设施费等措施。一定要正确处理降低成本、提高质量和缩短工期三者的关系，对措施要计算经济效果。

**4. 现场文明施工措施**

现场场容管理措施主要包括以下几个方面：

（1）施工现场的围挡与标牌，出入口与交通安全，道路通畅，场地平整。

（2）暂设工程的规划与搭设，办公室、更衣室、食堂、厕所的安排与环境卫生。

（3）各种材料、半成品、构件的堆放与管理。

（4）散碎材料、施工垃圾运输，以及其他各种环境污染，如搅拌机冲洗废水、油漆废液、灰浆等施工废水污染，运输土方与垃圾、白灰堆放、散装材料运输等粉尘污染，熬制沥青、熟化石灰等废气污染，打桩、搅拌混凝土、振捣混凝土等噪声污染。

（5）成品保护。

（6）施工机械保养与安全使用。

（7）安全与消防。

# 5.4　单位工程施工进度计划

单位工程施工进度计划是在确定了施工方案的基础上，根据规定工期和在各种资源供应条件下，按照施工过程的合理施工顺序及组织施工的原则，用图表的形式，即横道图或网络图表达，对一个工程从开始施工到工程竣工的各个项目，确定其在时间和相互间的搭接关系。在此基础上，方可编制月、季计划及各项资源需要量计划。所以，施工进度计划是单位工程施工组织设计中的一项非常重要的内容。

## 5.4.1　施工进度计划的作用及分类

**1. 施工进度计划的作用**

单位工程施工进度计划的作用是：

（1）控制单位工程的施工速度，保证在规定工期内完成符合质量要求的工程任务。

（2）确定单位工程的各个施工过程的施工顺序、施工持续时间及相互衔接和合理配合关系。

（3）为编制季度、月度生产作业计划提供依据。

（4）为制定各项资源需要量计划和编制施工准备工作计划提供依据。

**2. 施工进度计划分类**

单位工程施工进度计划根据施工项目划分的粗细程度，可分为控制性与指导性施工进度计划两类。

控制性施工进度计划按分部工程来划分施工项目，控制各分部工程的施工时间及其相互搭接配合关系。它主要适用于工程结构较复杂、规模较大、工期较长需跨年度施工的工程（如体育场、火车站等公共建筑以及大型工业厂房等），还适用于工程规模不大或结构不复杂但各种资源（劳动力、机械、材料等）没落实的情况，以及建筑结构、建筑规模等可能发生变化的情况。编制控制性施工进度计划的单位工程，当各分部工程的施工条件基本落实之后，在施工之前还应编制各分部工程的指导性施工进度计划。

指导性施工进度计划按分项工程或施工过程来划分施工项目，具体确定各分项工程或施工过程的施工时间及其相互搭接配合关系。它适用于施工任务具体而明确、施工条件基本落实、各种资源供应正常、施工工期不太长的工程。

## 5.4.2 施工进度计划的编制依据和程序

**1. 施工进度计划编制的依据**

编制单位工程施工进度计划，主要依据下列资料：

（1）经过审批的建筑总平面图及单位工程全套施工图，以及地勘、地形图、工艺设计图、设备及其基础图，采用的各种标准图等图纸及技术资料。

（2）施工组织总设计对本单位工程的有关规定。

（3）施工工期要求及开、竣工日期。

（4）施工条件、劳动力、材料、构件及机械的供应条件、分包单位的情况等。

（5）主要分部分项工程的施工方案，包括施工程序、施工段划分、施工流程、施工顺序、施工方法、技术组织措施等。

（6）施工定额。

（7）其他有关要求和资料，如工程合同。

**2. 施工进度计划的编制程序**

搜集编制依据→划分施工项目→计算工程量→套用施工定额→计算劳动量或机械台班量→确定各项目施工持续时间→编制进度计划初始方案→检查进度计划初始方案→编制正式进度计划。

**3. 施工进度计划的表示方法**

施工进度计划一般用图表来表示，通常有两种形式的图表：横道图和网络图。横道图的表示形式见表5-3。

从表5-3中可以看出，它由左、右两部分组成。左边部分列出各种计算数据，如分部分项工程名称、相应的工程量、采用的定额、需要的劳动量或机械台班量、每天工作班次、每班工人数及工作持续时间等。右边部分是从规定的开工之日起到竣工之日止的进度指示图表，用不同线条形象地表现各个分部分项工程的施工进度和相互间的搭接配合关系，有时在其下面汇总每天的资源需要量，绘出资源需要量的动态曲线。

表 5-3  施工进度计划

| 序号 | 分部分项工程名称 | 工程量 | | 定额 | 劳动量 | | 需用机械 | | 每天工种班次 | 每班工人数 | 工作天数 | 施工进度 | | |
|---|---|---|---|---|---|---|---|---|---|---|---|---|---|---|
| | | 单位 | 数量 | | 工种 | 数量 | 名称 | 台班数 | | | | 月 | 月 | …… |
| | | | | | | | | | | | | | | |
| | | | | | | | | | | | | | | |
| | | | | | | | | | | | | | | |

网络图的表示方法详见第 4 章，这里仅以横道图表编制施工进度计划作以阐述。

## 5.4.3  施工进度计划的编制

根据施工进度计划的编制程序，现将其编制的主要步骤和方法叙述如下：

### 5.4.3.1  划分施工项目

编制施工进度计划时，首先应按照图纸和施工顺序将拟建单位工程的各个施工过程列出，并结合施工方法、施工条件、劳动组织等因素，加以适当调整，使之成为编制施工进度计划所需的施工项目。施工项目是包括一定工作内容的施工过程，它是施工进度计划的基本组成单元。

单位工程施工进度计划的施工项目仅包括现场直接在建筑物上施工的施工过程，如砌筑、安装等，对于构件制作和运输等施工过程，不包括在内，但对现场就地预制的钢筋混凝土构件的制作，不仅单独占有工期，且对其他施工过程的施工有影响，或构件的运输需与其他施工过程的施工密切配合，如楼板随运随吊时，仍需将这些制作和运输过程列入施工进度计划。

在确定施工项目时，应注意以下几个问题：

1. 施工项目划分的粗细程度，应根据进度计划的需要来决定。对控制性施工进度计划，项目划分得粗一些，通常只列出分部工程，如混合结构居住房屋的控制性施工进度计划，只列出基础工程、主体工程、屋面工程和装饰工程四个施工过程；而对指导性施工进度计划，项目划分要细一些，应明确到分项工程或更具体，以满足指导施工作业的要求，如屋面工程应划分为找平层、隔汽层、保温层、防水层等分项工程。

2. 施工过程的划分要结合所选择的施工方案。如结构安装工程，若采用分件吊装方法，则施工过程的名称、数量和内容及其吊装顺序应按构件来确定；若采用综合吊装方法，则施工过程应按施工单元（节间或区段）来确定。

3. 适当简化施工进度计划的内容，避免施工项目划分过细、重点不突出。因此，可考虑将某些穿插性分项工程合并到主要分项工程中去，如门窗框安装可并入砌筑工程，对于在同一时间内由同一施工班组施工的过程可以合并，如工业厂房中的钢窗油漆、钢门油漆、钢支撑油漆、钢梯油漆等可合并为钢构件油漆一个施工过程；对于次要的、零星的分项工程，可合并为"其他工程"。

4. 水、暖、电、气和设备安装智能系统等专业工程不必细分具体内容，由各专业施工队自行编制计划并负责组织施工，而在单位工程施工进度计划中只反映出这些工程与土建工程的配合关系即可。

5. 所有施工项目应大致按施工顺序列成表格，编排序号，避免遗漏或重复，其名称可参考现行的施工定额手册上的项目名称。

### 5.4.3.2 计算工程量

工程量计算是一项十分繁琐的工作，应根据施工图纸、有关计算规则及相应的施工方法进行，而且往往是重复劳动。如设计概算、施工图预算、施工预算等文件中均需计算工程量，故在单位工程施工进度计划中不必再重复计算，只需直接套用施工预算的工程量，或根据施工预算中的工程量总数，按各施工层和施工段在施工图中所占的比例加以划分即可，因为进度计划中的工程量仅是用来计算各种资源需用量，不作为计算工资或工程结算的依据，故不必精确计算。计算工程量应注意以下几个问题：

1. 各分部分项工程的工程量计算单位应与采用的施工定额中相应项目的单位相一致，以便计算劳动量及材料需要量时可直接套用定额，不再进行换算。

2. 工程量计算应结合选定的施工方法和安全技术要求，使计算所得的工程量与施工实际情况相符合。例如，挖土是否放坡，是否加工作面，坡度大小与工作面尺寸是多少，是否使用支撑加固，开挖方式是单独开挖，还是条形开挖，这些都直接影响到基础土方工程量的计算。

3. 结合施工组织要求，分区、分段、分层计算工程量，以便组织流水作业。若每层、每段上的工程量相等或相差不大时，可根据工程量总数分别除以层数、段数，可得每层、每段上的工程量。

4. 如已编制预算文件，应合理利用预算文件中的工程量，以免重复计算。施工进度计划中的施工项目大多可直接采用预算文件中的工程量，可按施工过程的划分情况将预算文件中有关项目的工程量汇总。如"砌筑砖墙"一项的工程量，可首先分析它包括哪些内容，然后按其所包含的内容从预算的工程量中抄出并汇总求得。施工进度计划中的有些施工项目与预算文件中的项目完全不同或局部有出入时（如计算单位、计算规则、采用定额不同），则应根据施工中的实际情况加以修改、调整或重新计算。

### 5.4.3.3 套用施工定额

根据所划分的施工项目和施工方法，即可套用施工定额（当地实际采用的劳动定额及机械台班定额），以确定劳动量和机械台班量。

施工定额有两种形式：时间定额和产量定额。时间定额是指某种专业、某种技术等级的工人小组或个人在合理的技术组织条件下，完成单位合格的建筑产品所必需的工作时间，一般用符号 $H_i$ 表示，它的单位有：工日/$m^3$、工日/$m^2$、工日/$m$、工日/$t$ 等。因为时间定额是以劳动工日数为单位，便于综合计算，故在劳动量统计中用的比较普遍。产量定额是指在合理的技术组织条件下，某种专业、某种技术等级的工人小组或个人在单位时间内所应完成合格的建筑产品的数量，一般用符号 $S_i$ 表示，它的单位有：$m^3$/工日、$m^2$/工日、$m$/工日、$t$/工日等。因为产量定额是以建筑产品的数量来表示的，具有形象化的特点，故在分配施工任务时用得比较普遍。时间定额和产量定额是互为倒数的关系，即：

$$H_i = 1/S_i \qquad (5\text{-}1)$$

套用国家或地方颁发的定额，必须注意结合本单位工人的技术等级、实际施工操作水平、施工机械情况和施工现场条件等因素，确定完成定额的实际水平，使计算出来的劳动量、机械台班量符合实际需要，为准备编制施工进度计划打下基础。

有些采用新技术、新材料、新工艺或特殊施工方法的项目，施工定额中尚未编入，这时可参考类似项目的定额、经验资料，或按实际情况确定。

### 5.4.3.4 确定劳动量和机械台班数量

劳动量和机械台班数量应根据各分部分项工程的工程量、施工方法和现行的施工定额，并结合当地的具体情况加以确定。一般应按下式计算：

$$P = Q/S \qquad (5\text{-}2)$$

或

$$P = QH \qquad (5\text{-}3)$$

式中　$P$——完成某施工过程所需的劳动量（工日）或机械台班数量（台班）；

　　　$Q$——完成某施工过程的工程量；

　　　$S$——某施工过程所采用的产量定额；

　　　$H$——某施工过程所采用的时间定额。

例如，已知某单层工业厂房的柱基坑土方量为 3240m³，采用人工挖土，每工产量定额为 3.9m³，则完成挖基坑所需劳动量为：

$$P = Q/S = 3240/3.9 = 830 \text{（工日）}$$

若已知时间定额为 0.256 工日/m³，则完成挖基坑所需劳动量为：

$$P = QH = 3240 \times 0.256 = 830 \text{（工日）}$$

经常还会遇到施工进度计划所列项目与施工定额所列项目的工作内容不一致的情况，具体处理方法如下：

1. 若施工项目是由两个或两个以上的同一工种，但材料、做法、构造都不同的施工过程合并而成时，可用其加权平均定额来确定劳动量或机械台班量。加权平均产量定额的计算可按下式计算：

$$\bar{S}_i = \frac{\sum\limits_{i=1}^{n} Q_i}{\sum\limits_{i=1}^{n} P_i} \qquad (5\text{-}4)$$

式中　　　　$Q_i$——某施工项目加权平均产量定额；

$$\sum_{i=1}^{n} Q_i = Q_1 + Q_2 + Q_3 + \cdots + Q_n \text{（总工程量）;}$$

$$\sum_{i=1}^{n} P_i = \frac{Q_1}{S_1} + \frac{Q_2}{S_2} + \frac{Q_3}{S_3} + \cdots + \frac{Q_n}{S_n} \text{（总劳动量）;}$$

$Q_1$、$Q_2$、$Q_3$……$Q_n$——同一工种但施工做法、材料或构造不同的各个施工过程的工程量；

$S_1$、$S_2$、$S_3$……$S_n$——与上述施工过程相对应的产量定额。

例如，某学校的教学楼，其外墙面抹灰装饰分为干粘石、贴饰面砖、剁假石三种施工做法，其工程量分别是 684.5m²、428.7m²、208.3m²；所采用的产量定额分别是

4.17m²/工日、2.53m²/工日、1.53m²/工日。则加权平均产量定额为：

$$\overline{S}=\frac{Q_1+Q_2+Q_3}{\dfrac{Q_1}{S_1}+\dfrac{Q_2}{S_2}+\dfrac{Q_3}{S_3}}=\frac{684.5+428.7+208.3}{\dfrac{684.5}{4.17}+\dfrac{428.7}{2.53}+\dfrac{208.3}{1.53}}=2.81（m²/工日）$$

2. 对于有些采用新技术、新材料、新工艺或特殊施工方法的施工项目，其定额在施工定额手册中未列入，则可参考类似项目或实测确定。

3. 对于"其他工程"项目所需劳动量，可根据其内容和数量，并结合施工现场的具体情况，以占劳动量的百分比（一般为 10%～20%）计算。

4. 水、暖、电、卫设备安装等工程项目，一般不计算劳动量和机械台班需要量，仅安排与一般土建单位工程配合的进度。

5.4.3.5 确定各项目的施工持续时间

施工项目施工持续时间的计算方法一般有经验估计法、定额计算法和倒排计划法。

**1. 经验估计法**

施工项目的持续时间最好是按正常情况确定，这时它的费用一般是较低的。待编制出初始进度计划并经过计算后再结合实际情况作必要的调整，这是避免因盲目抢工而造成浪费的有效办法。根据施工经验并按照施工条件来估算项目的施工持续时间是较为简便的办法，现在一般也多采用这种办法。这种办法多适用于采用新工艺、新技术、新材料等无定额可循的工种。在经验估计法中，有时为了提高其准确程度，往往采用"三时估计法"，即先估计出该项目的最长、最短和最可能三种施工持续时间，然后据已求出期望的施工持续时间作为该项目的施工持续时间。其计算公式是：

$$t=\frac{A+4C+B}{6} \tag{5-5}$$

式中 $t$——项目施工持续时间；

$A$——最长施工持续时间；

$B$——最短施工持续时间；

$C$——最可能施工持续时间。

**2. 定额计算法**

这种方法就是根据施工项目需要的劳动量或机械台班量，以及配备的工人人数或机械台数，来确定其工作的持续时间。其计算公式是：

$$t=\frac{Q}{RSZ}=\frac{P}{RZ} \tag{5-6}$$

式中 $t$——项目施工持续时间，按进度计划的粗细，可以采用小时、日或周；

$Q$——项目的工程量，可以用实物量单位表示；

$R$——拟配备的工人或机械的数量，用人数或台数表示；

$S$——产量定额，即单位日工或台班完成的工程量；

$Z$——每天工作班制；

$P$——劳动量（工日）或机械台班量（台班）。

例如，某工程砌筑砖墙，需要总劳动量 110 工日，一班制工作，每天出勤人数为 22 人（其中瓦工 11 人，普工 11 人），则施工持续时间为：

$$t=\frac{P}{RZ}=\frac{110}{22\times1}=5（天）$$

在安排每班工人人数和机械台数时，应综合考虑整个施工过程的工人班组中的每个工人或每台施工机械都应有足够的工作面（不应小于最小工作面），以提高效率并保证施工安全；应满足各施工过程在进行正常施工时所必需的最低限度的工人班组人数及其合理组合（不应小于最小劳动组合），以达到最高的劳动生产率。

146

**3. 倒排计划法**

首先根据规定的总工期和施工经验，确定各分部分项工程的施工持续时间，然后再按各分部分项工程需要的劳动量或机械台班数量，确定每一分部分项工程每个工作班所需的工人数或机械台数，此时可将式（5-6）变化为：

$$R=\frac{P}{tZ} \tag{5-7}$$

例如，某单位工程的土方工程采用机械化施工，需要 87 个台班完成，则当工期为 11 天时，所需挖土机的台数为：

$$R=\frac{P}{tZ}=\frac{87}{11\times1}\approx8（台班）$$

通常计算时均先按一班制考虑，如果每天所需机械台数或人工数已超过了施工单位现有人力、物力或工作面限制，则应根据具体情况和条件从技术和施工组织上采取积极有效的措施，如增加工作班次、最大限度地组织立体交叉平行流水施工、加早强剂提高混凝土早期强度等。

5.4.3.6 编制施工进度计划的初始方案

流水施工是组织施工、编制施工进度计划的主要方式，在第 3 章中已作了详细介绍。编制施工进度计划时，必须考虑各分部分项工程的合理施工顺序，尽可能组织流水施工，力求主要工种的施工班组连续施工，其编制方法为：

1. 首先，对主要施工阶段（分部工程）组织流水施工。先安排其中主导施工过程的施工进度，使其尽可能连续施工，其他穿插施工过程尽可能与主导施工过程配合、穿插、搭接。如砖混结构房屋中的主体结构工程，其主导施工过程为砖墙砌筑和现浇钢筋混凝土楼板；现浇钢筋混凝土框架结构房屋中的主体结构工程，其主导施工过程为钢筋混凝土框架柱及梁板的支模、扎筋和浇混凝土。

2. 配合主要施工阶段，安排其他施工阶段（分部工程）的施工进度。

3. 按照工艺的合理性和施工过程间尽量配合、穿插、搭接的原则，将各施工阶段（分部工程）的流水作业图表搭接起来，即得到了单位工程施工进度计划的初始方案。

5.4.3.7 施工进度计划的检查与调整

检查与调整的目的在于使施工进度计划的初始方案满足规定的目标，一般从以下几方面进行检查与调整：

1. 各施工过程的施工顺序是否正确，流水施工的组织方法应用得是否正确，技术间歇是否正确。

2. 工期方面，初始方案的总工期是否满足合同工期。

3. 劳动力方面，主要工种工程是否连续施工，劳动力消耗是否均衡。劳动力消耗的均衡性是针对整个单位工程或各个工种而言的，应力求每天出勤的工人人数不发生过大变动。

为了反映劳动力消耗的均衡情况，通常采用劳动力消耗动态图来表示。对于单位工程的劳动力消耗动态图，一般绘制在施工进度计划表右边表格部分的下方。劳动力消耗动态图如图 5-7 所示。

劳动力消耗的均衡性指标可以采用劳动力均衡系数（K）来评估；

$$K = \frac{高峰出工人数}{平均出工人数} \qquad (5\text{-}8)$$

式中的平均出工人数为每天出工人数之和被总工期除得之商。

最为理想的情况是劳动力均衡系数 K 接近于 1，劳动力均衡系数在 2 以内为好，超过 2 则不正常。

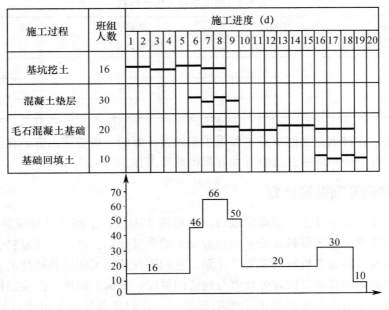

图 5-7　劳动力消耗动态

4. 物资方面，主要机械、设备、材料等的利用是否均衡，施工机械是否充分利用。

主要机械通常是指混凝土搅拌机、灰浆搅拌机、自动式起重机和挖土机等。机械的利用情况是通过机械的利用程度来反映的。

初始方案经过检查，对不符合要求的部分需进行调整。调整方法一般有：增加或缩短某些施工过程的施工持续时间；在符合工艺关系的条件下，将某些施工过程的施工时间向前或向后移动。必要时，还可以改变施工方法。

应当指出，上述编制施工进度计划的步骤不是孤立的，而是相互依赖、相互联系的，有的可以同时进行。还应看到，由于建筑施工是一个复杂的生产过程，受周围客观条件影响的因素很多，在施工过程中，由于劳动力和机械、材料的供应及自然条件等因素的影响，使其经常不符合原计划的要求，因而在工程进展中应随时掌握施工动态，经常检查，不断调整计划。

## 5.5　施工准备工作及各项资源需要量计划

### 5.5.1　施工准备工作计划

如第 2 章所述，施工准备工作既是单位工程的开工条件，也是施工中的一项重要内容，开工之前必须为开工创造条件，开工以后必须为作业创造条件，因此，它贯穿于施工过程的始终。施工准备工作应有计划地进行，为了便于检查、监督施工准备工作的进展情况，使各项施工准备工作的内容有明确的分工，有专人负责，并规定期限，可编制施工准备工作计划，并拟在施工进度计划编制完成后进行。其表格形式可参见表 5-4。

表 5-4　施工准备工作计划表

| 序号 | 准备工作项目 | 工程量 | | 简要内容 | 负责单位或负责人 | 起止日期 | | 备注 |
|---|---|---|---|---|---|---|---|---|
| | | 单位 | 数量 | | | 日/月 | 日/月 | |
| | | | | | | | | |
| | | | | | | | | |
| | | | | | | | | |

施工准备工作计划是编制单位工程施工组织设计时的一项重要内容。在编制年度、季度、月度生产计划中也应一并考虑并做好贯彻落实工作。

### 5.5.2　各种资源需要量计划

单位工程施工进度计划编制确定以后，根据施工图纸、工程量计算资料、施工方案、施工进度计划等有关技术资料，着手编制劳动力需要量计划、各种主要材料、构件和半成品需要量计划及各种施工机械的需要量计划。它们不仅是为了明确各种技术工人和各种技术物资的需要量，而且还是做好劳动力与物资的供应、平衡、调度、落实的依据，也是施工单位编制月、季生产作业计划的主要依据之一。它们是保证施工进度计划顺利执行的关键。

#### 5.5.2.1　劳动力需要量计划

劳动力需要量计划，主要是作为安排劳动力的平衡、调配和衡量劳动力耗用指标、安排生活福利设施的依据，其编制方法是将施工进度计划表内所列各施工过程每天（或旬、月）所需工人人数按工种汇总而得。其表格形式见表 5-5。

表 5-5　劳动力需要量计划表

| 序号 | 工种名称 | 人数 | 月 | | | 月 | | | 备注 |
|---|---|---|---|---|---|---|---|---|---|
| | | | 上旬 | 中旬 | 下旬 | 上旬 | 中旬 | 下旬 | |
| | | | | | | | | | |
| | | | | | | | | | |
| | | | | | | | | | |

### 5.5.2.2 主要材料需要量计划

主要材料需要量计划，是备料、供料和确定仓库、堆场面积及组织运输的依据，其编制方法是将施工进度计划表中各施工过程的工程量，按材料名称、规格、数量、使用时间计算汇总而得。其表格形式见表 5-6。

当某分部分项工程是由多种材料组成时，应按各种材料分类计算，如混凝土工程应换算成水泥、砂、石、外加剂和水的数量列入表格。

**表 5-6 主要材料需要量计划**

| 序号 | 材料名称 | 规格 | 需要量 | | 供应时间 | 备注 |
|---|---|---|---|---|---|---|
| | | | 单位 | 数量 | | |
| | | | | | | |
| | | | | | | |
| | | | | | | |

### 5.5.2.3 构件和半成品需要量计划

建筑结构构件、配件和其他加工半成品的需要量计划主要用于落实加工订货单位，并按照所需规格、数量、时间，组织加工、运输和确定仓库或堆场，可根据施工图和施工进度计划编制，其表格形式见表 5-7。

**表 5-7 构件和半成品需要量计划**

| 序号 | 构件、半成品名称 | 规格 | 图号、型号 | 需要量 | | 使用部位 | 加工单位 | 供应日期 | 备注 |
|---|---|---|---|---|---|---|---|---|---|
| | | | | 单位 | 数量 | | | | |
| | | | | | | | | | |
| | | | | | | | | | |

### 5.5.2.4 施工机械需要量计划

施工机械需要量计划主要用于确定施工机械的类型、数量、进场时间，可据此落实施工机械来源，组织进场。其编制方法为：将单位工程施工进度计划表中的每一个施工过程每天所需的机械类型、数量和施工日期进行汇总，即得施工机械需要量计划。其表格形式见表 5-8。

**表 5-8 施工机械需要量计划**

| 序号 | 机械名称 | 类型、型号 | 需要量 | | 货源 | 使用起止时间 | 备注 |
|---|---|---|---|---|---|---|---|
| | | | 单位 | 数量 | | | |
| | | | | | | | |
| | | | | | | | |

# 5.6　单位工程施工平面图设计

施工平面图既是布置施工现场的依据，也是施工准备工作的一项重要依据，它是实现文明施工、节约并合理利用土地、减少临时设施费用的先决条件。因此，它是施工组织设计的重要组成部分。施工平面图不但要在设计时周密考虑，而且还要认真贯彻执行，这样才会使施工现场井然有序，施工顺利进行，保证施工进度，提高效率和经济效果。

一般单位工程施工平面图的绘制比例为 1：200～1：500。

## 5.6.1　单位工程施工平面图的设计内容

1. 已建和拟建的地上地下的一切建筑物、构筑物及其他设施（道路和各种管线等）的位置和尺寸。

2. 测量放线标桩位置、地形等高线和土方取弃场地。

3. 自行式起重机的开行路线、轨道式起重机的轨道布置和固定式垂直运输设备位置。

4. 各种搅拌站、加工厂及材料、构件、机具的仓库或堆场。

5. 生产和生活用临时设施的布置。

6. 一切安全及防火设施的位置。

## 5.6.2　单位工程施工平面图的设计依据

单位工程施工平面图的设计依据是：建筑总平面图、施工图纸、现场地形图、水源和电源情况、施工场地情况、可利用的房屋及设施情况、自然条件和技术经济条件的调查资料、施工组织总设计、本工程的施工方案和施工进度计划、各种资源需要量计划等。

## 5.6.3　单位工程施工平面图的设计原则

1. 已建和拟建的地上地下的一切建筑物、构筑物及其他设施（道路和各种管线等）的位置和尺寸。

2. 临时设施要在满足需要的前提下，减少数量，降低费用。途径是利用已有的，多用装配的，认真计算，精心设计。

3. 合理布置现场的运输道路及加工厂、搅拌站和工种材料、机具的堆场或仓库位置，尽量做到短运距、少搬运，从而减少或避免二次搬运。

4. 利于生产和生活，符合环保、安全和消防要求。

## 5.6.4　单位工程施工平面图的设计

单位工程施工平面图的设计步骤如图 5-8 所示。

### 5.6.4.1　起重运输机械的布置

起重运输机械的位置直接影响搅拌站、加工厂及各种材料、构件的堆场或仓库等位置和道路、临时设施及水、电管线的布置等，因此，它是施工现场全局的中心环节，应首先确定。由于各种起重机械的性能不同，其布置位置亦不相同。

1. 固定式垂直运输机械有井架、龙门架、桅杆等，这类设备的布置主要根据机械性

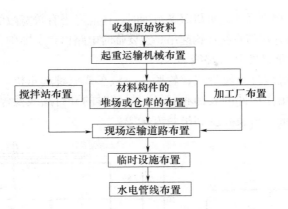

图 5-8 单位工程施工平面图的设计步骤

能、建筑物的平面形式和尺寸、施工段划分的情况、材料来向和已有运输道路情况而定。其布置原则是，充分发挥起重机械的能力，并使地面和楼面的水平运距最小。布置时应考虑以下几个方面：

（1）当建筑物各部分的高度相同时，应布置在施工阶段的分界线附近；当建筑物各部位的高度不同时，应布置在高低分界线较高部位一侧，以避免砌墙留槎和减少井架拆除后的修补工作。

（2）井架、龙门架的数量要根据施工进度、垂直提升构件和材料的数量、台班工作效率等因素计算确定，其服务范围一般为 50～60m。

（3）卷扬机的位置不应距离起重机械过近，以便司机的视线能够看到整个升降过程，一般要求此距离大于建筑物的高度，水平距外脚手架 3m 以上。

2. 塔式起重机的布置

塔式起重机是集起重、垂直提升、水平输送三种功能为一体的机械设备。按其在地上使用架设的要求不同可分为固定式、轨行式、附着式、内爬式四种。

布置塔式起重机的位置要根据现场建筑物四周施工场地的条件及吊装工艺而定。如在起重臂操作范围内，使起重机的起重幅度能将材料和构件运至任何施工地点，避免出现死角。在高空有高压电线通过时，高压线必须高出起重机，并留有安全距离。如果不符合上述条件，则高压线应搬迁。在搬迁高压线有困难时，则要采取安全措施。

有轨式起重机的轨道一般沿建筑物的长向布置，其位置和尺寸取决于建筑物的平面形状和尺寸、构建自重、起重机的性能及四周施工场地的条件。通常轨道布置方式有三种：单侧布置、双侧布置和环状布置，如图 5-9 所示。当建筑物宽度较小、构件及自重不大时，可采用单侧布置方式；当建筑物宽度较大，构建自重较大时，应采用双侧布置或环形布置方式。

轨道布置完成后，应绘制出塔式起重机的服务范围。它是以轨道两端有效端点的轨道中点为圆心，以最大回转半径为半径画出两个半圆，连接两个半圆，即为塔式起重机服务范围，如图 5-10 所示。

在确定塔式起重机服务范围时，尽可能避免死角，如果确实难以避免，则要求死角范围越小越好，同时在死角上不再出现吊装最重、最高的构件，并且在确定吊装方案时，提出具体的安全措施，以保证死角范围内的构件顺利安装。为了解决这一问题，有时还将塔吊与井架或龙门架同时使用，如图 5-11 所示，但要确保塔吊回转时无碰撞的可能，以保证施工安全。另一方面，在确定塔式起重机服务范围时，还应考虑有较宽敞的施工用地，以便安排构件堆放及搅拌出料进斗后能直接挂钩起吊。主要临时电路也宜安排在塔吊服务范围内。

3. 无轨自行式起重机的开行路线

无轨自行式起重机械分为履带式、轮胎式、汽车式三种起重机。它一般不用作水平运输和垂直运输，专门用作构件的装卸和起吊。吊装时的开行路线及停机位置主要取决于建筑物的布置、构建自重、吊装高度和吊装方法等。

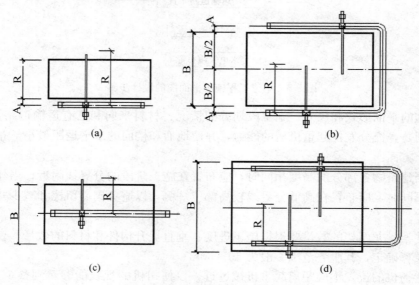

图 5-9　塔式起重机布置方案

（a）单侧布置；（b）对称布置；（c）跨内单行布置；（d）跨内环形布置

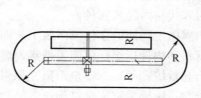

图 5-10　塔式起重机服务范围示意图

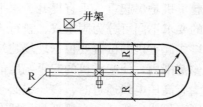

图 5-11　塔式、龙门架示意图

### 5.6.4.2　搅拌站、加工厂及各种材料、构件的堆场或仓库的布置

搅拌站、各种材料、构件的堆场或仓库的位置应尽量靠近使用地点或塔式起重机服务范围之内，并考虑到运输和装卸的方便。

1. 当起重机布置位置确定后，再布置材料、构件的堆场及搅拌站。材料堆放应尽量靠近使用地点，减少或避免二次搬运，并考虑运及卸料方便。基础施工时使用的各种材料可堆放在基础四周，但不宜距基坑（槽）边缘太近，以防压塌土壁。

2. 当采用固定式垂直运输装备时，则材料、构件堆场应尽量靠近垂直运输设备，以缩短地面水平运距；当采用轨道式塔式起重机时，材料、构建堆场以及搅拌站出料口等均应布置在塔式起重机有效起吊服务范围之内；当采用无轨自行式起重机时，材料、构件堆场及搅拌站的位置，应沿着起重机的开行路线布置，且应在起重臂的最大起重半径范围之内。

3. 预制构件的堆放位置要考虑到吊装顺序。先吊的放在上面，后吊的放在下面，预制构件的进场时间应与吊装就位密切配合，力求直接卸到其就位位置，避免二次搬运。

4. 搅拌站的位置应尽量靠近使用地点或靠近垂直运输设备。有时在浇筑大型混凝土基础时，为了减少混凝土运输，可将混凝土搅拌站直接设在基础边缘，待基础混凝土浇完后再转移。砂、石堆放及水泥仓库应紧靠搅拌站布置。同时，搅拌站的位置还应考虑到使这些大宗材料的运输和装卸较为方便。

5. 加工厂（如木工棚、钢筋加工棚）的位置，宜布置在建筑物四周稍远位置，且应有一定的材料、成品的堆放场地；石灰仓库、淋灰池的位置应靠近搅拌站，并设在下风向；沥青堆放场的位置应远离易燃物品，也应设在下风向。

### 5.6.4.3 现场运输道路的布置

现场运输道路应按材料和构件运输的需要，沿着仓库和堆场进行布置，尽可能利用永久性道路，或先做好永久性道路的路基，在交工之前再铺路面，道路宽度要符合规定，通常单行道应不小于3.5m，双行道应不小于6m。现场运输道路布置时应保证车辆行驶通畅，有回转的可能，因此，最好围绕建筑物布置成一条环形道路，以便运输车辆回转、掉头方便，道路两侧一般应结合地形设置排水沟，沟深不小于0.4m，底宽不小于0.3m。

### 5.6.4.4 行政管理、文化、生活、福利用临时设施的布置

办公室、工人休息室、门卫室、开水房、食堂、浴室、厕所等非生产性临时设施的布置，应考虑使用方便，不妨碍施工，符合安全、防火的要求。要尽量利用已有设施或已建工程，修建要经过计算，合理确定面积，努力节约临时设施费用。通常，办公室的布置应靠近施工现场，宜设在工地出入口处；工人休息室应设在工人作业区；宿舍应布置在安全的上风向；门卫、收发室宜布置在工地出入口处。

行政管理、临时宿舍、生活福利用临时房屋面积参考见表5-9。

**表 5-9　行政管理、临时宿舍、生活福利用临时房屋面积参考**

| 序号 | 临时房屋名称 | 人数 | 单位 | 参考面积 |
|---|---|---|---|---|
| 1 | 办公室 | 按项目部和甲方与监理使用人数分别考虑 | m²/人 | 3.5 |
| 2 | 宿舍兼休息 | 按1/2总外包人数 | m²/人 | 2.6 |
| 3 | 食堂兼会议 | 按1/3～1/2高峰人数 | m²/人 | 0.9 |
| 4 | 工具间 | — | m² | 10～15 |
| 5 | 门卫兼收发室 | — | m² | 6～8 |
| 6 | 卫生间 | — | m² | 男、女各2 |
| 7 | 其他 | | | |

### 5.6.4.5 水、电管网的布置

**1. 施工供水管网的布置**

施工供水管网首先要经过计算、设计，然后进行设置，其中包括水源选择、用水量计算（包括生产用水、机械用水、生活用水、消防用水等）、取水设施、贮水设施、配水布置、管径的计算等。

（1）单位工程施工组织设计的供水计算和设计可以简化或根据经验进行安排，一般5000～10000m²的建筑物，施工用水的总管径为100mm，支管径为40mm或25mm。

（2）消防用水一般利用城市或建设单位的永久消防设施。如自行安排，应按有关规定设置，消防水管的直径不小于100mm，消火栓间距不大于120m，布置应靠近十字路口或道边，距道边不应大于2m，距建筑物外墙应为5～25m且应设有明显的标识，周围3m以内不应堆放建筑材料。

（3）高层建筑的施工用水应布置蓄水池和加压泵，以满足高空用水的需要。

（4）管线布置应使线路长度短，消防水管和生产、生活用水管可以合并设置。

（5）对于地表水和地下水，应及时修通下水道，并最好与永久性排水系统相结合，同时，根据现场地形，在建筑物周围设置排除地表水和地下水的排水沟。

**2. 施工用电线网的布置**

施工用电的设计应包括用电量计算、电源选择、电力系统选择和配置。用电量包括电动机用电量、电焊机用电量、室内和室外照明容量。如果是扩建的单位工程，可计算出施工用电总数由建设单位解决，不另设变压器；单独的单位工程施工，应计算出场地施工用电和照明用电的数量，选择变压器和导线的截面及类型。变压器应布置在现场边缘高压线接入处，距地面高度应大于30cm，在2m以外四周用高度大于1.7m铁丝网围住，以确保安全，但不宜布置在交通要道口处。

必须指出，建筑施工是一个复杂多变的生产过程，施工材料、构件、季节等随着工程的发展而逐渐进场，又随着工程的进展而不断消耗、变动，因此在整个施工生产过程中，现场的平面布置情况是在随时变动着的。因此，对于大型工程，施工期限较长的工程或现场较为狭窄的工程，就需按不同的施工阶段来分别布置几张施工平面图，以便能把在不同的施工阶段内现场的合理布置情况全面反映出来。

单位工程施工平面图设计实例如图5-12所示。

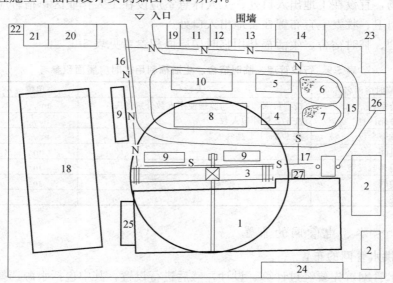

图 5-12 单位工程施工平面图例

1—拟建工程；2—原有建筑；3—轨道式塔吊；4—混凝土搅拌棚；5—水泥库（或筒仓）；6—石子堆场；7—砂子堆场；8—预制构件堆场；9—砖堆场；10—钢筋堆场；11—工地办公室；12—工具间；13—钢筋棚；14—木工棚；15—临时道路；16—临时供电线路；17—临时供水管网；18—二期拟建工程；19—门卫；20—宿舍；21—食堂；22—厕所；23—模板堆场；24—脚手架堆场；25—安全棚；26—卷扬机棚；27—垃圾道

## 5.7 单位工程施工组织设计的技术经济分析

### 5.7.1 技术经济分析的目的

技术经济分析的目的是论证施工组织设计在技术上是否可行，在经济上是否合算，通过科学的计算和分析比较，选择技术经济效果最佳的方案，为不断改进和提高施工组织设计水平提供依据，为寻求增产节约途径和提高经济效益提供信息。技术经济分析既是单位工程施工组织设计的内容之一，也是必要的设计手段。

### 5.7.2 技术经济分析的基本要求

1. 全面分析。要对施工的技术方法、组织方法及经济效果进行分析，对需要与可能进行分析，对施工的具体环节及全过程进行分析。

2. 做技术经济分析时应抓住施工方案、施工进度计划和施工平面图三大重点，并据此建立技术经济分析指标体系。

3. 在作技术经济分析时，要灵活运用定性方法和有针对性地应用定量方法。在做定量分析时，应对主要指标、辅助指标和综合指标区别对待。

4. 技术经济分析应以设计方案的要求、有关的国家规定及工程的实际需要为依据。

### 5.7.3 单位工程施工组织设计技术经济分析的指标体系

单位工程施工组织设计中技术经济指标应包括：工期指标、劳动生产率、质量指标、安全指标、成本率、主要工程公众机械化程度、三大材料节约指标等。这些指标应在单位工程施工组织设计基本完成后进行计算，并反映在施工组织设计文件中，作为考核的依据。

施工组织设计技术经济指标分析可在图 5-13 所列的指标体系中选用，其中主要的指标是：

1. 总工期指标，即从破土动工至竣工的全部日历天数。

2. 质量优良品率。它是在施工组织设计中确定的控制目标，主要通过保证质量措施实现，可分别对单位工程、分部分项工程进行确定。

3. 单方用工。它反映了劳动力的使用和消耗水平。不同建筑物的单方用工之间有可比性。

$$单方用工＝总用工量（工日）/建筑面积（m^2）$$

4. 主要材料节约指标。主要材料节约情况随工程不同而不同。靠材料节约措施实现，可分别计算主要材料节约量、主要材料节约额或主要材料节约率：

主要材料节约量＝技术组织措施节约量

或主要材料节约量＝预算用量－施工组织设计计划用量

主要材料节约率＝主要材料节约额（元）/主要材料预算金额（元）×100%

或主要材料节约率＝主要材料节约量/主要材料预算量×100%

5. 大型机械耗用台班数及费用

大型机械单方耗用台班数＝耗用总台班（台班）/建筑面积（m²）

单方大型机械费＝计划大型台班费（元）/建筑面积（m²）

6. 降低成本指标

降低成本额＝预算成本－施工组织设计计划成本

降低成本率＝降低成本额（元）/预算成本（元）×100％

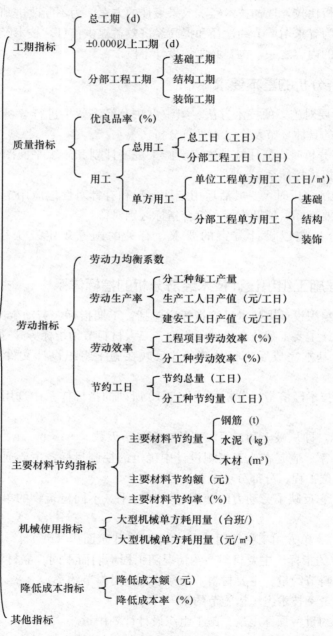

图 5-13　单位工程施工组织设计技术经济分析指标体系

### 5.7.4 单位工程施工组织设计技术经济分析的重点

技术经济分析应围绕质量、工期、成本三个主要方面。选用某一方案的原则是，在质量能达到优良的前提下，工期合理，成本节约。

对于单位工程施工组织设计，不同的设计内容，应有不同的技术经济分析重点。

1. 基础工程应以土方工程、现浇混凝土、打桩、降水、运输、进度与工期为重点。

2. 主体工程应以垂直运输机械选择、流水段划分、劳动组织、现浇钢筋混凝土支模、绑筋、混凝土浇筑与运输、脚手架选择、特殊分项工程施工方案和各项技术组织措施为重点。

3. 装饰工程应以施工顺序、质量保证措施、劳动组织、分工协作配合、节约材料及技术组织措施为重点。

单位工程施工组织设计的技术经济分析重点是工期、质量、成本，劳动力使用，场地占用和利用，临时设施，协作配合，材料节约，新技术、新设备、新材料、新工艺的采用。

### 5.7.5 技术经济分析方案

#### 5.7.5.1 定性分析方法

定性分析法是结合工程实际经验，对单位工程施工组织设计的优劣进行分析。例如，工期是否适当，可按建设地区同类型建筑的平均工期进行比较分析；选择的施工机械是否适当，主要看它是否为流水施工带来方便；施工平面图设计是否合理，主要是看场地是否合理利用，临时设施费用是否适当。定性分析法比较方便，但不精确，不能优化，决策易受主观因素制约。

#### 5.7.5.2 定量分析方法

**1. 多指标比较法**

该方法简便实用，也用得较多，要选用适当的指标，注意可比性，有两种情况要区别对待：

（1）一个方案的各项指标明显地优于另一个方案，可直接进行分析比较。

（2）几个方案的指标互有优势，则应以各项指标为基础，将各项指标的值按照一定的计算方法进行综合分析比较。

通常的方法是：首先根据多指标在技术经济分析中重要性的相对程度，分别定出权值 $W_i$；再用同一指标依据其在各方案中的优劣程度定出其相应的分值 $C_{ij}$。假设有 $m$ 个方案和指标，则第 $j$ 方案的综合指标值 $A_j$ 为：

$$A_j = \sum_{i=1}^{n} C_{ij} W_i \tag{5-9}$$

式中　$j=1，2\cdots m$；

　　　$i=1，2\cdots n$。

综合指标值最大者为最优方案。

**2. 单指标比较法**

该方法多用于建筑设计方案的分析比较。

## 5.8 单位工程施工组织设计实例

### 5.8.1 工程概况及施工部署

#### 5.8.1.1 工程概况

××大学教学楼工程，由××大学投资兴建，××勘察设计研究院设计，设计编号为W2004002，该工程位于××大学×学院院内。

施工合同工程范围：该教学楼范围内的土方工程、基础工程及地下室工程、主体结构工程和装饰工程。

**1. 建筑概况**

(1) 拟建教学楼地上由中部五层合班教室和南北对称的六层教学楼组成。地下一层，包括约 63m² 配电房和 63m² 的弱电设备室及约 2363m² 的地下自行车停车库，设计地下自行车车位数量 658 辆。总建筑面积 18982m²，建筑占地面积 2809m²，建筑物总高度 24m。

(2) 标高：本工程教学楼设计标高±0.000 相当于地质勘查报告假定高程 BM＝＋0.85m。

(3) 平面及层高设计

拟建教学楼平面为 E 形，南北方向长度为 78.6m，东西方向长度为 138.92m，北侧距浴室 8m，南侧距实验楼 25m。

地下室为一层，层高 2.95m，布置停车库。配套约 63m² 配电房和 63m² 的弱电设备室。自行车车库共有四个出入口与室外地面相连。

南北教学楼采用对称布置，标准层层高 3.9m，其中，一至五层分别为两间 63 座、两间 85 座普通教室和四间 110 座、两间 130 座阶梯教室；六层南楼为微机室，北楼为语音教室。

中楼南侧为标准层层高 4.5m 的阶梯教室，两侧为大厅和过道。屋顶设水箱间和电梯机房。

(4) 室内外装修：本工程卫生间采用地砖地面，其余部分采用水磨石面层，墙面采用水泥砂浆抹灰，外刷涂料，局部采用面砖饰面。外墙勒脚采用火烧面花岗岩。

(5) 屋面做法：防水等级为 Ⅱ 级，采用多层保温防水屋面，做法见苏 J95032/29（25 厚保温板，40 厚细石混凝土，1.5 厚 SBS 防水卷材，地砖贴面），女儿墙防水做法见苏 J95032/29，外落水参见 J9503－2/11。

**2. 结构概况**

(1) 本工程为框架结构，工程类别为二类。基础统一采用有梁式整板基础。

(2) 本工程建筑安全等级为二级，建筑物耐火等级为二级，抗震设防类别为丙类，设计使用年限为 50 年，抗震设防烈度为 7 度，设计地震分组为第一组；场地类别为 Ⅱ 类，设计基本地震加速度为 0.15g。

(3) 本工程基础垫层为 C15 混凝土，基础梁板柱墙采用抗渗强度为 B8 的 C30 混凝土，主体柱、梁、板采用 C30 混凝土。

(4) 基础：地下室底板采用柱下梁板式基础结构，底板厚度 500mm 和 400mm，地下室梁高度为 1500mm、宽度为 550mm。地下室底板顶面标高为－2.95m。地基基础设计等级为丙级。

地下室底板、墙等采用结构自防水混凝土，抗渗地基为 S6。

（5）主体结构：本工程塔楼部分采用框架结构，结构抗震等级为二级。

（6）墙体：基础墙体均采用 MU10 标准机制实心砖，M10 水泥砂浆砌筑；外墙采用 MU10 非承重机制实心砖（孔隙率＞45%），M5 混合砂浆砌筑；其余墙体均采用水泥炉渣空心砌块，M5 混合砂浆砌筑。墙体砌筑等级为 B 级以上。

**3. 地质、地形条件**

本工程位于××大学院内实验楼南侧。中心校区中心教学实验楼西南侧、工程东侧为校区运动场，南侧为市区兴城东路，西侧为×××新村，北侧为×××电器安装公司。场地地形平整，规划用地已砌筑好围墙进行封闭，施工用电、用水已接通，场内外道路畅通。

**4. 本施工项目的主要工程量表（略）。**

### 5.8.1.2　施工部署

**1. 该项目的质量、进度、成本及安全总目标**

（1）实现业主对项目使用功能的要求。

（2）保证工程总目标的实现：

工期：本工程于 2014 年 6 月开工，2015 年 3 月竣工，工期 316 天；

质量：确保市优，争创省优工程；

成本：将施工总成本控制在施工企业与项目部签订的责任成本范围内。

（3）无重大工程安全事故，实现省级文明工地。

（4）通过有效的施工和项目管理建成学校标志性形象工程。

**2. 实施原则**

要实现上述总目标，作为本工程施工总承包人，必须对整个建设项目有全面的总体安排。本工程的施工安排和项目管理按如下原则进行：

（1）本工程作为当地的一个标志性建筑，本企业将在组织、资源等方面予以特殊保证。

（2）为实现工程项目总目标，满足发包人在招标文件中提出的和在工程实施过程中可能提出的要求。在上述施工项目目标中，工期目标的刚性较大，由于学校扩大招生，教学楼必须按时投入使用，否则会造成重大影响。

（3）本施工项目管理规划大纲体现了 ISO9002 要求，在工程中完全按照 ISO9002 质量标准要求施工。

（4）以积极负责的精神为发包人提供全过程、全方位的管理服务。在施工中提出合理化措施以保证工期和质量，做好运行管理中的跟踪服务。

（5）作为工程施工的总承包人，积极配合发包人做好整个工程的项目管理，主动协调与设计人、其他分包人、设备供应人的关系，保证整个工程顺利进行。

（6）采用先进的管理方法和技术，特别是工程项目结构分解方法和计算机技术，对工程过程实行全方位的动态控制。

**3. 单位工程施工组织设计编制依据**

（1）本工程的招标文件和发包人与承包人之间签订的工程施工合同文件。

（2）本工程的施工项目经理与企业签订的施工项目管理目标责任书。

（3）我国现行的施工质量验收规范、强制性标准和施工操作技术规程。

（4）我国现行的有关机具设备和材料的施工要求及标准。

（5）有关安全生产和文明施工的规定。

（6）本公司关于质量保证和质量管理程序的有关文件。

（7）国家及地方政府的有关建筑法律、法规、条文。

**4. 本工程施工的特点**

（1）本工程基础尺寸较大，底板较厚，属于大体积混凝土，对防止大体积混凝土裂缝要求较严。

（2）体量大：本工程为全现浇框架结构，工程总建筑面积为 18982m²，仅地下室面积就达 2809m²，单层面积较大，柱、梁、板均为全现浇、模板支设，混凝土浇筑量大。

（3）对大面积、大体积、大厚度的混凝土浇筑时，应当考虑混凝土的干缩和水化热的影响。

（4）中部阶梯教室框架局部采用后张有粘结预应力框架梁，预应力钢筋为曲线布置，跨度大，模板支模高度较高，技术要求高，施工难度较大。

（5）工期紧：本工程计划工期 316 天，在此期间经历夏季、雨期和冬期施工，并经历夏、秋忙时间。施工工期较长，要做好各种材料、设备和成品的保养及维护工作，并加强冬期、夏季、雨期的施工措施。

（6）地下室防水要求高，工序繁多。

## 5.8.2 施工项目经理部组织设置

（1）施工项目经理部组织机构系统图，如图 5-14 所示。

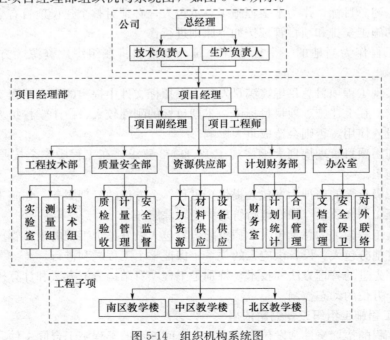

图 5-14 组织机构系统图

（2）施工项目经理部主要管理人员表，见表 5-10。

（3）施工项目结构分解，如图 5-15 所示。

（4）施工项目经理部工作分解和责任矩阵，见表 5-11 。

表 5-10 施工项目经理部主要管理人员设置

| 机构 | 岗位 | 人数 | 部门 | 职称 | 备注 |
|---|---|---|---|---|---|
| 总部 | 项目主管 | 1 | — | 高级工程师 | 1 月不少于 10 天 |
| | 总工 | 1 | — | 高级工程师 | 1 月不少于 10 天 |
| | 质量安全监督 | 1 | — | 工程师 | 1 月不少于 15 天 |
| | 财务监督 | 1 | — | 会计师 | 1 月不少于 10 天 |
| 施工现场 | 项目经理 | 1 | | 工程师 | 常驻现场 |
| | 项目副经理 | 1 | | 工程师 | 常驻现场 |
| | 项目工程师 | 1 | 工程技术部 | 工程师 | 常驻现场 |
| | 质量员 | 3 | 工程质量部 | 工程师 2、助工 1 | 常驻现场 |
| | 施工员 | 3 | 工程技术部 | 工程师 1、助工 2 | 常驻现场 |
| | 安全员 | 3 | 工程安全部 | 工程师 | 常驻现场 |
| | 材料员 | 2 | 工程技术部 | 助工 | 常驻现场 |
| | 会计、预算 | 2 | 财务管理部 | 造价师 | 常驻现场 |
| | 机械管理 | 4 | 材料设备部 | 技师 | 常驻现场 |
| | 后勤管理 | 2 | 后勤管理部 | 助理经济师 | 常驻现场 |
| | 办公室 | 3 | 办公室 | 其中政工师 1 人 | 常驻现场 |

## 5.8.3 拟采用的先进技术

本工程拟采用的先进技术：

（1）测量控制技术（全站仪、激光铅直仪）。

（2）大体积混凝土施工技术。

（3）液压直螺纹钢筋连接技术。

（4）预应力施工技术。

（5）混凝土集中搅拌及"双渗"施工技术。

（6）新"Ⅲ级"钢筋应用技术。

（7）WBS 工作结构分解基础上的计算机进度动态控制技术。

## 5.8.4 施工方案

### 5.8.4.1 施工总体安排

本工程采用泵送混凝土，用混凝土输送泵将混凝土送至浇筑面浇筑构件，以满足施工要求。

地下室每施工段混凝土浇筑分三次完成，第一次为承台、地梁和底板，第二次为墙板，第三次为顶板。上部框架施工采用柱梁板整体支模整体一起浇筑混凝土的施工工艺，

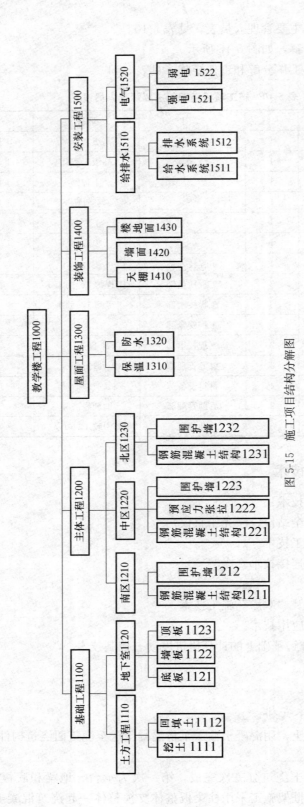

图 5-15 施工项目结构分解图

减少工序间歇时间，以满足施工工期要求。

主体混凝土四层结构拆模后即开始插入墙体砌筑工程，墙体砌筑采取主体分段验收、插入内墙面刮糙工程、形成多工种多专业交叉流水施工的施工工艺，避免工序重复，以利于工程合理有序地进行流水交叉作业。

屋面工程在主体封顶后开始。

由于本工程在平面上由三部分组成：北部六层教学楼、南部六层教学楼和中部五层合班教室，为加快施工进度，确保各工种连续作业，可根据变形缝情况将工程分成三个施工段组织流水施工。

表 5-11　施工项目经理部工作分解和责任矩阵

| 管理内容 | 管理工作内容 | 项目经理 | 工程师 | 技术负责 | 施工负责 | 质检员 | 材料员 | 预算员 | 资料员 | 安全员 |
|---|---|---|---|---|---|---|---|---|---|---|
| 技术管理 | 图纸会审 | ☆ | ☆ | ☆ | ○ | ○ | | | | |
| | 设计交底 | ☆ | ☆ | ☆ | ☆ | ○ | | | | |
| | 材料设备清单 | ☆ | ☆ | | | ○ | ☆ | | ☆ | |
| | 变更管理 | ☆ | ☆ | ☆ | ☆ | ○ | ○ | | | |
| | 竣工资料的整理 | ○ | ☆ | ☆ | ☆ | ○ | | | ☆ | |
| | 图纸资料的保管 | ○ | ○ | ○ | ○ | | | | ☆ | |
| 现场管理 | 施工现场布置 | ☆ | ☆ | ☆ | ☆ | | ○ | | | |
| | 现场用地用路手续 | ☆ | ○ | | ○ | | ○ | | | |
| | 现场水电路管理 | ○ | ☆ | | ○ | | ○ | | | |
| | 周边协调 | ☆ | ○ | | ○ | | ○ | | | |
| | 现场文明施工 | ☆ | ☆ | ☆ | ☆ | | ○ | | | |
| 进度控制 | 施工进度计划 | ☆ | ☆ | | ☆ | | ○ | ○ | | |
| | 进度监督 | ☆ | ☆ | | ☆ | | ○ | ○ | | |
| | 进度动态跟踪 | ☆ | ☆ | | ☆ | | ○ | ○ | | |
| | 进度报表 | ☆ | ☆ | | ☆ | | ○ | ○ | | |
| | 协调各单位进度 | ☆ | ○ | | ○ | | | | | |
| 质量控制 | 建立质保体系 | ☆ | ☆ | ☆ | ○ | ○ | ○ | | ○ | |
| | 按质量规范组织施工 | ☆ | ☆ | | ○ | ☆ | | | ○ | |
| | 材料半成品质量监督 | ☆ | ☆ | | ○ | ☆ | ☆ | | | |
| | 技术交底和方案优化 | ☆ | ☆ | ☆ | ○ | | | | | |
| | 审核施工组织设计 | ☆ | ☆ | ☆ | ○ | | | | | |
| | 监督和检查施工 | ☆ | ☆ | | ☆ | ☆ | | | ○ | |
| | 提供质量报告 | | ○ | ○ | ○ | ☆ | ○ | | ☆ | |
| | 处理质量事故 | ☆ | ☆ | ☆ | ☆ | ○ | | | ○ | |
| | 组织工程验收 | ☆ | ☆ | ☆ | ☆ | ☆ | ○ | ○ | ☆ | |

164

| 管理内容 | 管理工作内容 | 项目经理 | 工程师 | 技术负责 | 施工负责 | 质检员 | 材料员 | 预算员 | 资料员 | 安全员 |
|---|---|---|---|---|---|---|---|---|---|---|
| 成本控制 | 初审处理设备价格 | ☆ | ☆ | | | | | ☆ | | |
| | 编制已完工程报表 | ☆ | ☆ | | ○ | | | ☆ | | |
| | 工程成本分析 | ○ | ○ | | ○ | | | ☆ | | |
| | 预算及成本控制情况评估 | ○ | ○ | | ○ | | | ☆ | | |
| | 编制用款计划 | ○ | ○ | | ○ | | | ☆ | | |
| | 协助甲供材料设备结算 | | | | | | | ☆ | | |
| 物资控制 | 处理设备计划及采购申请 | | | | ○ | | ☆ | | | |
| | 协助签订采购合同 | | | | ○ | | ☆ | | | |
| | 确定保管制度 | | | | ○ | | ☆ | | | |
| | 材料设备的保护 | | | | ○ | | ☆ | | | |
| | 协助确定甲供材料设备 | | | | | | ☆ | | | |
| 安全控制 | 安全措施督促检查 | ☆ | ☆ | | ○ | ○ | | | | ☆ |
| | 安全责任 | ☆ | ☆ | | ○ | ○ | | | | ☆ |
| | 安全协议签署 | ○ | ○ | | ○ | ○ | | | | ☆ |

注：☆—承担主要责任；○—配合责任。

### 5.8.4.2　各施工阶段部署

**1. 基础施工阶段**

（1）施工流程：垫层→砖侧模砌筑及粉刷→底板防水层→地梁及底板钢筋→地梁和底板混凝土浇筑→墙板钢筋→墙板模板→墙板混凝土浇筑→顶板梁板模板→底板梁板钢筋→底板梁板混凝土浇筑→墙板防水层回填土、平整场地。

（2）基础及地下室混凝土浇筑时，由商品混凝土站出料，主要依靠混凝土输送泵运输进行浇筑。

（3）基础地下室施工完毕并经验收合格后，回填土（后浇带部位留足够以后施工的操作面而暂不回填），平整场地，按设计要求将室外地面均回填平整至相应垫层设计底标高，以便后期地面施工时直接在其上浇筑垫层、面层。

（4）±0.00以下的设备、管线必须在回填土前施工完毕，避免重复施工。

**2. 主体施工阶段**

（1）主体结构施工流程：测量弹线→柱筋→柱模→浇筑混凝土→楼盖模→楼盖筋→浇楼盖混凝土→拆模→墙体砌筑。

（2）主体施工时，以支模为中心合理组织劳动力进行施工，具体施工时应尽量使各工种能连续施工，减少窝工现象。

（3）为了保证总体进度计划按时完成，墙体砌筑和室内初装修组织立体交叉施工。

**3. 装饰施工阶段**

（1）主要是内外墙面抹灰和刷涂料，在墙体砌筑后期便可穿插进行施工。

（2）屋面工程：屋面工程在主体封顶后即可穿插进行施工。

### 5.8.4.3 主要分部分项工程施工方法

**1. 测量控制要点**

（1）建立施工控制网。统一的测量坐标系统的建立，坐标原点、平面控制点、高程控制点设置，及控制精度要求。

（2）建筑物轴线定位测设。包括各层面轴线测设、垂直度测量及控制。在地下室施工阶段、上部结构施工阶段的测量控制要点。

（3）标高控制方法。

（4）沉降观测点布置和测量方法。

**2. 地下室工程施工**

（1）地下室结构自防水的施工措施。本工程地下室采用结构自防水，为保证地下室不发生渗水现象，除了按图施工以外，还需对地下室外墙水平施工缝及外墙对拉螺杆洞进行处理。重点处理好地下室外墙水平施工缝和地下室外墙对拉螺杆洞。

（2）基础钢筋施工。说明钢筋支撑架、墙柱插筋、承台与底板钢筋的施工方法和工艺。

新"Ⅲ级"钢筋滚压直螺纹连接。本工程采用钢筋滚压直螺纹连接技术，由于本技术尚较新，说明它的工艺原理、所采用的接头连接类型、施工顺序、操作要点、控制的技术参数、施工安全措施、质量标准和检查方法。

（3）基础模板工程。砖胎模的施工方法。

墙、柱模板的施工工艺、施工方法。

（4）地下室底板大体积混凝土施工。主楼地下室底板，中心筒承台厚1.5m，属于大体积混凝土，需要严格进行控制，以防止产生裂缝。采用现场集中搅拌混凝土，在实验室进行试配，参用JMⅢ抗裂防渗剂。

①控制裂缝产生的技术措施：采用中低热水泥品种；参入JMⅢ抗裂防渗剂；减少每立方米混凝土中的用水量和水泥用量；合理选用粗骨料，用连续级配的石子；采用中砂，以使每立方米混凝土中水泥用量降低；搅拌混凝土时采用冰水拌制，现场输送泵管上部，用草包覆盖，并浇水，以降低混凝土浇筑时的入模温度。

②施工工艺。对浇筑走向布置、分层方法、振动棒布置、振捣时间控制、保温保湿措施、混凝土的温度测控方法等做出说明。

③混凝土的温度计算。根据混凝土强度等级、施工配合比、每立方米水中水泥用量、混凝土入模温度（20℃）等因素计算的温度。

混凝土温度检测及控制。根据计算，混凝土绝热温升将达68℃，根据施工经验，采取两层塑料薄膜、一层草包覆盖基本能够控制混凝土中心与表面温差在25℃之内。

**3. 上部结构工程施工**

（1）钢筋工程

钢筋绑扎注意事项：

①核对成品钢筋的钢号、直径、形状、尺寸和数量是否与料单料牌相符。准备绑扎用的铁丝、绑扎工具、绑扎架和控制混凝土保护层用的塑料或水泥砂浆垫块等。

②绑扎形式复杂的结构部位时，应先研究逐根穿插就位的顺序，并与模板工联系，确定支模绑扎顺序，以减少绑扎困难。

③板、次梁与主梁交叉处，板的钢筋在上，次梁钢筋居中，主梁的钢筋在下，当有圈梁时，主梁钢筋在上。主梁上次梁处两侧均需设附加箍筋及吊筋。

④混凝土墙节点处钢筋穿插密集时，应特别注意水平主筋之间交叉方向和位置，以利于浇筑混凝土。

⑤板钢筋的绑扎：四周两行钢筋交叉点应全部扎牢，中间部分交叉点相隔交错扎牢。必须保证钢筋不移位。

⑥悬挑构件上部的负筋要防止踩下，特别是挑檐、悬挑板等，要严格控制负筋位置，以免拆模后断裂。

图纸中未注明的钢筋搭接长度均应满足构造要求。

（2）模板工程

工序如下：

①模板配备：本工程地上框架柱模采用优质酚醛木胶合板，现浇梁板，采用无框木胶合板模板。梁柱接头和楼梯等特殊部位定做专用模板。木模板支撑系统采用 $\phi48 \times 3.5$ 钢管，扣件紧固连接。为了保证进度，楼层模板配备四套，竖向结果模板配备两套。

②模板计算。分别计算模板最大侧压力、模板拉杆验算、柱箍验算、墙模板强度与刚度、材料、横肋强度与刚度验算等，以保证安全性。

③质量要求及验收标准。模板及支撑必须具有足够的强度、刚度和稳定性；模板的接缝不大于 2.5mm。模板的实测偏差（略）。

（3）混凝土工程

包括混凝土材料要求、浇筑工艺、养护、试块要求和质量要求（略）。

（4）后张法有粘结预应力梁施工

工序如下：

①预应力钢材在采购、存放、施工验收中的质量控制。

②波纹管的质量与施工要求。

③预应力锚固体系。

④预应力梁的施工对土建的施工要求。

支撑与模板；钢筋绑扎；预应力梁中的拉筋与波纹管的协调，以保证波纹管的位置要求；钢筋绑扎完毕后应随即垫好梁的保护层垫块，以便预应力筋标高的准确定位。

⑤施工工艺流程（图略）。

⑥垫管穿筋的工艺及过程（图略），包括铺管穿筋前的准备、螺纹管铺放、埋件安装、穿束、灌浆（泌水）孔的设置要求、质量控制。

⑦混凝土浇筑工艺。

⑧预应力张拉工艺和过程（图略），包括张拉准备、张拉顺序、预应力筋的张拉程序、预应力筋张拉控制方法。

⑨孔道灌浆工艺。

⑩锚具封堵。

**4. 砌体过程施工**

仅简要说明墙体材料、施工方法、操作要点、砌筑砂浆等的要求和质量控制。

**5. 屋面防水过程施工**

（1）施工准备。

（2）施工工艺。基层找平前工作，保温隔热层施工、水泥砂浆找平层施工、隔气层施工、铺贴卷材的工艺要求。

**6. 装饰工程**

（1）简要说明装饰工程的总施工顺序，以及外装修、内装修的施工顺序。

（2）外墙面的施工顺序、方法、要点。

（3）内墙面的施工顺序、方法、要点。

（4）吊顶工程的工艺流程、质量要求、施工工艺。

（5）楼地面工程。该工程为常规工程，简要说明质量标准、施工准备工作、施工工艺。

（6）门窗施工。包括放线、固定窗框、填缝、窗扇安装、玻璃安装、清理、验收要求。

**7. 安装工程（略）。**

## 5.8.5  施工进度计划

本工程拟开工时间为 2014 年 6 月，竣工时间为 2015 年 3 月，工期 316 天。

为了确保各分部、分项工程均有相对充裕的时间，在编制工程施工进度计划时，还要确立各阶段分部分项工作最迟开始时间，阶段目标时间不能更改。施工设备、资金、劳动力在满足阶段目标的前提下提前配备。

基础 60d，主体结构 110d，墙体 40d，装饰 96d，零星工程、竣工收尾 10d 。

预留、预埋件提前进行制作，结构施工时预埋穿插进行，及时进行水电、设备预埋安装，确保不占用施工工期。

安装预埋工程在主体施工时进行，同时在具有工作面以后进行安装工程的施工，给装饰工程流出合理的施工时间，以保证工程的施工质量。

本工程施工进度计划（控制性）如图 5-16 所示 。

## 5.8.6  施工进度计划的支持性计划

**1. 施工准备工作计划**

应编制详细施工准备工作计划，计划内容包括：

（1）施工准备组织及时间安排。

（2）技术准备工作，包括图纸、规范的审查和交底，收集资料、编制施工组织设计，编制施工预算等。

（3）施工现场准备，包括施工现场测量和放线、"三通一平"、临时设施搭设、季节性施工安排等。

（4）施工作业队伍和施工管理人员的组织安排。

（5）物资准备。即按照资源计划采购施工需要的材料，设备保障供应。在施工准备计划中特别要注意开工以及施工项目前期所需要的资源。

许多施工的大宗材料和设备都有复杂的供应过程，需要招标，签订采购合同，必须对

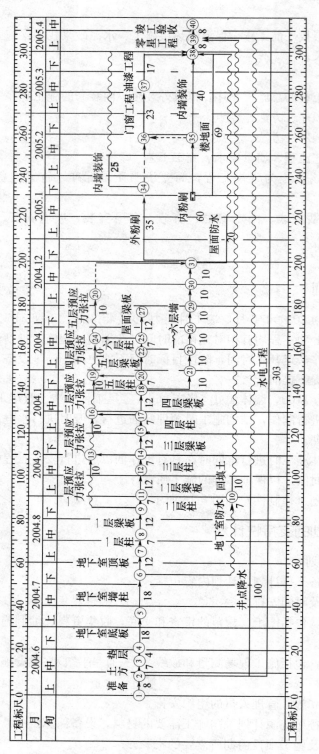

图 5-16　施工进度计划

相应的工作做出安排。

（6）资金准备。对在施工期间的负现金流量，必须筹备相应的资金供应，以保证施工的顺利进行。

详细施工准备工作计划（略）。

2. 施工主要劳动力计划表见表 5-12 。

表 5-12　施工主要劳动力计划表

| 工种 | 基础 | 主体 | 墙体及装饰 | 安装 |
|---|---|---|---|---|
| 钢筋工 | 30 | 60 | 12 | — |
| 模板工 | 50 | 80 | 20 | — |
| 瓦工 | 50 | 100 | 100 | 30 |
| 电工 | 2 | 2 | 2 | 2 |
| 管工 | 6 | 10 | 0 | 45 |
| 钳工 | 6 | 6 | 6 | 6 |
| 油漆工 | 1 | 1 | 15 | 40 |
| 其他工种 | 30 | 60 | 60 | 30 |
| 机操工 | 8 | 16 | 16 | 16 |

3. 施工机械使用计划（土建）见表 5-13 。

4. 施工机械使用计划（安装）（略）。

5. 主要材料需要量计划（略）。

6. 资金计划表（略）。

## 5.8.7　施工现场（总）平面布置

1. 施工现场平面布置原则

（1）考虑全面周到，布置合理有序，方便施工，便于管理，利于"标准化"。

（2）加工区和办公区尽可能远离教学楼以免干扰学生学习。

（3）施工机械设备的布置作用范围尽可能覆盖到整个施工区域，尽量减少材料设备等的二次搬运。

（4）按发包人提供的围界使用施工场地，不随便搭建临时设施。

（5）按照业主提交的现场布置施工机械和临时设施，减少搬运工作。施工平面布置分地下室施工阶段、上部施工阶段两个阶段（地下室施工平面布置图略）。

2. 现场道路安排、做法、要求和现场地坪做法。

3. 现场排水组织

包括排水沟设置、现场的外排水、污水井和生活区、施工区厕所要求。

4. 临时设施布置

现场分施工区和生活区两部分，在西区围墙处设生活区，内设置宿舍、食堂、开水间、厕所间、仓库若干间等。

在施工区的东部设置钢筋、木工加工厂、水泥罐、混凝土泵、搅拌机、砖堆场等及生产办公设施；南北面分别设置周转材料堆场。钢筋、模板加工成型后至楼梯旁的堆场，不需要加工的模板、钢筋直接卸料到堆场。

5. 电工机械布置

（1）在主楼东侧结构分界处各设一台 SCMC4018 塔吊作为垂直运输机械。施工时承担排架钢管、模板材料、钢筋、预留预埋等材料运输；施工人员、墙体材料、装饰装修材料、安装材料等上下。

（2）本工程混凝土采用商品混凝土供应。由供应商用 4 台混凝土搅拌运输车运送混凝土到现场，直接入混凝土泵，泵送到浇筑面。同时配备混凝土搅拌机一台备用及零星混凝土浇筑时使用。进入墙体砌筑阶段砂浆拌和机配置两台，装修阶段再增配两台砂浆拌和机，木工、钢筋工机械各两套，瓦工用振动棒及照明用灯若干。

6. 堆场布置

在东侧设置砂、砖的堆场。

表 5-13　主要施工机械设备表

| 序号 | 名称 | 型号 | 单位 | 数量 | 功率 | 进场时间 |
|---|---|---|---|---|---|---|
| 1 | 塔吊 | SCMC4018 | 台 | 2 | 20kW | 开工准备时进场 |
| 2 | 汽车吊 | 16T | 辆 | 1 | — | 需要时进场 |
| 3 | 混凝土搅拌机 | 500L | 台 | 1 | 7.5kW | 零星混凝土搅拌 |
| 4 | 砂浆搅拌机 | 200L | 台 | 1 | 6.6kW | 砌墙、粉刷用 |
| 5 | 插入式振捣器 | ZX50、70 | 台 | 各8 | 1.1kW | 开工准备时进场 |
| 6 | 平板振捣器 | ZW—10 | 台 | 4 | 2.2kW | 开工准备时进场 |
| 7 | 电焊机 | BX—300 | 台 | 6 | 30kV·A | 开工准备时进场 |
| 8 | 对焊机 | — | 台 | 1 | 100kV·A | 开工准备时进场 |
| 9 | 电动套丝机 | — | 台 | 2 | 3kW | 开工准备时进场 |
| 10 | 砂轮切割机 | — | 台 | 4 | 4.4kW | 开工准备时进场 |
| 11 | 钢筋调直切断机 | — | 台 | 2 | 5.5kW | 开工准备时进场 |
| 12 | 钢筋弯曲机 | ZC25B—3 | 台 | 1 | 5.5kW | 开工准备时进场 |
| 13 | 钢筋切断机 | 50 型 | 台 | 1 | 3kW | 开工准备时进场 |
| 14 | 蛙式打夯机 | HW—60 | 台 | 2 | 6kW | 开工准备时进场 |
| 15 | 潜水泵 | — | 台 | 8 | 6kW | 开工准备时进场 |
| 16 | 高压水泵 | — | 台 | 4 | 4.4kW | 开工准备时进场 |
| 17 | 木工圆盘锯 | MJ104 | 台 | 8 | 3kW | 开工准备时进场 |
| 18 | 木工平刨机 | MB504A | 台 | 8 | 7.5kW | 开工准备时进场 |
| 19 | 单面木工压刨机 | MB106 | 台 | 8 | 7.5kW | 开工准备时进场 |
| 20 | 张拉千斤顶 | — | 台 | 2 | — | 预应力张拉 |
| 21 | 激光铅直仪 | JD—91 | 台 | 2 | — | 开工准备时进场 |
| 22 | 经纬仪 | 苏 J2 | 台 | 2 | — | 开工准备时进场 |
| 23 | 水准仪 | S3 | 台 | 4 | — | 开工准备时进场 |
| 24 | 检测工具 | DM103 | 套 | 4 | — | 质量检查用 |

7. 施工用电

（1）施工用电计算。由计算可得，本工程的高峰期施工用电总容量约需 350kV·A，需业主提供 350kV·A 的变压器。

（2）从变配电房到施工现场线路考虑施工安全，均埋地敷设，按平面布置图布置。

（3）楼层施工用电：在建筑物内部的楼梯井内安装垂直输电系统，照明、动力线分开架设；楼面架设分线，安装分配电箱，按规定安装保护装置，照明电和动力电分设电箱。

（4）施工现场照明的低压电路电缆及配电箱，应充分考虑其容量和安全性，低压电路的走向可选择受施工影响小和相对安全的地段采用直埋方式敷设。在穿过道路、门口或上部有重载的地段时，可加套管予以保护。

8. 施工用水

（1）施工用水计算。施工用水、生活用水分别计算，得到现场总用水量。

（2）供水管径选择。现场供水主管选用 DN100，支管选用 DN50。现场设置两个消防栓。当施工现场的高峰用水或城市供水管水压不足时，可在现场砌蓄水池或添置增压水泵，解决供水量不足或压力不足的问题。

（3）施工现场用水管道敷设，根据施工部署按现场总平面图布置敷设。

（4）施工楼层用水，由支线管接出一根 $\phi25$ 的分支管，沿脚手架内侧设置立管，分层设置水平支管并装置 2 只 $\phi25$ 的阀门控制。楼层施工用水主要用橡皮软管。

（5）考虑用水高峰和消防的需要，现场利用地下室水池作为工程的补充水源，以备用。

9. 场外运输安排

现场所用物资设备均用汽车运输，从东侧大门沿校园道路运入。

10. 现场通信

本工程场地面积大，为保证工程施工顺利进行，通信指挥联络便利，将在工程上配备 10 对对讲机。

工程施工现场平面布置图如图 5-17 所示。

## 5.8.8 技术组织措施

### 1. 雨季施工措施

本工程施工期间经历雨季，为保证工程施工安全及施工质量必须采取相应措施。

（1）根据天气预报，积极布置防雨应急措施，备足塑料薄膜和雨具。

（2）根据雨量和可能下雨时间确定施工缝的预设位置，大面积混凝土浇筑应避开雷雨天气，所浇筑的混凝土应及时覆盖塑料薄膜，如有局部被冲刷的部位及时补浆，否则必须重新浇捣。

（3）下大雨时应停止浇筑混凝土，对已浇混凝土应覆盖防止雨淋。

（4）基坑上面及室外场地的排水沟要及时疏通，保证施工场地无积水，防止基坑积水。

（5）料场、基坑四周挖排水沟，保证场内排水畅通。

（6）雨季到来前，水泥库、仓库要检查修补，不得漏雨。

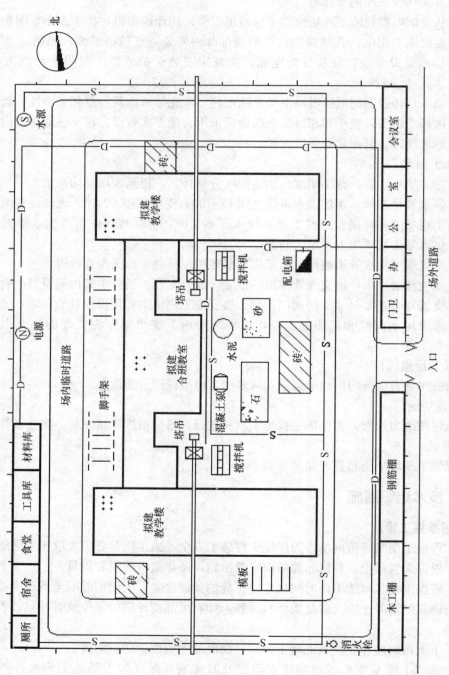

图 5-17 工程施工现场平面布置图

（7）塔吊、钢脚手架等要安装避雷装置。

（8）机电设备及电闸电箱等要采取防雨、防风、防潮措施。

（9）雨后恢复施工时要检查各电器设备及脚手架是否有被损坏及塌陷现象。

（10）雨季施工要加强用电安全管理，经常检查各种电器的绝缘性能，及时排除漏电隐患。

**2. 冬期施工要求及措施**

（1）冬期施工的要求

室外平均气温连续 5d 低于 5℃时属冬期施工。

①冬期施工遵守国家标准施工质量验收规范冬期施工的规定。

②冬期施工期间每天要由专人收集天气预报、冰冻报告，张榜公布并及时通知各有关施工人员。

③在下列条件下应停止施工：气温低于－20℃的冷拉钢筋工程；气温低于－15℃的预应力钢筋张拉工程；气温低于－2℃的钢筋焊接工程；气温低于－7℃的抹灰工程。

（2）冬期施工措施

①室内抹灰，采用封闭作业，室内保持正常温度条件。

②砂浆加新型防冻早强剂。

③进行冬季施工前，对负责掺外加剂人员、测量人员和管理人员应专门组织业务培训，学习本工作范围的有关知识，明确职责。

④搭建热水炉，备好柴煤等燃料，对搅拌机进行相应机械保温。

⑤工地的临时用水管，做好保温防冻工作。

⑥冬季施工要采取防滑措施。

⑦大雪后必须将架子上积雪清扫干净，并检查马道平台，如有松动下滑现象及时加固。

⑧做好冬季施工混凝土、砂浆及掺和外加剂的试配、试验工作，提出施工配合比。

⑨施工中接触热水要防止烫伤。

⑩现场使用明火要先向公安机关申请，并派专人严加管理，采取有力措施，防止煤气中毒或发生火灾。

⑪砌体工程的冬季施工方法，以掺新型防冻剂的砂浆法施工。

⑫砌体冬季施工所用的材料应符合下列规定：

a. 砌体在砌筑前应清除冰霜。

b. 砂浆采取普通硅酸盐水泥拌制。

c. 拌制砂浆所用的砂，不得含冰块和直径大于 1cm 的冻结快。

d. 拌合砂浆所用水的温度不得超过 80℃。

⑬砌体工程的冬季施工方法，以掺新型防冻剂的砂浆法施工。

⑭砌体冬季施工所用的材料应符合下列规定：

a. 砌体在砌筑前应清除冰霜。

b. 砂浆采取普通硅酸盐水泥拌制。

c. 拌制砂浆所用的砂，不得含冰块和直径大于 1cm 的冻结块。

d. 拌合砂浆所用水的温度不得超过 80℃。

e. 由于石灰膏的冰点低，在冬期施工期间一律采用水泥砂浆，冬季施工砖不允许浇水（但表面应洒水湿润），必须增加砂浆稠度，试验时要增加水泥用量。

f. 每日砌筑后，在墙体表面覆盖保温材料。

g. 砂浆使用的温度不应低于5℃。

h. 砌体中配置钢筋，若采用掺盐砂浆时，应掺防锈剂。

⑮抹灰工程的冬季施工，采用两种施工方法：室内热做法和室外冷做法。热做法是利用房间的永久热源或临时热源来提高或保持操作环境的温度，使抹灰砂浆硬化和固结，冷做法是在抹灰的水泥或砂浆中掺加化学附加剂，以降低砂浆的冰点和起到早强的作用，一般采用冷做法施工。

⑯混凝土工程冬季施工，要从施工期间的气象情况、工程特点和施工条件出发，在保证工程质量、加快进度、节约能源、降低成本的前提下采取以下适宜的冬季施工措施。

a. 冬季拌制混凝土采用加热水的方法。水可加热到80℃，但水泥不应与80℃以上的水直接接触，其投料顺序应先投入骨料和加水，然后再投入水泥，由于水泥不得直接加热，使用前应放入暖棚内存放。

b. 搅拌混凝土时，骨料不得带有冰雪及冻团，拌和时间应比常温时的拌和时间延长50%，因石料含冰雪及冻团较多，因此要求各项目组在用料前提前冲洗备用。

c. 根据试验级配，派人配制化学附加剂，严格掌握掺量。

⑰混凝土拌合物的出机温度不宜低于10℃，入模温度不得低于5℃。

⑱混凝土拌合物的运输，应使热量损失尽量减少，措施如下：

a. 尽量缩短运距，选择最佳运输路线。

b. 运输车要采取保温措施。

c. 尽量减少装卸次数，合理组织装入、运输、卸出混凝土的工作。

d. 混凝土在浇筑前应清除模板和钢筋上的冰雪和污垢。

⑲加强混凝土的质量检查和测量。

⑳钢筋的冷拉和焊接可在负温下进行。钢筋的焊接宜在室内进行，如必须在室外焊接，最低温度不宜低于20℃，且应有防风措施，焊接应从中间向两端进行，焊后的接头严禁接触冰雪。

**3. 工程进度保证措施**

（1）影响进度的主要因素

①本工程工期紧、体量大、要求高、工艺复杂，必须实行进度计划的动态控制，合理组织流水施工。

②工程体量大，周转材料、机械设备、管理人员、操作工人投入大。

③主体施工阶段跨冬雨季，气候因素影响多。

④工艺复杂，测量要求高，交叉作业多。

⑤安装工作复杂，必须有充足的调试时间。

⑥室内作业难免上下垂直同时操作，防护量大，安全要求高。

（2）保证工程进度的组织管理措施

①中标后立即进场做好场地交接工作，做好施工前的各项准备工作。

②分段控制，确保各阶段工期按期完成，配备充足的资源。

③本工程施工实行三班倒，24h连续作业，管理班子亦分成三班，全体管理人员食宿在现场。工期所用设备材料根据计划，提前订货和准备，防止因不能及时进场而影响工期。工地安排2支测量班组，及时提供轴线、标高，确保轴线、标高准确，不影响生产班组施工进度。

④合理安排交叉作业，充分考虑工种与工种之间、工序与工序之间的配合衔接，确保科学组织，流水施工。现场放样工作在前，充分理解设计意图，熟悉施工图纸，提前制作定型模板，预制成型钢筋。

在土建施工的各个工程中，必须给安装配合留有充分时间。在整个施工进度计划中给安装调试留下充分时间。配足安装力量，不拖土建后腿。

积极协助设计院解决图纸矛盾，成立专门班子细化图纸，防止出图不及时而影响施工。

⑤合理安排室内上下垂直操作，严密进行可靠的安全防护，不留安全防护死角，确保操作人员安全，确保交叉施工正常进行。

在地下室主体完成后，即进行防水试水和回填土工作。确保室外工程基层部分与上部结构施工同步进行，室外工程面层施工不拖交工验收工期。

⑥严格施工质量过程控制，确保一次成型，杜绝返工影响工期现象的发生，切实做好成品保护工作。

（3）保证工程进度的技术措施

①根据伸缩沉降缝，分三个区进行流水施工。

②施工时投入两台塔吊和足够的劳动力，保证垂直运输。

③钢筋采用机械连接，加快施工进度，有效缩短工期。

④配置多套模板，以满足主楼预应力张拉的需要。

⑤和经验丰富的具有ISO9002质量保证体系的商品混凝土厂合作，泵送混凝土，有效保证主楼工期。

⑥采用施工项目工作结构分解方法（WBS）和计算机进度控制技术，确保工期目标的实现。

⑦按合格分承包方选择强有力的设备安装、装饰装潢分包商，确保工程质量和进度总目标的实现。

（4）室外管网、配套工程、室外施工提前准备

在室外回填土时就将需预埋的管网进行预埋，不重复施工。在平面布置上分基础、主体、装饰三期布置，当主体工程结束时重新做施工总平面布置，让出室外管网预埋场地、绿化用地。

**4. 质量保证措施**

（1）建立工程质量管理体系的总体思路。

①建立工程质量管理组织体系，将质量目标层层分解，根据本企业的ISO9002质量管理体系编制项目质量管理计划。

②确定质量管理监督工作程序和管理职能要素分配，保证专业专职配备到位。质量管理的一些具体程序在企业管理范围中，作为本文件的附件。

③严格按照设计单位确认的工程质量施工规范和验收规范，精心组织好施工。设立质

量控制点按照要求抓好施工质量、原材料质量、半成品质量，严格质量监督，工程质量确保达到优良标准。

④负责组织施工设计图技术交底，督促工程小组或分包商制定更为详细的施工技术方案，审查各项技术措施的可行性和经济性，提出优化方案或改进意见。

⑤协助甲方确定本工程甲方供应设备材料的定牌及选型，并根据甲方需要及时提供有关技术数据、资料、样品、样本及有关介绍材料。

⑥协同监理单位、业主、质监部门、设计单位对由其他施工单位承包的工程进行检查、验收及工程竣工初步验收，协助业主组织工程竣工最终验收，提出竣工验收报告（包括整理资料的安排）。

⑦对工程质量事故应严肃处理，查明整理事故原因和责任，并与监理单位一起督促和检查事故处理方案的实施。

⑧采用新技术以确保或提高工程质量。

（2）工程质量目标：确保市优，争创省优。

（3）质量保证体系如图 5-18 所示。

（4）质量控制工作：

①严格实行质量管理制度，包括：事故组织设计审批制度，技术、质量交底制度，技术复核、隐蔽工程验收制度，"混凝土浇灌令"制度，二级验收及分部分项质量评定制度，工程质量奖罚制度，工程技术资料管理制度等。

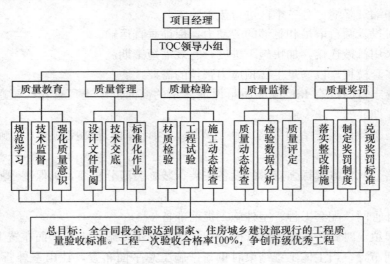

图 5-18　质量保证体系框图

②项目部每周一次团体协调会，全面检查施工衔接、劳动力调配、机械设备进场、材料供应、分项工程质量检测以及安全生产等，将整个施工过程纳入有序的管理。

③通过班组自检、互检和全面质量管理活动，严把质量关。首先，班组普遍推行挂牌操作，责任到人，谁操作谁负责；其次，出现不合格项立即召开现场会，同时给予经济处罚。

④对重要工序实施重点管理，尤其对预应力梁、楼梯、厕所、屋面工程等关键部位重点检查。

⑤对新工艺、新技术的分部分项工程重点进行检查，项目工程师会同专业施工员检查，最后交工程监理审查，凡是隐蔽工程均由设计、监理、业主验收认可方可转入下道工序施工。

⑥严把原材料关，凡无出厂合格证的一律不准使用，坚持原材料的检查制度，复检不合格的不得使用，对钢筋水泥防水材料等均做到先复检再使用。

⑦坚持样板制度。在施工过程中，将坚持以点带面，即一律由施工技术人员现行翻样，提出实施操作要求，然后由操作班组做出样板，并征求多方意见，用样板标准，推广大面积施工。

⑧加强成品保护。

（5）工程质量重点控制环节。根据本工程的特点分析，质量重点控制环节为：

①大体积混凝土温度裂缝控制；

②大面积底板混凝土浇捣；

③地下室墙板裂缝控制；

④曲线测量控制；

⑤预应力张拉控制。

**5. 安全管理措施**

（1）工程安全生产管理组织体系：

①成立项目经理为第一责任人的项目安全生产领导小组。

②设置项目专职安全监督机构，即安全监督组。

③要求各专业分包单位设立兼职安全员与消防员。

④项目安全管理做到"纵向到底、横向到边"全面覆盖。

（2）施工安全管理：

①项目安全生产质量小组负责每月一次项目安全会议，组织全体成员认真学习贯彻执行住房城乡建设部发布的标准，每月组织两次安全检查，并出"安全检查简报"，负责与业主及承包单位（或合作施工单位）涉及重要施工安全隐患的协调整改工作。

②建立专职安全监督管理机构和安全检查流程（图5-19）。

③建立完整的、可操作的项目安全生产管理制度，包括各级安全生产责任制、安全生产奖惩制度、项目安全检查制度、职工安全教育、学习制度等。建立项目特种专业人员登记台账，确保特种作业人员必须经过培训考核，持证上岗，建立工人三级安全教育台账，确保工人岗前必须经过安全知识教育培训。

④生产班组每周一实行班前一小时安全学习活动，做好学习活动书面记录，施工员、工长到定点班组参加活动。班长每天安排组员工作的同时必须交代安全事项，消除不安全因素。

⑤项目技术负责人、施工员、专业工长必须熟悉本工程安全技术措施实施方案，逐级认真及时做好安全技术交底工作和安全措施实施工作。

（3）施工安全措施：

①施工临时用电

a. 编制符合本工程安全使用要求的"临时用电组织设计"，绘制本工程临时用电平面图、立面图，并由技术负责人审核批准后实施。

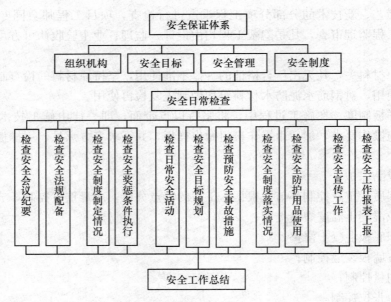

图 5-19　安全检查流程图

b. 本工程施工临时用电线路必须动力、照明分离设置（从总配电起），分设动力电箱和照明电箱。配电箱禁止使用木制电箱，铁制电箱外壳必须有可靠的保护接零，配电箱应有明显警示标记，并编号使用。

c. 配电箱内必须装备与用电容量匹配并符合性能质量标准的漏电保护器。分配电箱内应装备符合安全规范要求的漏电保护器。

d. 所有配电箱内做到"一机、一闸、一保护"。用电设施确保二级保护（总配电—分配电箱）。手持、流动电动工具确保三级保护"总配电—分配电箱—开关箱"。

e. 现场电缆线必须于地面埋管穿线处做出标记。架空敷设的电缆线，必须绑扎于瓷瓶。地下室、潮湿阴暗处施工照明应使用 36V 以下（含 36V）的灯具。

f. 施工不准采用花线、塑料线做电源线。所有配电箱应配锁，分配电箱和开关电箱由专人负责。配电箱下底与地面垂直距离应大于 1.3m、小于 1.5m。

g. 配电箱内不得放置任何杂物（工具、材料、手套等）并保持整洁。熔断丝的选用必须符合额定参数，且三项一致，不得用铜丝、铝丝等代替。

h. 现场电器专业人员必须经过培训、考核，持证上岗。现场电工应制定"用电安全巡查制度"（查线路、电箱、设备），责任到人，作好每日巡查记录。

i. 在高压线路下方不得搭设作业棚、生活设施和堆放构件、材料工具等。

j. 建筑物（含脚手架）的外侧边缘与外电架空线路边线之间应保持大于 4m 的安全操作距离。

②塔吊等均要制定专项安全技术措施，操作必须符合有关的安全规定。

③脚手架工程与防护：

a. 脚手架的选择与搭设应有专门施工方案。

b. 落地脚手架应在工程平面图上标明立杆落点。

c. 钢管脚手架的钢管应涂为橘黄色。

d. 钢管、扣件、安全网、竹笆片必须经安全部门验收后方可使用。

e. 脚手架的搭设应进行分段验收或完成后验收，验收合格后挂牌使用。

④其他：

a. "三口四边"应按安全规范的要求进行可靠的防护。建筑物临边，必须设置两道防护栏杆，其高度分别为 400mm 和 1000mm，用红白或黑黄相间油漆。

b. 严禁拆除或变更任何安全防护设施。若施工中必须拆除或变更安全防护设施，须经项目负责人批准后方可实施，实施后不得留有隐患。

c. 施工过程中，应避免在同一断面上下交叉作业，如必须上下同时工作时，应设专用防护棚或其他隔离措施。

d. 在光线不足的工作地点，如楼梯内、内通道及夜间工作时，均应设置足够的照明设施。

e. 遇有六级以上强风时，禁止露天起重作业，停止室外高处作业。项目部应购置测风仪，由专人保管，定时记录。

f. 不得安排患有高血压、心脏病、癫痫病和其他不适于高处作业的人员登高作业。

g. 应在建筑物底层选择几处出入口，搭设一定面积的双层护头棚，作为施工人员的安全通道，并挂牌示意。

⑤工地保卫人员应与所属地区公安分局在业务上取得联系，组成一个统一的安全消防保卫系统，各楼层及现场地面配置足够的消防器材，制定工地用火制定，加强对易燃品的管理，杜绝在工地现场吸烟。派专人负责出入管理与夜间巡逻，杜绝一切破坏行为和不良行为。

**6. 文明和标准化现场**

严格遵守城市有关施工的管理规定，做到尘土不飞扬，垃圾不乱倒，噪声不扰民，交通不堵塞，道路不侵占，环境不污染，本工程文件施工管理目标为：市级文明工地。

（1）组织落实，制度到位

①建立以项目经理为首的创建"标准化"（包括现场容貌、卫生状况）工地组织机构。

②设置专职现场容貌、卫生管理员，随时做好场内外的保洁工作。

③施工现场周围应封闭严密。施工现场大门处高置统一样式的标牌，标牌尺寸为 0.7m×0.5m，设置高度距地面不得低于 2m。标牌内容：工程名称、建筑面积、建设单位、设计单位、施工单位、工地负责人、开工日期、竣工日期等。

（2）现场场容、场貌布置

①现场布置。施工现场采用硬地坪，现场布置根据场地情况合理安排，设施设备按现场布置图规定设置，并随施工基础、结构装饰等不同阶段进行场地布置和调整。"七牌一图"齐全。主要位置设醒目宣传标语。利用现场边角栽花、种草，搞好绿化、美化环境。

施工区域划分责任区，设置标牌，分片包干到人负责场容整洁。

②道路与场地。道路畅通、平坦、整洁，不乱堆乱放，无散落的杂物，建筑物周围应浇捣散水坡，四周保持清洁；场地平整不积水，场地排水畅通。建筑垃圾必须集中堆放，及时清理。

③工作面管理。班组必须做好工作面管理，做到随作随清，物尽其用。在施工作业时，应有防尘土飞扬、泥浆洒漏、污水外流、车辆粘带泥土运行等措施。有考核制度，定

期检查评分考核，成绩上牌公布。

④堆放材料。各种材料分类、集中堆放。砌体归类成踩，堆放整齐，碎砖料随用随清，无底脚散料。

⑤周转设备。施工设备、模板、钢管、扣件等，集中堆放整齐。分类分规格，集中存放。所有材料分类堆放、规整成方，不散不乱。

（3）环境卫生管理

①施工现场保持清洁卫生。道路平整、畅通，并有排水设施，运输车辆不带泥出场。

②生活区室内外保持整洁有序，无污物、污水，垃圾集中堆放，及时处理。

③食堂、厨房有一名现场领导主管卫生工作。严格执行食品卫生法等有关制度。

④饮用水要供应开水，饮水器具要卫生。

（4）生活卫生

①生活卫生应纳入工地总体规划，落实卫生专（兼）职管理人员和保洁人员，落实责任制。

②施工现场须设有茶亭和茶水桶，做到有盖有杯子，有消毒设备。

③工地有男女厕所，落实专人管理，保持清洁无害。

④工地设简易浴室，电锅炉热水间，保证供水，保持清洁。

⑤现场落实消灭蚊蝇承包措施，保证落实。

⑥生活垃圾必须随时处理或集中加以遮挡，妥善处理，保持场容整洁。

（5）防止扰民措施

①防止大气污染

a. 高层建筑施工垃圾，必须搭设封闭式临时专用垃圾道或采用容器吊运，严禁随意凌空抛撒，施工垃圾应及时清运，适量洒水、减少扬尘。

b. 水泥等粉细散装材料，应尽量采取室内（或封闭）存放或严密遮盖，卸运时要采取有效措施，减少扬尘。

c. 现场的临时道路必须硬化，防止道路扬尘。

d. 防止大气污染，除设有符合规定的装置外，不得在施工现场熔融沥青或焚烧油毡、油漆以及其他会产生有毒有害烟尘和恶臭气体的物质。

e. 采取有效措施控制施工过程中的灰尘。

f. 现场生活用能源，均使用电能或煤气，严禁焚烧木材、煤炭等对大气构成污染的燃料。

②防止水污染

设置沉淀池，使清洗机械运输车的废水经沉淀后，排入市政污水管网。

现场存放油料的仓库，必须进行防渗漏处理。储存和使用都要采取措施，防止跑、冒、滴、漏污染水体。

施工现场临时食堂，应设有效的隔油池，定期掏油，防止污染。

厕所污水经化粪池处理后，排入城市污水管道。一般生活污水及混凝土养护用水等，直接排入城市污水管道。

③防止噪声污染

a. 严格遵守建筑工地文明施工的有关规定，合理安排施工，尽量避开夜间施工作业，早晨 7 时前和晚上 9 时后无特殊情况不予施工，以免噪声惊扰附近居民休息，未得到有关部门批准，严禁违章夜间施工。对浇灌混凝土必须连续施工的情况应及时办理夜间施工许可证，张贴安全告示。

b. 夜间严禁使用电锯、电刨、切割机等高噪声机械。严格控制木工机械的使用时间和使用频率，尽量选用噪声小的机械，必要时将产生噪声的机械移入基坑、地下室或墙体较厚的操作间内，减少噪声对周围环境的影响。

c. 全部使用商品混凝土，减少扰民噪声。

d. 加强职工教育，文明施工。在施工现场不高声呐喊。夜间禁止高喊号子或唱歌。

e. 积极主动地与周围居民打招呼，争取得到他们的谅解，并经常听取宝贵意见，以便改进项目部的工作，减少不应有的矛盾和纠纷，如发生与居民产生较大矛盾、要求索赔等纠纷，项目部负责处理，承担有关费用。

f. 若发生违反规定，影响环境保护、严重扰民或造成重大影响的，即予以警告及适当的经济处罚等。

④防止道路侵占

a. 临时占用道路应向当地交通主管部门提出申请，经同意后方可临时占用。

b. 材料运输尽量安排夜间进行，以减轻城市交通压力。

c. 材料进场，一律在施工现场内按指定地点堆放，严禁占用道路。

⑤防止地上设施的破坏

a. 对已有的地上设施，搭设双层钢管防护棚进行保护。

b. 严格按施工方案搭设脚手架，挂设安全网，做好施工洞口及临边的专人防护，防止在高层建筑施工过程中材料坠落造成对原有建筑设施的破坏。

**7. 降低成本措施**

（1）采用合适的用工制度、确保工期

①划小班组，记工考勤。工人进场后，按工种划分，10 个人为 1 个班组，4～5 个班配备 1 名工长带领。优点是：调度灵活，便于安排工作，队与队之间劳动力可以互相调剂，有利考核，减少窝工，提高工效。

记工考核为：将现场划分为若干个工作区，按部位、工作内容、工种、编码用计算机进行管理。工作程序是：各队记工员根据班组出勤、工作部位、工作内容和要求填写记工单，由工长队长签字，人事部汇总交财务部计算机操作员，根据记工单填写的各项数据输入计算机，以便查找人工节、超的原因，商量对策，做好成本控制。

②劳务费切块承包，加快工程进度，提高劳动生产率。

③加快技术培训，提高操作技能，加快施工进度。

（2）采用强制式机械管理，提高设备利用率

机械设备的管理：

①所有机械设备均由机电组统一管理。机电组下设机械班、电气班，对重型机械、混凝土机械、通用中小型机具、塔吊等进行使用与管理。机械设备管理的特点可归纳为：统一建文件，计算机储存，跟踪监测，按月报表，依凭资料，预测故障，发现问题，及时排除。

月设备运行报告中记录现场混凝土工作设备情况，如混凝土搅拌站泵车或塔吊垂直运输量。通过这些资料了解设备利用率和机械效率，从而为计划部门制定下一个月的生产计

划提供可靠依据。同时机电组也可以凭借这些资料及各个时期混凝土总需求量计划提前安排设备配置计划，或在必要时安排租赁设备的计划。

②机械设备的维修保养

机械设备维修保养的特点是采取定期、定项目的强制保养法。这种方法是对各种设备均按其厂家的要求或成熟的经验制定一套详细的保养卡片，分别列出不同的保养期以及不同的保养项目。各使用部门必须按期、按项目的要求更换零配件，即使这些配件还可以使用也必须更换，以保证在下一个保养期之间设备无故障运行。

另外，引进一些先进的检测技术，帮助预测可能产生的机械故障，如采用美国的SOS系统，它是利用抽样分析间断判断机械内部的零件磨损情况及磨损零件的位置，发出早期警告，避免连锁损坏，还可以让使用者提前准备零配件，或者安排适当的时机进行维修及更换零件。在本公司以往重要工程中，使用这种系统定期将重要设备的抽样进行检查，根据调查报告来安排保养计划。

（3）采用独立的物资供应及管理模式

①建立以仓库为中心的多层次管理方式，根据物资的最低储备量和最高储备量求出物资的最佳订购量，制定出既合理又经济的计划，避免物资积压，加快资金周转。

②建立完整的采购程序，采购计划性强。从提出供应要求、编制采购计划、审批购买到财务付款，都建立一套完整的程序，采购单一式七份，以各种颜色区分，标志明显，用途各异，以免混淆，便于入账核对。

③采用多种采购合同，根据不同情况在采购中分别运用不变价格、浮动价格和固定升值价格签订供货合同，能取得可观效益。

④采用卡片和计算机双重记账方式，便于查找、核对。利用先进的通信设备及时了解各地市场信息，为物资采购提供便利条件。

（4）经济技术措施。为了保证工程质量，加快施工进度，降低工程成本，本工程在施工过程中采用如下措施，用以节约工程成本、提高劳动效率，提高经济效益。

①计划的执行，要以总控制计划为指导，各分项工程的施工计划必须在总进度计划的限定时间内，计划的实施要严肃认真，制定一定的控制点，实行目标管理。

②提高劳动生产率，实行项目法施工，并层层签订承包合同，健全承包制度，用以指导职工的劳动积极性，具体细节另定，鼓励工人多做工作，提高全员劳动生产率。

③采用全面质量管理方法对施工质量进行系统控制，认真贯彻有关的技术政策和法规。分部分项工程质量优良必须在 90％以上，中间验收合格率 100％，实行评比质量奖惩办法。

④充分利用现有设备，提高设备的利用率，充分利用时间和空间，使机械设备的完好率在 90％以上，利用率在 70％以上，使之达到促进效益的目的。

⑤压缩精简临时工程费用，合理布置总平面并加强其管理，充分做好施工前准备工作，做到严谨、周密、科学，使施工流水顺利进行。

**8. 本工程施工项目风险管理规划**

（1）施工过程中可能出现的风险

①气候的变化：该工程处于亚热带地区，基础工程与主体结构工程的施工经历雨季、

台风季和冬季。按照过去的气象资料统计，雨季（7、8、9三个月）正常下雨25d，冬季冰冻20d。但按照近几年的气象状况，由于全球气候的变化，雨季的时间加长，雨量趋大；而冬季的气温较高，冰冻时间趋短。

②物价的上涨：人工费价格趋升，而主要材料费用在经历去年大幅度上涨后，目前已趋于平稳。

③不利的地质条件：由于该校区处于古城区，根据以往在该地区施工的经验，在施工现场可能会有不均匀的地质条件，还可能有古墓等地下文物。

④发包人风险：在本工程中，由于政府扩大招生，该学校又是当地很著名的学校，发包人的资信风险较小，但可能出现发包人指令变更的风险。

⑤设计风险：由于设计时间较紧，在施工中图纸会陆续出齐，可能出现图纸拖延的现象，此外还会存在图纸错误的问题。

⑥承包商自身的风险：由于该地区要提升城市形象，目前城市建设量较大，造成劳动力短缺，使得本工程投入的劳动力受到一定影响。

（2）风险影响分析

①风险主要出现在如下工程活动中：

施工准备阶段；基础工程的施工中，存在地质条件风险、大体积混凝土施工的技术风险；在主体结构施工中，存在雨季施工风险及其他承包人和供应人风险；安全风险、安装工程风险；在施工过程中存在物价风险、监理工程师风险。

②风险对目标的影响：工期、费用、安全和合同等。

风险的影响不仅是费用的增加，而且要考虑对施工项目其他目标的影响，如工期的拖延、对企业形象的影响，由于安全、环境等问题承担的法律责任等。

（3）风险估计

对这些风险出现的可能性（概率）以及如果出现将会造成的损失做出估计。

（4）风险评价

按照风险对目标的影响，确定风险管理的重点。经过分析评价，设计和劳动力缺乏风险是主要风险，不利地质条件和天气风险次之，物价和发包人风险较小。

（5）对主要风险提出防范措施

针对各风险产生的原因，从组织、技术、经济和合同等方面，提出风险的预防和减损措施。

（6）落实风险管理责任人

风险责任人通常与风险的防范措施相联系。应在上述内容的基础上编制风险分析表。表的一般格式见表5-14。

**9. 技术经济指标计算与分析**

（1）进度方面的指标：总工期。

（2）质量方面的指标：工程整体质量标准、分部分项工程达到的质量标准。

（3）成本方面的指标：工程总造价或总成本、单位工程量成本、成本降低率。

（4）资源消耗方面的指标：总用工量、单位工程量（或其他量纲）用工量、平均劳动力投入量、高峰人数、劳动力不均衡系数、主要材料消耗量及节约量、主要大型机械使用数量及台班量等。

**表 5-14　风险系数表**

| 风险名称 | 风险影响范围 | 风险损失 | 风险发生的可能性 | 风险损失期望 | 风险预防措施 | 责任人 |
|---|---|---|---|---|---|---|
| 设计 | 全过程 | 停工返工损失及新措施费 | — | — | ①完善合同条款；②加强图纸审查；③加强与监理、设计单位配合 | — |
| 劳力 | 全过程 | 不能按照合同约定竣工 | — | — | ①拓宽招聘渠道；②由公司统一调度；③农忙增加工人工资 | — |
| 地质 | 基础工程 | 停工返工损失及新措施费 | — | — | ①完善合同条款；②加强与监理、设计单位配合 | — |
| 天气 | 基础主体 | 停工损失 | — | — | ①完善合同条款、及时索赔；②及时了解气象信息；③合理班组施工 | — |
| 物价 | 全过程 | 工程成本增加 | — | — | 完善合同条款，确定调价幅度 | — |
| 发包人 | 全过程 | — | — | — | ①完善合同条款；②加强合作 | — |

# 本章小结

　　本章主要对单位工程施工组织设计的内容和编制方法进行阐述，重点介绍了工程概况及特点分析，施工方案设计，施工进度计划及各项资源计划的编制，施工平面图设计。

　　通过学习本章，主要熟悉单位工程施工组织设计的作用、编制依据和内容；掌握施工方案设计的施工程序、施工起点流向、施工顺序的确定以及施工方法和施工机械的选择、施工方案的技术经济评价；熟悉施工进度计划的作用、编制依据、施工进度计划的表示方法等，掌握单位工程施工进度计划编制的内容和步骤、资源需要量计划的编制等；掌握单位工程施工平面图的设计内容、设计依据、设计原则、设计步骤等。

　　在实际工作中，要求能独立编制单位工程施工组织设计，即"一案一表一图"（或专项施工方案），即施工方案、施工进度计划表（图）、施工平面图，这也是施工组织设计技术经济评价指标体系中的三大重点。

# 思考题与习题

**5-1**　什么是单位工程施工组织设计？它包含哪些内容？

**5-2**　试述单位工程施工组织设计的作用及编制依据和编制程序。

**5-3**　单位工程施工组织设计中的工程概况包括哪些内容？

**5-4**　单位工程施工组织设计中的施工方案包括哪些内容？

**5-5**　什么是单位工程的施工起点流向？

**5-6**　选择施工方法和施工机械应注意哪些问题？

**5-7**　编制单位工程施工进度计划的作用和依据有哪些？

**5-8**　试述单位工程施工进度计划的编制程序。

**5-9**　如何初排施工进度？怎样进行施工进度计划的检查与调整？

**5-10**　单位工程施工平面图一般包括哪些主要内容？其设计原则是什么？

**5-11** 试述单位工程施工平面图的设计步骤。

**5-12** 试述塔式起重机布置的要求。

**5-13** 结合你所在地区，到施工现场调查某一框架结构的单位工程施工组织设计，了解工程概况、施工部署、施工进度计划、施工准备与资源配置计划、主要施工方案、施工现场平面布置，请教现场技术管理人员是如何组织和管理该单位工程的？

**5-14** 将第5.8节单位工程施工组织设计实例中柱子钢筋、模板、混凝土合为一个施工过程，作出横道图及网络图。

## 案例：

### 【背景】

某住宅小区工程基坑南北长400m，东西宽200m，沿基坑四周设置3.5m宽环形临时施工道路（兼临时消防车道），道路离基坑边沿3m，并沿基坑支护体系上口设置6个临时消火栓。监理工程师认为不满足相关规范要求整改。

该工程中有一栋高层住宅结构为28层全现浇钢筋混凝土结构，使用两台塔式起重机。工地环形道路一侧设临时用水、用电，不建现场民工住房和现浇混凝土搅拌站。

### 【问题】

1. 指出监理工程师要求整改的错误之处，并分别说明理由。

2. 施工平面图的设计原则是什么？

3. 进行塔楼施工平面图设计时，以上设施布置的先后顺序是什么？

4. 如果布置供水，需要考虑哪些用水？如果按消防用水的低限（10L/s）作为总用水量，流速为1.5m/s，管径选多大的？

### 答案与解析

【案例】答：

1. 错误之处：

（1）四周设置3.5m宽环形临时施工道路（兼临时消防车道）。

（2）临时消火栓离道路3m。

（3）设置6个临时消火栓。

理由：

（1）现场临时消防车道单行道不小于4m，双车道不小于6m。

（2）临时消火栓离道路边应不大于2m。

（3）临时消火栓间距不得大于120m，按基坑周长布置，至少应布置10个。

2. 施工平面图的设计原则：少占地，少二次搬运，少临时设施，利于生产和生活，保安全，依据充分。

3. 布置顺序是：确保起重机的位置，定材料和构件堆场，布置道路，布置水电管线。

4. 用水种类：施工用水，机械用水，现场生活用水，消防用水。

消防用水低限10L/s，管径计算如下：

$$\sqrt{4Q/\pi \times V \times 1000} = \sqrt{4 \times 10/3.14 \times 1.5 \times 1000} = 0.092m = 92mm$$

因此，选管径为100mm的水管。

# 6 施工组织总设计

## 内容提要

本章介绍施工组织总设计内容和编制方法，包括工程概况、施工部署和施工方案、施工总进度计划、施工准备与资源需要量计划、施工总平面图设计、技术经济分析。并附有单位工程施工组织设计工程应用实例。

## 要点说明

本章学习重点是施工总平面图设计，难点是施工部署和施工方案。

关键词：施工部署、施工总平面图。

施工组织总设计是以整个建设项目或群体工程为对象，根据初步设计图纸和有关资料及现场施工条件编制，用以指导全工地各项施工准备和施工组织的技术经济综合性文件。它一般由总承包公司或大型工程项目经理部（或工程建设指挥部）的总工程师主持编制。

## 6.1 施工组织总设计概述

### 6.1.1 施工组织总设计的作用

施工组织总设计的主要作用是：

（1）从全局出发，为整个项目的施工作出全面的战略部署；

（2）为施工企业编制施工计划和单位工程施工组织设计提供依据；

（3）为建设单位或业主编制工程建设计划提供依据；

（4）为组织施工力量、技术和物资资源的供应提供依据；

（5）为确定设计方案的施工可能性和经济合理性提供依据。

### 6.1.2 施工组织总设计的编制依据

编制施工组织总设计一般以下列资料为依据：

**1. 计划文件及有关合同**

它包括国家批准的基本建设计划文件、概预算指标和投资计划、工程项目一览表、分期分批投产交付使用的项目期限、工程所需材料和设备的订货计划、建设地区所在地区主管部门的批件、施工单位主管上级（主管部门）下达的施工任务计划、招投标文件及工程承包合同或协议、引进设备和材料的供货合同等。

**2. 设计文件**

它包括已批准的初步设计或扩大初步设计（设计说明书、建设地区区域平面图、建设总平面图、总概算或修正概算及建筑竖向设计图）。

**3. 工程勘察和调查资料**

它包括建设地区地貌、地物、地质、水文、气象等自然条件；能源、交通运输、建材、预制件、商品混凝土、设备等技术经济条件；当地政治、经济、文化、卫生等社会生活条件资料。

**4. 现行规范、规程、标准和类似工程的参考资料**

它包括现行的施工及验收规范、操作规程、定额、技术规定和其他技术标准及类似工程的施工组织总设计或参考资料。

### 6.1.3 施工组织总设计的编制程序

施工组织总设计的编制程序如图 6-1 所示。

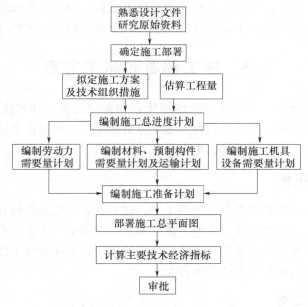

图 6-1 施工组织总设计编制程序

### 6.1.4 施工组织总设计内容

施工组织总设计的内容视工程性质、规模、建筑结构的特点、施工的复杂程度、工期要求及施工条件的不同而有所不同，通常包括工程概况、施工部署及施工方案、施工总进度计划、全场性准备工作计划及各项资源需要量计划、施工总平面图和主要技术经济指标等部分。

## 6.2　工程概况

工程概况是对整个建设项目的总说明和总分析，是对拟建建设项目或建筑群所做的一个简明扼要、突出重点的文字介绍，一般包括下列内容。

**1. 建设项目的特点**

建设项目的特点是对拟建工程项目的主要特征的描述。主要内容包括建设地点、工程性质、建设总规模、总工期、分期分批投入使用的项目和期限；占地总面积、总建筑面积、总投资额；建安工作量、厂区和生活区的工作量；生产流程及工艺特点；建筑结构类型等新技术、新材料的应用情况，建筑总平面图和各项单位工程设计交图日期以及已定的设计方案等。

**2. 建设场地**

建设场地应主要介绍建设地区的自然条件和技术经济条件；气象、地形、地质和水文情况；建设地区的施工能力、劳动力、生活设施与机械设备情况；交通运输及当地能提供给工程施工用的水、电和其他条件。

**3. 施工条件**

施工条件主要反映施工企业的生产能力及技术设备、管理水平和主要设备；特殊物质的供应情况及有关建设项目的决议、合同或协议；土地征用、居民搬迁和场地清理情况。

## 6.3　施工部署和施工方案

施工部署是对整个建设项目进行的统筹规划和全面安排，并解决影响全局的重大问题，拟定指导全局组织施工的战略规划。施工方案是对单个建筑物作出的战役安排。施工部署和施工方案为施工组织总设计和单个建筑施工组织设计的核心。

### 6.3.1　建立组织机构

根据工程的规模、特点和企业管理的水平，建立有效的组织机构和管理模式；明确各施工单位的工程任务，提出质量、工期、成本安全、文明施工等控制目标及要求；确定分期分批施工交付投产使用的主攻项目和穿插施工的项目；正确处理土建工程、设备安装工程及其他专业工程之间相互配合协调的关系。

### 6.3.2　工程开展程序

确定建设项目各项工程合理的开展，是关系到整个建设项目能否迅速投产或使用的重要问题。对于大型工程项目，一般均需根据建设总目标的要求，分期分批建设。至于分期施工，各项工程包含哪些项目，则要根据生产工艺要求，建设单位或业主要求，工程规模大小和施工难易程度、资金、技术资料等情况，由建设单位或业主和施工单位共同研究确定。例如，一个大型冶金联合企业，按其工艺流程大致有如下工程项目，矿山开采工程、选矿场、原料运输及存放工程、烧结厂、焦结长、炼钢厂、轧钢厂及许多辅助性车间等。如果一次建成投产，建设周期长达10年，显然投资回收期太长而不能及早发挥投资效益。

所以，对于这样的大型建设项目，可分期建设，早日见效。对于上述大型冶金企业，一般应以高炉系统生产能力为标志进行分期建成投产。例如，我国某大型钢铁联合企业，由于技术、资金、原料供应等原因，决定分两期建设，第一期建成 1 号高炉系统及其配套的各厂车间、形成年产 330 万吨钢的综合生产能力。而第二期建成 2 号高炉系统及连铸厂和冷、热连轧厂，最终形成年产 660 万吨钢的综合生产能力。

对于大中型民用建筑群（如住宅小区），一般也应分期分批建成，除建设小区的住宅楼房外，还应建设幼儿园、学校、商店和其他公共设施，以便交付后能及早发挥经济效益和社会效益。对小型企业或大型企业的某一系统，由于工期较短或生产工艺要求，可不必分期分批建设；亦可先建设生产厂房，然后边生产边施工。

分期分批的建设，对于实现均衡施工、减少暂设工程量和降低工程投资具有重要意义。

## 6.3.3  主要项目的施工方案

主要项目的施工方案是对建设项目或建筑群中的施工工艺流程以及施工段划分提出的原则性意见。它的内容包括施工方法、施工程序、机械设备选型和施工技术组织措施等。这些内容在单位工程施工组织设计中已作了详细的论述，而在施工组织总设计中所指的拟定主要建筑物施工方案与单位工程施工组织设计中的施工方案要求的内容和深度是不同的，它只需原则性地提出施工方案，如采用何种施工方法；哪些构件采用现浇；哪些构件采用预制，是现场就地预制还是在构件预制厂加工生产；构件吊装时采用什么机械；准备采用什么新工艺、新技术等，即对涉及到全局性的一些问题拟定出施工方案。

对施工方法的确定要兼顾工艺技术的先进性和经济上的合理性；对施工机械的选择，应使主导机械的性能既能满足工程的需要，又能发挥其效能，在各个工程上能够实现综合流水作业，减少其拆、装、运的次数，对于辅助配套机械，其性能应与主导施工机械相适应，以充分发挥主导施工机械的工作效率。

## 6.3.4  主要工种工程的施工方法

主要工种工程是指工程量大、占用工期长、对工程质量、进度起关键作用的工程，如土石方、基础、砌体、架子、模板、混凝土、结构安装、防水、装饰工程以及管道安装、设备安装、垂直运输等工程。在确定主要工种工程的施工方法时，应结合建设项目的特点和当地施工习惯，尽可能采用先进合理、切实可行的专业化、机械化施工方法。

**1. 专业化施工**

按照工厂预制和现场浇注相结合的方针，提高建筑专业化程度，妥善安排钢筋混凝土构件生产、木制品加工、混凝土搅拌、金属构件加工、机械修理和砂石等的生产。要充分利用建设地区的预制件加工厂和搅拌站来生产大批量的预制件及商品混凝土。如建设地区的生产能力不能满足要求时，可考虑设置现场临时性的预制、搅拌场地。

**2. 机械化施工**

机械化施工是实现现代化施工的前提，要努力扩大机械化施工的范围，增添新型高效机械，提高机械化施工的水平和生产效率。在确定机械化施工总方案时应注意：

（1）所选主导施工机械的类型和数量既能满足工程施工的要求，又能充分发挥其效能，并能在各工程上实现综合流水作业。

（2）各种辅助机械或运输工具应与主导机械的生产能力协调配套，以充分发挥主导机械效率。如土方工程在采用汽车运土时，汽车的载重量应为挖土机斗容量的整数倍，汽车的数量应保证挖土机连续工作。

（3）在同一工地上，应力求使建筑机械的种类和型号少一些，以利于机械管理。尽量使用一机多能的机械，提高机械使用效率。

（4）机械选择应考虑充分发挥施工单位现有机械的能力，当本单位的机械能力不能满足工程需要时，则应购置或租赁所需机械。

总之，所选机械化施工总方案应是技术上先进和经济上合理的。

## 6.3.5 "三通一平"的规划

全场性的"三通一平"工作是施工准备的主要内容，应有计划、有步骤、分阶段进行，在施工总设计中作出规划，预先确定其分期完成的规模和期限。

# 6.4 施工总进度计划

施工总进度计划是根据施工部署和施工方案，对全工地的所有工程项目做出时间上的安排。其作用在于确定各个建筑物及主要工种、工程、准备工作和全工地性工程的施工期限及开工和竣工的日期，从而确定施工现场的劳动力、材料、施工机械的需要量和调配情况，以及现场临时设施的数量、水电供应数量和能源、交通的需要数量等。因此，正确的编制施工总进度计划是保证各项目以及整个建设工程按期交付使用、充分发挥投资效益、降低建筑工程成本的重要条件。

## 6.4.1 施工总进度计划的编制原则和内容

**1. 施工总进度计划的编制原则**

（1）合理安排施工顺序，保证在劳动力、物资以及资金消耗量少的情况下，按规定工期完成拟建工程施工任务。

（2）采用合理的施工方法，使建设项目的施工连续、均衡地进行。

（3）节约施工费用。

**2. 施工总进度计划的内容**

一般包括估算主要项目的工程量，确定各单位工程的施工期限，确定各单位工程开、竣工时间和相互搭接关系以及施工总进度计划表的编制。

## 6.4.2 施工总进度计划的编制步骤和方法

**1. 列出工程项目一览表并计算工程量**

首先根据建设项目的特点划分项目。由于施工总进度计划主要起控制作用，因此项目划分不宜过细，可按确定的主要工程项目开展顺序排列，一些附属项目、辅助工程及临时设施可以合并列出。在工程项目一览表的基础上，估算各主要项目的实物工程量。估算工程量可按初步设计（或扩大初步设计）图纸，并根据各种手册进行。常用的定额资料有以下几种：

（1）万元、十万元投资工程量，劳动力及材料消耗扩大指标。这种定额规定了某种结构类型建筑，每万元或十万元投资中劳动力、主要材料等消耗数量。根据设计图纸中的结构类型，即可估算出拟建工程各分项需要的劳动力和主要材料消耗数量。

（2）概算指标或扩大结构定额。这两种定额分别按建筑物的结构类型、跨度、层数、高度等分类，给出单位建筑体积和单位建筑面积的劳动力和主要材料消耗指标。

（3）标准设计或已建的类似建筑物、构筑物的资料。在缺少上述几种定额手册的情况下，可采用标准设计或已建成的类似工程实际所消耗的劳动力和资料加以类推，按比例估算。但是，由于和拟建工程完全相同的已建工程是极为少见的，因此，在采用已建工程资料时，一般都要进行换算调整。这种消耗指标都是各单位多年积累的经验数字，实际工作中常用这种方法。

除了房屋外，还必须计算全工地性工程的工程量，如场地平整的土石方工程量、道路及各种管线长度等，这些根据建筑总平面图来计算。

计算的工程量应填入"工程项目工程量汇总表"中，见表 6-1。

**表 6-1　工程项目工程量汇总表**

| 工程项目分类 | 工程项目名称 | 结构类型 | 建筑面积 (100m²) | 幢或跨数 (个) | 概算投资 (万元) | 主要实物工程量 | | | | | | | |
|---|---|---|---|---|---|---|---|---|---|---|---|---|---|
| | | | | | | 场地平整 (1000m²) | 土方工程 (1000m²) | 装基工程 (100m²) | … | 砖石工程 (100m²) | 钢筋混凝土工程 (100m²) | … | 装饰工程 (1000m²) |
| 全工地性工程 | | | | | | | | | | | | | |
| 主体项目 | | | | | | | | | | | | | |
| 辅助项目 | | | | | | | | | | | | | |
| 永久建筑 | | | | | | | | | | | | | |
| 临时建筑 | | | | | | | | | | | | | |
| 合计 | | | | | | | | | | | | | |

**2. 确定各单位工程的施工期限**

单位工程的施工期限应根据施工单位的具体条件（如技术力量、管理水平、机械化施工程度等）及施工项目的建筑结构类型、工程规模、施工条件和施工现场环境等因素加以确定。此外，还应参考有关的工期定额来确定各单位工程的施工期限，但总工期应控制在合同工期以内。

**3. 确定各单位工程开、竣工时间和相互搭接关系**

根据施工部署及单位工程施工期限，就可以安排各单位工程的开竣工时间和相互搭接关系。安排时，通常应考虑下列因素：

（1）保证重点，兼顾一般。在安排进度时，要分清主次，抓住重点，同一时期施工的项目不宜过多，以免人力、物力分散。

（2）满足连续、均衡施工要求，尽量使劳动力和材料、机械设备消耗在全工地内均衡。

（3）合理安排各期建筑物施工顺序，缩短建设周期，尽早发挥效益。

（4）考虑季节影响，合理安排施工项目。

（5）使施工场地布置合理。

（6）对于工程规模较大、施工难度较大、施工工期较长以及需先配套使用的单位工程应尽量安排先施工。

（7）全面考虑各种条件的限制。在确定各建筑物施工顺序时，还应考虑各种客观条件的限制，如施工企业的施工力量、原材料、机械设备的供应情况、设计单位出图的时间、投资数量等对工程施工的影响。

**4. 施工总进度计划编制**

施工总进度计划可用横道图或网络图表达。由于施工总进度计划只是起控制作用，而且施工条件多变，因此，不必考虑得很细致。当用横道图表达总进度计划时，项目的排列可按施工总体方案所确定的工程开展程序排列。横道图上应表达出施工项目的开竣工时间及其施工持续时间。横道图的表格格式见表 6-2。

表 6-2 施工总进度计划表

| 序号 | 工程项目名称 | 建筑面积（m²） | 工作量 | 施工进度表 | | | | | | | | | | | |
| | | | | 201×年 | | | | | | 201×年 | | | | | |
| | | | | 三季度 | | | 四季度 | | | 一季度 | | | 二季度 | | |
| | | | | 7 | 8 | 9 | 10 | 11 | 12 | 1 | 2 | 3 | 4 | 5 | 6 |
| 1 | 铸造车间 | | | ～ | ～ | ～ | ～ | ～ | ～ | ～ | | | | | |
| 2 | 金工车间 | | | | | | | | | | … | … | | | |
| ⋮ | | | | | | | | | | | | | | | |

近年来，随着网络计划技术的推广，采用网络图表达施工总进度计划，已经在实践中得到广泛应用。采用有时间坐标网络图（时标网络图）表达总进度计划比横道图更加直观明了，可以表达出各项目之间的逻辑关系，还可以进行优化，实现最优进度目标、资源均衡目标和成本目标。同时，由于网络图可以采用计算机计算和输出，对其进行调整、优化、统计资源数量，输出图表更为方便、迅速。

# 6.5 各项资源需要量及施工准备工作计划

施工总进度计划编制以后，就可以编制各种主要资源需要量计划和施工准备工作计划。

## 6.5.1 各项资源需要量计划

各项资源需要量计划是做好劳动力以及物资的供应、平衡、调度、落实的依据，其内容一般包括以下几个方面：

**1. 劳动力需要量计划**

首先根据工程量汇总表中列出的各主要实物工程量查套预算定额或有关经验资料，便可求得各个建筑物主要工种的劳动量，再根据总进度计划中各单位工程工种的持续时间，即可求得某单位工程在某段时间里的平均劳动力数。按同样的方法可计算出各个建筑物各主要工种在各个时期的平均工人数。将总进度计划表纵坐标方向上各单位工程同工种的人数叠加在一起并连成一条曲线，即成为某工种的劳动力动态图。根据劳动力动态图可列出主要工种劳动力需要量计划表，见表 6-3。劳动力需要量计划是确定临时工程和组织劳动力进场的依据。

表 6-3　劳动力所需量计划表

| 序号 | 工程名称 | 施工高峰需用人数 | 201×年 | | | | 201×年 | | | | 现有人数 | 多余（＋）或不足（一） |
|---|---|---|---|---|---|---|---|---|---|---|---|---|
| | | | 一季 | 二季 | 三季 | 四季 | 一季 | 二季 | 三季 | 四季 | | |
| 1 | | | | | | | | | | | | |
| 2 | | | | | | | | | | | | |

注：（1）工种名称除生产工人外，应包括附属辅助用工（如机修、运输、构件加工、材料保管等）以及服务用工。
　　（2）表下应附分季度的劳动力动态曲线（纵轴表示人数，横轴表示时间）。

## 2. 材料、构件及半成品需要量计划

根据各工种工程量汇总表所列不同结构类型的工程项目和工程量总表，查定额或参照已建类似工程资料，即可计算出各种建筑材料、构件和半成品需要量，以及有关大型临时设施和拟采用的各种技术措施用料量，然后编制主要材料、构件和半成品需要量计划。根据主要材料、构件和半成品加工需要量计划，参照施工总进度计划和主要分部分项工程流水施工进度计划，便可编制主要材料、构件和半成品运输计划，见表 6-4 和表 6-5。

表 6-4　主要材料需用量计划

| 工程名称 材料名称 | 主要材料 | | | | | | | |
|---|---|---|---|---|---|---|---|---|
| | 型钢（t） | 钢板（t） | 钢筋（t） | 木材（m³） | 水泥（t） | 砖（千块） | 砂（m³） | … |
| | | | | | | | | |

注：主要材料可按型钢、钢板、钢筋、水泥、木材、砖、石、砂、卷材、油漆等填列。

表 6-5　主要材料、构件及半成品需用量进度计划

| 序号 | 材料或预制加工品名称 | 规格 | 单位 | 合计 | 需用量 | | | 需用量进度 | | | | | | |
|---|---|---|---|---|---|---|---|---|---|---|---|---|---|---|
| | | | | | 正式工程 | 大型临时设施 | 施工措施 | 201×年 | | | | 201×年 | | |
| | | | | | | | | 一季 | 二季 | 三季 | 四季 | 一季 | 二季 | |
| | | | | | | | | | | | | | | |

## 3. 施工机具需要量计划

主要施工机械，如挖土机、起重机等的需要量计划，应根据施工部署和施工方案、施工总进度计划、主要工种工程量以及机械化施工参考资料进行编制。施工机具需要量计划除组织机械供应外，还可作为施工用电量计算和确定停放场地面积的依据。主要施工机具、设备需用量表见表 6-6。

表 6-6　主要施工机具、设备需用量计划

| 序号 | 机械设备名称 | 规格型号 | 电动机功率 | 数量 | | | | 购置价值（万元） | 使用时间 | 备注 |
|---|---|---|---|---|---|---|---|---|---|---|
| | | | | 单位 | 需用 | 现有 | 不足 | | | |
| | | | | | | | | | | |

## 6.5.2 施工准备工作计划

各类计划能否按期实现，很大程度上取决于相应的准备工作能否及时开始和按时完成。因此，必须将各项准备工作逐一落实，并参考第 2 章施工准备工作计划表布置下去，并在实施中认真检查和督促落实情况。

# 6.6 全场性暂设工程

为满足工程项目施工需要，在工程正式施工之前，要按照工程项目准备工作计划的要求，建设相应的暂设工程，为工程项目施工创造良好的环境。暂设工程的类型、规模因工程而异，主要有工地加工厂组织、工地仓库组织、工地运输组织、工地行政办公及福利设施组织、工地供水组织和工地供电组织。

## 6.6.1 工地加工厂组织

工地加工厂类型主要有钢筋混凝土预制构件加工厂、木材加工厂、粗木加工厂、细木加工厂、钢筋加工厂、金属结构构件加工厂和机械修理厂等。其结构形式应根据使用期限长短和建设地区的条件而定。一般使用期限较短者，宜采用简易结构，如一般油毡、铁皮或草屋面的竹木结构；而使用期限较长者，宜采用瓦屋面的砖木结构、砖石结构或装拆式活动房屋等。

工地加工厂的建筑面积，主要取决于设备尺寸、工艺过程、设计和防火等要求，通常可参考有关经验指标等资料确定。

对于钢筋混凝土构件预制场、锯木车间、模板加工车间、细木加工车间、钢筋加工车间（棚）等，其建筑面积可按式（6-1）计算：

$$F = \frac{KQ}{TS\alpha} \tag{6-1}$$

式中　$F$——所需建筑面积（m²）；

　　　$K$——不均衡系数（1.3~1.5）；

　　　$Q$——加工总量；

　　　$T$——加工总时间（月）；

　　　$S$——每平方米场地月平均加工量定额；

　　　$\alpha$——场地或建筑面积利用系数（0.6~0.7）。

常用各种临时加工厂的面积参考指标，见表 6-7 和表 6-8。

**表 6-7　临时加工厂的面积参考指标**

| 序号 | 加工厂名称 | 年产量 | | 单位产量所需建筑面积 | 占地总面积（m²） | 备注 |
|---|---|---|---|---|---|---|
| | | 单位 | 数量 | | | |
| 1 | 混凝土搅拌站 | m³ | 3200 | 0.022（m²/m³） | 按砂石堆场考虑 | 400L 搅拌机 2 台 |
| | | | 4800 | 0.021（m²/m³） | | 400L 搅拌机 3 台 |
| | | | 6400 | 0.020（m²/m³） | | 400L 搅拌机 4 台 |

| 序号 | 加工厂名称 | 年产量 | | 单位产量所需建筑面积 | 占地总面积（m²） | 备注 |
|---|---|---|---|---|---|---|
| | | 单位 | 数量 | | | |
| 2 | 临时性混凝土预制厂 | m³ | 1000 | 0.25（m²/m³） | 2000 | 生产屋面板和中小型梁、柱、板等，配有蒸养设施 |
| | | | 2000 | 0.20（m²/m³） | 3000 | |
| | | | 3000 | 0.15（m²/m³） | 4000 | |
| | | | 5000 | 0.125（m²/m³） | 小于6000 | |
| 3 | 永久性混凝土预制厂 | m³ | 3000 | 0.6（m²/m³） | 9000~12000 | — |
| | | | 5000 | 0.4（m²/m³） | 12000~15000 | |
| | | | 10000 | 0.3（m²/m³） | 15000~20000 | |
| 4 | 木材加工厂 | m³ | 15000 | 0.0244（m²/m³） | 1800~3600 | 进行原木、木方加工 |
| | | | 24000 | 0.0199（m²/m³） | 2200~4800 | |
| | | | 30000 | 0.0181（m²/m³） | 3000~5500 | |
| 5 | 综合木加工厂 | m³ | 200 | 0.3（m²/m³） | 100 | 加工门窗、模板、地板、屋架等 |
| | | | 500 | 0.25（m²/m³） | 200 | |
| | | | 1000 | 0.2（m²/m³） | 300 | |
| | | | 2000 | 0.15（m²/m³） | 420 | |
| 6 | 粗木加工厂 | m³ | 5000 | 0.12（m²/m³） | 1350 | 加工屋架、模板 |
| | | | 10000 | 0.10（m²/m³） | 2500 | |
| | | | 15000 | 0.09（m²/m³） | 3750 | |
| | | | 20000 | 0.08（m²/m³） | 4800 | |
| 7 | 细木加工厂 | 万m³ | 5 | 0.014（m²/m³） | 7000 | 加工门窗、地板 |
| | | | 10 | 0.0114（m²/m³） | 10000 | |
| | | | 15 | 0.0106（m²/m³） | 14000 | |
| 8 | 钢筋加工厂 | t | 200 | 0.35（m²/t） | 280~560 | 加工、成型、焊接 |
| | | | 500 | 0.25（m²/t） | 380~750 | |
| | | | 1000 | 0.20（m²/t） | 400~800 | |
| | | | 2000 | 0.15（m²/t） | 450~900 | |
| 9 | 钢筋加工：调直、冷拉卷扬机棚冷拉、时效场 | 所需场地（长×宽）：<br>（70~80）×（3~4）（m）<br>15~20（m²）<br>（40~60）×（3~4）（m）<br>（30~40）×（6~8）（m） | | | | 包括材料、成品堆放 |
| 10 | 钢筋对焊：对焊场地对焊棚 | 所需场地（长×宽）：<br>（30~40）×（4~5）（m）<br>15~24（m²） | | | | 包括材料、成品堆放 |
| 11 | 钢筋冷加工：冷拔冷轧机剪切机弯曲机≤d12弯曲机＞d12 | 所需场地（m²/台）：<br>40~50<br>30~40<br>50~60<br>60~70 | | | | 按一批加工数量计算 |

| 序号 | 加工厂名称 | 年产量 | | 单位产量所需建筑面积 | 占地总面积（m²） | 备注 |
|---|---|---|---|---|---|---|
| | | 单位 | 数量 | | | |
| 12 | 金属结构加工（包括一般加工构件） | 所需场地（m²/吨）：<br>10（年产 500t）<br>8（年产 51000t）<br>6（年产 2000t）<br>5（年产 3000t） | | | | 按一批加工数量计算 |
| 13 | 石灰消化：<br>贮灰池<br>淋灰池<br>淋灰槽 | 5×3＝（m²）<br>4×3=12（m²）<br>3×2=6（m²） | | | | 每两个贮灰池配一个淋灰池 |
| 14 | 沥青配制场地 | 20～24（m²） | | | | 1～1.5t/台 |

表 6-8　临时加工厂的面积参考指标

| 序号 | 名称 | 单位 | 面积（m²） | 备注 |
|---|---|---|---|---|
| 1 | 木工作业棚 | m²/人 | 2 | 占地为面积 2～3 倍 |
| 2 | 电锯房 | m² | 80 | 86～92cm 圆锯 1 台 |
| 3 | 电锯房 | m² | 40 | 小圆锯 1 台 |
| 4 | 钢筋作业棚 | m²/人 | 3 | 占地为建筑面积 3～4 倍 |
| 5 | 搅拌棚 | m²/台 | 10～18 | — |
| 6 | 卷扬机棚 | m²/台 | 6～12 | — |
| 7 | 烘炉房 | m² | 30～40 | — |
| 8 | 焊工房 | m² | 20～40 | — |
| 9 | 电工房 | m² | 15 | — |
| 10 | 白铁工房 | m² | 20 | — |
| 11 | 油漆工房 | m² | 20 | — |
| 12 | 机、钳工修理房 | m²/台 | 20 | — |
| 13 | 立式锅炉房 | m²/台 | 5～10 | — |
| 14 | 发动机房 | m²/kW | 0.2～0.3 | — |
| 15 | 水泵房 | m²/台 | 3～8 | — |
| 16 | 空压机房（移动式）<br>空压机房（固定式） | m²/台 | 18～30<br>9～15 | — |

## 6.6.2　工地仓库组织

建筑工程施工中所用仓库，按其用途分为转运仓库，设在车站、码头等地，是用来转运货物的仓库；中心仓库，用于贮存整个建筑工地（或区域型建筑企业）所需的材料、贵重材料及需要整理配套的材料的仓库；现场仓库，专为某项工程服务的仓库，一般均就近建在施工现场；加工厂仓库，专供某加工厂贮存原材料和已加工的半成品、构件的仓库。

建筑工程施工中所用仓库，按保管材料的方法不同，可分为以下几种：露天仓库用于堆放不因自然条件而影响性能、质量的材料，如砖、砂石、装配式混凝土构件等的堆场；库棚用于堆放防止阳光雨雪直接侵蚀变质的物品、贵重建筑材料、五金器具以及容易散失或损坏的材料。

在组织仓库业务时，应在保证施工需要的前提下，使材料的贮备量最小，贮备期最短，装卸及转运费用最省，同时选用经济而适用的仓库结构基本形式；尽可能利用原有的或永久性建筑物，以减少修建临时仓库的费用，并遵守防火安全条例的要求。

**1. 确定工地物质储备量**

材料储备一方面要确保工程施工的顺利进行，另一方面还要避免材料的大量积压，以免仓库面积过大，增加投资，积压资金。通常储备量根据现场条件、供应条件和运输条件来确定。

对经常或连续使用的材料，砖瓦砂石、水泥和钢材等，可按储备期式（6-2）计算：

$$P = T_e \frac{Q_i R_i}{T} \tag{6-2}$$

式中　$P$——材料储备量（t 或 m³）；

　　　$T_e$——储备期定额（d），见表 6-9；

　　　$Q_i$——材料、半成品的总需量；

　　　$T$——有关项目的施工工作日；

　　　$R_i$——材料使用不均衡系数，详见表 6-9。

对于用量少、不经常使用或储备期较长的材料，如石棉瓦、水泥管、电缆等可按储备量计算（以年度需要量的百分比储备）。

**2. 确定仓库**

可按式（6-3）计算

$$F = \frac{P}{qK} \tag{6-3}$$

式中　$F$——仓库总面积（m²）；

　　　$P$——仓库材料储备量；

　　　$q$——每平方米仓库面积能存放的材料、半成品和制品的数量；

　　　$K$——仓库面积有效利用系数（考虑人行道和车道所占面积），见表 6-9。

或者采用系数法计算仓库面积：

$$F = \phi m \tag{6-4}$$

式中　$m$——计算基数；

　　　$\phi$——基数系数，见表 6-10。

**表 6-9　计算仓库面积的有关系数**

| 序号 | 材料及半成品 | 单位 | 储备天数 $T_e$ | 不均衡系数 $R_i$ | 储存定额 $q/m$ | 有效利用系数 $K$ | 仓库类别 | 备注 |
|---|---|---|---|---|---|---|---|---|
| 1 | 水泥 | — | 30~60 | 1.3~1.5 | 1.5~1.9 | 0.65 | 封闭式 | 堆高 10~20 袋 |
| 2 | 生石灰 | — | 30 | 1.1 | 1.7 | 0.7 | 棚 | 堆高 2m |

| 序号 | 材料及半成品 | 单位 | 储备天数 $T_e$ | 不均衡系数 $R_i$ | 储存定额 $q/m$ | 有效利用系数 $K$ | 仓库类别 | 备注 |
|---|---|---|---|---|---|---|---|---|
| 3 | 砂子（人堆） | — | 15~30 | 1.4 | 1.5 | 0.7 | 露天 | 堆高 1~1.5m |
| 4 | 砂子（机堆） | — | 15~30 | 1.4 | 2.5~3 | 0.8 | 露天 | 堆高 2.5~3m |
| 5 | 石子（机堆） | — | 15~30 | 1.5 | 1.5 | 0.7 | 露天 | 堆高 1~1.5m |
| 6 | 石子（人堆） | — | 15~30 | 1.5 | 2.5~3 | 0.8 | 露天 | 堆高 2.5~3m |
| 7 | 块石 | — | 15~30 | 1.5 | 10 | 0.7 | 露天 | 堆高 1m |
| 8 | 预制混凝土槽型板 | — | 30~60 | 1.3 | 0.26~0.3 | 0.6 | 露天 | 堆高 4 块 |
| 9 | 梁 | — | 30~60 | 1.3 | 0.8 | 0.6 | 露天 | 堆高 1~1.5m |
| 10 | 柱 | — | 30~60 | 1.3 | 1.2 | 0.6 | 露天 | 堆高 1.2~1.5m |
| 11 | 钢筋（直筋） | — | 30~60 | 1.4 | 2.5 | 0.6 | 露天 | 占80% 堆高 0.5m |
| 12 | 钢筋（盘筋） | — | 30~60 | 1.4 | 0.9 | 0.6 | 封闭或棚 | 占20% 堆高 1m |
| 13 | 钢筋成品 | — | 10~20 | 1.5 | 0.07~0.1 | 0.6 | 露天 | — |
| 14 | 型钢 | — | 45 | 1.4 | 1.5 | 0.6 | 露天 | 堆高 0.5m |
| 15 | 金属结构 | — | 30 | 1.4 | 0.2~0.3 | 0.6 | 露天 | — |
| 16 | 原木 | — | 30~60 | 1.4 | 0.3~15 | 0.6 | 露天 | 堆高 2m |
| 17 | 成本 | — | 30~45 | 1.4 | 0.70.8 | 0.5 | 露天 | 堆高 1m |
| 18 | 废木材 | — | 15~20 | 1.2 | 0.3~0.4 | 0.5 | 露天 | 占10%~15% |
| 19 | 门窗扇 | — | 30 | 1.2 | 45 | 0.6 | 露天 | 堆高 2m |
| 20 | 门窗框 | — | 30 | 1.2 | 20 | 0.6 | 露天 | 堆高 2m |
| 21 | 木屋架 | — | 30 | 1.2 | 0.6 | 0.6 | 露天 | — |
| 22 | 木模板 | — | 10~15 | 1.4 | 4~6 | 0.7 | 露天 | — |
| 23 | 模板整理 | — | 10~15 | 1.2 | 1.5 | 0.65 | 露天 | — |
| 24 | 砖 | — | 15~30 | 1.2 | 0.7~0.8 | 0.6 | 露天 | 堆高 1.5~1.6m |
| 25 | 泡沫混凝土制品 | — | 30 | 1.2 | 1 | 0.7 | 露天 | 堆高 1m |

表 6-10　按系数法计算仓库面积

| 序号 | 名称 | 计算基数 $m$ | 单位 | 系数 $\phi$ |
|---|---|---|---|---|
| 1 | 仓库（综合） | 按全员（工地） | m²/人 | 0.7~0.8 |
| 2 | 水泥库 | 按当年水泥用量的 40%~50% | m²/t | 0.7 |
| 3 | 其他仓库 | 按当年工作量 | m²/万元 | 2~3 |
| 4 | 五金杂品库 | 按年建安工作量<br>按在建建筑面积 | m²/万元<br>m²/100m² | 0.2~0.3<br>0.5~1 |
| 5 | 土建工具库 | 按高峰年（季）平均人数 | m²/人 | 0.1~0.2 |
| 6 | 水暖器材库 | 按年在建建筑面积 | m²/100m² | 0.2~0.4 |
| 7 | 电器器材库 | 按年在建建筑面积 | m²/100m² | 0.3~0.5 |
| 8 | 化工油漆危险品库 | 按年建安工作量 | m²/万元 | 0.1~0.15 |
| 9 | 三大工具库（脚手架、跳板、模板） | 按年在建建筑面积<br>按年建安工作量 | m²/100m²<br>m²/万元 | 1~2<br>0.5~1 |

### 6.6.3 建筑工地运输业务组织

建筑工地运输业务组织的内容包括：确定运输量，选择运输方式，计算运输工具数量。当货物由外地利用公路、水路或铁路运来时，一般由专业运输单位承运，施工单位往往只解决工程所在地区及工程范围内的运输，每班所需运输工具数量按式（6-5）计算：

$$N=\frac{QK_1}{qTCK_2} \tag{6-5}$$

式中　$N$——所需运输工具台数；

$Q$——最大年（季）度运输量；

$K_1$——货物运输不均衡系数；

$q$——运输工具台班产量；

$T$——全年（季）度工作天数；

$C$——日工作班数；

$K_2$——车辆供应系数。

### 6.6.4 行政管理、生活福利房屋的组织

在工程建设期间，必须为施工人员修建一定数量的临时房屋，以供行政管理、生活福利用。这类房屋应尽可能利用已有的拟拆除的房屋，并充分利用先行修建能为施工服务的永久性建筑，减少暂设工程费用。对必要的所需临时房屋的建筑面积，可根据工地的人数参照表 6-11 所列的指标计算。

表 6-11　行政管理、生活福利临时建筑面积参考指标（m²/人）

| 序号 | 临时房屋名称 | | 指标使用方法 | 参考指标 |
|---|---|---|---|---|
| 1 | 办公室 | | 按使用人数 | 3～4 |
| 2 | 宿舍 | 单层通铺 | 按高峰年（季）平均人数 | 2.5～3.0 |
| | | 双层床 | （扣除不在工地住人数） | 2.0～2.5 |
| | | 单层床 | （扣除不在工地住人数） | 3.5～4.0 |
| 3 | 家属宿舍 | | 按高峰年平均人数 | 16～25m²/户 |
| 4 | 食堂 | | 按高峰年平均人数 | 0.5～0.8 |
| 5 | 食堂兼礼堂 | | 按高峰年平均人数 | 0.6～0.9 |
| 6 | 其他1 | 其他合计 | 按高峰年平均人数 | 0.5～0.6 |
| | | 医务所 | 按高峰年平均人数 | 0.05～0.07 |
| | | 浴室 | 按高峰年平均人数 | 0.07～0.1 |
| | | 理发室 | 按高峰年平均人数 | 0.01～0.03 |
| | | 俱乐部 | 按高峰年平均人数 | 0.1 |
| | | 小卖部 | 按高峰年平均人数 | 0.03 |
| | | 招待所 | 按高峰年平均人数 | 0.06 |
| | | 托儿所 | 按高峰年平均人数 | 0.03～0.06 |
| | | 子弟学校 | 按高峰年平均人数 | 0.06～0.08 |
| | | 其他公用 | 按高峰年平均人数 | 0.05～0.1 |

| 序号 | 临时房屋名称 | | 指标使用方法 | 参考指标 |
|------|------|------|------|------|
| 7 | 其他2 | 小型房屋 | 按高峰年平均人数 | 0.05～0.1 |
| | | 开水房 | — | 10～40 |
| | | 厕所 | 按工地平均人数 | 0.02～0.07 |
| | | 个人休息室 | 按工地平均人数 | 0.15 |

### 6.6.5　工地临时供电

施工现场临时供电组织包括计算工地总用电量，选择电源，确定变压器功率，布置配电线路和决定导线截面面积。

#### 6.6.5.1　工地总用电量计算

施工现场临时用电一般可分为动力用电和照明用电两类。在计算总用电量时，应考虑以下因素：

（1）全工地动力用电率；

（2）全工地照明用电率；

（3）施工高峰用电量。

总用电量按式（6-6）计算：

$$P = (1.05 \sim 1.10)\left[ K_1 \frac{\sum P_1}{\cos\varphi} + K_2 \sum P_2 + K_3 \sum P_3 + K_4 \sum P_4 \right] \quad (6\text{-}6)$$

式中　　　　　$P$——供电设备总需要容量（kV·A）；

　　　　　　　$P_1$——电动机额定功率（kW）；

　　　　　　　$P_2$——电焊机额定功率（kV·A）；

　　　　　　　$P_3$——室内照明容量（kW）；

　　　　　　　$P_4$——室外照明容量（kW）；

　　　　　$\cos\varphi$——电动机的平均功率因数（在施工现场最高为0.75～0.78，一般为0.65～0.75）；

$K_1$、$K_2$、$K_3$、$K_4$——需要系数，见表6-12。

**表 6-12　需要系数（$K$值）**

| 用电名称 | 数量 | 需要系数 | | | |
|------|------|------|------|------|------|
| | | $K_1$ | $K_2$ | $K_3$ | $K_4$ |
| 电动机 | 3～10 台 | 0.7 | — | — | — |
| | 11～30 台 | 0.6 | | | |
| | 30 台以上 | 0.5 | | | |
| 加工厂动力设备 | — | 0.5 | | | |
| 电焊机 | 3～10 台 | — | 0.6 | | |
| | 10 台以上 | | 0.5 | | |
| 室内照明 | — | | | 0.8 | |
| 室外照明 | — | | | | 1.0 |

其他机械动力设备以及工具用电可参考有关定额。

由于照明用电量远小于动力用电量，故当单班施工时，用电总量可以不考虑照明用电。

### 6.6.5.2 选择电源

选择电源应根据工地实际情况考虑以下几种方案：

（1）完全由工地附近的电力系统供电；

（2）工地附近的电力系统能供给一部分，供电需增设临时电站补充不足部分；

（3）供电属于新开发地区，附近没有供电系统，电力则应由供电设备临时供电。

根据实际情况，确定供电方案。一般情况下是将工地附近的高压电网引入工地的变压器进行调配。其变压器功率按式（6-7）计算：

$$P = K\left[\frac{\sum P_{max}}{\cos\varphi}\right] \tag{6-7}$$

式中　$P$——变压器的功率（kVA）；

　　　$K$——功率损失系数，取 1.05；

　$\sum P_{max}$——各地区的最大计算负荷（kW）；

　　$\cos\varphi$——功率因数。

根据计算结果，从产品目录中选取略大于该结果的变压器。

### 6.6.5.3 选择导线截面

要使配电导线能正常工作，导线截面必须有足够的机械强度，能承受负荷电流长时间通过引起的升温，使电压损失在允许范围之内。

（1）按机械强度选择

导线在各种敷设方式下，应按其强度需要，保证必需的最小截面，以防拉折而断裂，可根据有关资料进行选择。

（2）按允许电压降选择

导线满足所需的允许值，其本身引起的电压降必须限制在一定范围内，可由式（6-8）计算：

$$S = \frac{\sum PL}{C_\varepsilon} \tag{6-8}$$

式中　$S$——导线截面面积（mm²）；

　　　$P$——负荷电功率或线路输送的电功率（kW）；

　　　$L$——输送电线路的距离（m）；

　　$C_\varepsilon$——系数，视导线材料、送电电压及调配方式而定（三相四线铜线取 77.0，三相四线铝线取 46.3）。

（3）负荷电流的计算

导线必须承受负荷电流长时间通过引起的温升，其自身电阻越小越好，电流通过时，温度则会降低。

①三相四线制线路上的电流可按式（6-9）计算：

$$I = \frac{P}{\sqrt{3V}\cos\varphi} \tag{6-9}$$

②二线制线路可按式（6-10）计算：

$$I = \frac{P}{V\cos\varphi} \tag{6-10}$$

式中　$I$——电流值（A）；

　　　$P$——功率（W）；

　　　$V$——电压（V）；

　　　$\cos\varphi$——功率因数。

导线制造厂家根据导线的容许温升，制订了各类导线在不同敷设条件下的持续容许电流值，在选择导线时，导线中的电流不得超过此值，参考有关资料。

按照以上三个条件的计算结果，取截面面积最大的作为现场使用的导线，通常导线的选取是先根据计算负荷电流的大小来确定，然后再根据其机械强度和容许电压损失值进行复核。

## 6.6.6　工地临时供水计算

工地临时供水主要包括生产用水、生活用水和消防用水三种。

生产用水包括工程施工用水、施工机械用水。

生活用水包括施工现场生活用水和生活区生活用水。

### 6.6.6.1　工地施工工程用水量计算

工地施工工程用水量计算公式为：

$$q_1 = K_1 \frac{\sum Q_1 N_1}{T_1 b} \times \frac{K_2}{8 \times 3600} \tag{6-11}$$

式中　$q_1$——施工工程用水量（L/s）；

　　　$K_1$——未预见的施工用水系数，取 1.10；

　　　$Q_1$——年（季）度工程量（以实物计量单位表示）；

　　　$N_1$——施工用水定额，取值见表 6-13；

　　　$T_1$——年（季）度有效工作日（d）；

　　　$b$——每天工作班数，取 1；

　　　$K_2$——用水不均匀系数，见表 6-14。

表 6-13　施工用水参考定额（$N_1$）

| 序号 | 用水对象 | 单位 | 耗水量 $N_1$（L） | 备注 |
|---|---|---|---|---|
| 1 | 浇筑混凝土全部用水 | m³ | 1700～2400 | 实测数据 |
| 2 | 搅拌普通混凝土 | m³ | 250 | — |
| 3 | 搅拌轻质混凝土 | m³ | 300～350 | — |
| 4 | 搅拌泡沫混凝土 | m³ | 300～400 | — |
| 5 | 搅拌热混凝土 | m³ | 300～350 | — |
| 6 | 混凝土养护（自然养护） | m³ | 200～400 | — |
| 7 | 混凝土养护（蒸汽养护） | m³ | 500～700 | — |
| 8 | 冲洗模板 | m³ | 5 | — |

续表

| 序号 | 用水对象 | 单位 | 耗水量 $N_1$（L） | 备注 |
|---|---|---|---|---|
| 9 | 搅拌机清洗 | 台班 | 600 | 实测数据 |
| 10 | 人工冲洗石子 | m³ | 1000 | — |
| 11 | 机械冲洗石子 | m³ | 600 | — |
| 12 | 洗砂 | m³ | 100 | — |
| 13 | 砌砖工程全部用水 | m³ | 150～250 | — |
| 14 | 砌石工程全部用水 | m³ | 50～80 | — |
| 15 | 粉刷工程全部用水 | m³ | 30 | — |
| 16 | 砌耐火砖砌体 | m³ | 100～150 | 包括砂浆搅拌 |
| 17 | 洗砖 | 千块 | 200～250 | — |
| 18 | 洗硅酸盐砌块 | m³ | 300～350 | — |
| 19 | 抹灰 | m³ | 4～6 | 不包括调制用水 |
| 20 | 楼地面 | m³ | 190 | — |
| 21 | 搅拌砂浆 | m³ | 300 | — |
| 22 | 石灰消化 | t | 3000 | — |

表 6-14　施工用水不均匀系数 K 值

| K 的类别 | 用水名称 | 系数 |
|---|---|---|
| $K_1$ | 施工工程用水<br>生产企业用水 | 1.5<br>1.25 |
| $K_2$ | 施工机械、运输机具<br>动力设备 | 2.0<br>1.05～1.10 |
| $K_3$ | 施工现场生活用水 | 1.3～1.1 |
| $K_4$ | 居民区生活用水 | 2.0～2.5 |

## 6.6.6.2　施工机械用水量计算

施工机械用水量按式（6-12）计算

$$q_2 = K_1 \sum Q_2 \times N_2 \frac{K_3}{8 \times 3600} \tag{6-12}$$

式中　$q_2$——施工机械用水量（L/s）；

$K_1$——未预见的施工用水系数，取 1.10；

$Q_2$——同一种机械台数（台）；

$N_2$——施工机械台班用水定额，见表 6-15；

$K_3$——施工用水不均匀系数，见表 6-14 。

**表 6-15　施工机械用水量参考定额**

| 序号 | 用水对象 | 单位 | 耗水量 $N_2$ | 备注 |
|---|---|---|---|---|
| 1 | 内燃挖土机 | L/（台班·m²） | 200～300 | 以斗容量（m³）计 |
| 2 | 内燃起重机 | L/（台班·t） | 15～18 | 以起重吨数计 |
| 3 | 蒸汽起重机 | L/（台班·t） | 300～400 | 以起重吨数计 |
| 4 | 蒸汽打桩机 | L/（台班·t） | 1000～1200 | 以锤重吨数计 |
| 5 | 蒸汽压路机 | L/（台班·t） | 100～150 | 以压路机吨数计 |
| 6 | 内燃压路机 | L/（台班·t） | 12～15 | 以压路机吨数计 |
| 7 | 拖拉机 | L/（昼夜·台） | 200～300 | — |
| 8 | 汽车 | L/（昼夜·台） | 400～700 | — |
| 9 | 标准轨蒸汽机车 | L/（昼夜·台） | 10000～20000 | — |
| 10 | 窄轨蒸汽机车 | L/（昼夜·台） | 4000～7000 | — |
| 11 | 空气压缩机 | L/［台班·（m³/min）］ | 40～80 | 以压缩空气机排气量（m³/min）计 |
| 12 | 内燃机动力装置（直流水） | L/（台班·马力） | 120～300 | — |
| 13 | 内燃机动力装置（循环水） | L/（台班·马力） | 25～40 | — |
| 14 | 锅炉机 | L/（台班·马力） | 80～160 | 不利用凝结水 |
| 15 | 锅炉 | L/（h·t） | 1000 | 以小时蒸发量计 |
| 16 | 锅炉 | L/（h·t） | 15～30 | 以发热面积计 |
| 17 | 点焊机 25 型 | L/h | 100 | 实测数据 |
|  | 50 型 | L/h | 150～200 | 实测数据 |
|  | 75 型 | L/h | 250～350 | |
| 18 | 冷拔机 | L/h | 300 | — |
| 19 | 对焊机 | L/h | 300 | — |
| 20 | 凿岩机 | | | |
|  | 01-30（CM-56） | L/min | 3 | |
|  | 01-45（TN-4） | L/min | 5 | |
|  | 01-38（CIIM-4） | L/min | 8 | |
|  | YQ-100 | L/min | 8～12 | |

### 6.6.6.3　工地生活用水量计算

施工工地生活用水量按式（6-13）计算：

$$q_3 = \frac{P_1 N_3 K_4}{b \times 8 \times 3600} \tag{6-13}$$

式中　$q_3$——施工工地生活用水量（L/s）；

　　　$P_1$——施工现场高峰期生活用水；

　　　$N_3$——施工工地生活用水定额，见表 6-16；

　　　$K_4$——施工生活用水不均匀系数，见表 6-14；

　　　$b$——每天工作班数。

### 6.6.6.4 生活区生活用水量计算

生活区生活用水量按式（6-14）计算：

$$q_4 = \frac{P_2 N_4 K_5}{24 \times 3600} \qquad (6-14)$$

式中　$q_4$——生活区生活用水量（L/s）；

$P_2$——生活区居住人数；

$N_4$——生活区昼夜全部生活用水定额，见表 6-16；

$K_5$——生活区生活用水不均匀系数，见表 6-14。

表 6-16　生活用水参考指标（$N_3$、$N_4$）

| 序号 | 用水对象 | 单位 | 耗水量 | 备注 |
|---|---|---|---|---|
| 1 | 工地全部生活用水 | L/（人·日） | 100～120 | — |
| 2 | 生活用水（盥洗、生活饮用） | L/（人·日） | 25～30 | — |
| 3 | 食堂 | L/（人·日） | 15～20 | — |
| 4 | 浴室（淋浴） | L/（人·次） | 50 | — |
| 5 | 淋浴带大池 | L/（人·次） | 30～50 | — |
| 6 | 洗衣 | L/（人） | 30～35 | — |
| 7 | 理发室 | L/（人·次） | 15 | — |
| 8 | 小学校 | L/（人·日） | 12～15 | — |
| 9 | 幼儿园、托儿所 | L/（人·日） | 75～90 | — |
| 10 | 医院 | L/（病床·日） | 100～150 | — |

### 6.6.6.5 消防用水量计算

消防用水量 $q_5$ 应根据居住工地大小及居住人数确定，可参考表 6-17 取值。

表 6-17　消防用水量 $q_5$

| 序号 | 用水对象 | 单位 | 耗水量 |
|---|---|---|---|
| 1 | 居住区消防用水：<br>　　5000 以内<br>　　10000 以内<br>　　25000 以内 | 一次<br>二次<br>三次 | 10<br>10～15<br>15～20 |
| 2 | 施工现场消防用水：<br>施工现场在 25 公里以内<br>每增加 25 公顷递增 | 一次 | 10～15<br>5 |

### 6.6.6.6 施工工地总用水量计算

施工工地总用水量 $Q$ 按照下面组合取大值：

$$Q = \begin{cases} q_5 + (q_1 + q_2 + q_3 + q_4)/2 & (q_1 + q_2 + q_3 + q_4 \leqslant q_5) \\ q_1 + q_2 + q_3 + q_4 & (q_1 + q_2 + q_3 + q_4 > q_5) \end{cases}$$

计算的总用水量还应增加 10%，以补偿不可避免的水管漏水损失。

### 6.6.6.7 供水管径计算

工地临时网路需要管径可按式（6-15）计算：

$$D=\sqrt{\frac{4Q\times1000}{\pi v}} \tag{6-15}$$

式中　$D$——配水管直径（m）；

　　　$Q$——施工工地总用水量（L/s）；

　　　$v$——管网中水流速（m/s），见表6-18。

表 6-18　临时水管经济流速

| 管径 | 流速（m/s） | |
|---|---|---|
| | 正常时间 | 消防时间 |
| 支管 D<0.10m | 2 | >3.0 |
| 生产消防管道 D=0.1~0.3m | 1.3 | 2.5 |
| 生产消防管道 D>0.3m | 1.5~1.7 | 3 |
| 生产用水管道 D>0.3m | 1.5~2.5 | |

## 6.7　施工总平面图

施工总平面图是拟建项目施工场地的总布置图。它是按照施工布置、施工方案和施工总进度计划的要求，将施工现场的交通道路、材料仓库、附属生产或加工企业、临时建筑和临时水、电、管线等合理规划和布置，并以图纸的形式表达出来，从而正确处理全工地施工期间所需各项设施与永久建筑、拟建工程之间的空间关系，指导现场进行有组织、有计划的文明施工。

### 6.7.1　施工总平面图的设计原则和内容

#### 6.7.1.1　施工总平面图的设计原则

施工总平面图的设计必须坚持以下原则：

（1）在满足施工的前提下，紧凑布置，尽量将占地范围减少到最低限度，不占或少占农田，不挤占道路；

（2）合理布置各种仓库、机械、加工厂位置，减少场内运输距离，尽可能避免二次搬运，减少运输费用，并保证运输方便、通畅；

（3）施工区域的划分和场地确定，应符合施工流程要求，尽量减少专业工种和各工程之间的干扰；

（4）充分利用已有的建筑物、构筑物和各种管线，凡拟建永久性工程能提前完工为施工服务的，应尽量提前完工，并在施工中代替临时设施；

（5）各种临时设施的布置应有利于生产和方便生活；

（6）应满足劳动保护、安全和防火要求；

（7）应注意环境保护。

6.7.1.2　施工总平面图的设计依据

(1) 各种勘察设计资料和建设地区自然条件和技术经济条件。

(2) 建设项目的概况、施工部署和主要工程的施工方案、施工总进度计划。

(3) 各种建筑材料、构件、半成品、施工机械和运输工具需要情况。

(4) 各构件加工厂、仓库等临时建筑情况。

(5) 其他施工组织设计参考资料。

6.7.1.3　施工总平面图的内容

(1) 整个建设项目的建筑总平面图包括地上、地下建筑物、构筑物、道路、管线以及其他设施的位置和尺寸。

(2) 一切为全工地施工服务的临时设施布置，包括施工用地范围；施工用各种道路、加工厂、制备站及有关机械的位置；各种建筑材料、半成品、构件的仓库和主要堆场；取土及弃土位置；行政管理用房、宿舍、文化生活和福利建筑等；水源、电源、临时给排水管线和供电、动力电路及设施；机械站、车库位置；一切安全防火设施；特殊图例、方向标志和比例尺等。

(3) 永久性测量及半永久性测量放线桩标桩位置。

## 6.7.2　施工总平面图的设计方法

施工总平面图的设计步骤为：引入场外交通道路—布置仓库—布置加工厂和混凝土搅拌站—布置内部运输道路—布置临时房屋—布置临时水、电管网和其他动力设施—绘制正式施工总平面图。

6.7.2.1　场外交通的引入

设计全工地性施工总平面图时，首先应考虑大宗材料、成品、半成品、设备等进入工地的运输方式。当大批材料由铁路运来时，要解决铁路的引入问题；当大批材料由水路运来时，应考虑原有码头的运用和是否增设专用码头的问题；当大批材料由公路运入工地时，由于汽车线路可以灵活布置，因此，一般先布置场内仓库和加工厂，然后再布置场外交通的引入。

当场外运输主要采用铁路运输方式时，要考虑铁路的转弯半径和坡度的限制，确定起点和进场位置。对拟建永久性铁路的大型工业企业工地，一般可提前修建永久性铁路专用线，铁路专用线宜由工地的一侧和两侧引入，以便更好地为施工服务。如将铁路铺入工地中部，将严重影响工地的内部运输，对施工不利。只有在大型工地划分成若干个施工区域时才宜考虑将铁路引入工地中部的方案。

当场外运输主要采用水路运输方式时，应充分运用原有码头的吞吐能力。如需增设码头，卸货码头不应少于两个，码头宽度应大于 2.5m。如工地靠近水路，可将场内主要仓库和加工厂布置在码头附近。

当场外运输主要采用公路运输方式时，由于公路布置较灵活，一般先将仓库、加工厂等生产性临时设施布置在最经济合理的地方，再布置通向场外的公路。

6.7.2.2　仓库的布置

通常考虑设置在运输方便、位置适中、运距较短并且安全防火的地方，并根据不同材料、设备和运输方式来设置。

当采用铁路运输时，仓库通常沿铁路线布置，并且要留有足够的装卸前线。如果没有足够的装卸前线，必须在附近设置转运仓库。布置铁路沿线仓库时，应将仓库设置在靠近工地一侧，以免内部运输跨越铁路。同时仓库不宜设置在弯道处或坡道上。

当采用水路运输时，一般应在码头附近设置转运仓库，以缩短船只在码头上的停留时间。

当采用公路运输时仓库的布置较灵活。一般中心仓库布置在工地中央或靠近使用的地方，也可以布置在靠近外部交通连接处。砂、石、水泥、石灰、木材等仓库或堆场宜布置在搅拌站、预制场和木材加工厂附近；砖、瓦和预制构件等直接使用的材料应该直接布置在施工对象附近，以免二次搬运。工业项目建筑工地还应考虑主要设备的仓库（或堆场），一般笨重设备应尽量放在车间附近，其他设备仓库可设置在外围或其他空地上。

### 6.7.2.3 加工厂和搅拌站的布置

各种加工厂布置，应以方便使用、安全防火、运输费用最少、不影响建筑安装工程施工的正常进行为原则。一般应将加工厂集中布置在同一个地区，且多处于工地边缘。各种加工厂应与相应的仓库或材料堆场布置在同一地区。

工地混凝土搅拌站的布置有集中、分散、集中与分散布置相结合三种方式。当运输条件较好时，以采用集中布置较好，或现场不设搅拌站而使用商品混凝土；当运输条件较差时，则以分散布置在使用地点或井架等附近为宜。一般当砂、石等材料由铁路或水路运入，而且现场又有足够的混凝土输送设备时，宜采用集中布置。若利用城市的商品混凝土搅拌站，只要考虑其供应能力和输送设备能否满足，及时做好订货联系即可，工地则可不考虑布置搅拌站。除此之外，还可采用集中和分散相结合的方式。

砂浆搅拌站多采用分散就近布置。

预制件加工厂尽量利用当地的永久性加工厂。只有其生产能力不能满足工程需要时，才考虑现场设置临时预制件厂，其位置最好布置在建设场地中的空闲地带上。

钢筋加工厂可集中或分散布置，视工地具体情况而定。对于需冷加工、对焊、点焊钢筋骨架和大片钢筋网时宜采用集中布置加工；对于小型加工、小批量生产和利用简单机具就能成型的钢筋加工，采用就近的钢筋加工棚进行。

木材加工厂设置与否，是集中还是分散，设置规模，应根据建设地区内有无可供利用的木材加工厂而定。如建设地区无可利用的木材加工厂，而锯材、标准门窗、标准模板等加工量又很大时，则集中布置木材联合加工厂为好。对于非标准件的加工与模板修理工作，可分散在工地附近设置临时工棚进行加工。

金属结构、锻工、电焊和机修厂等应布置在一起。

### 6.7.2.4 场内运输道路的布置

工地内部运输道路的布置应根据各加工厂、仓库及各施工对象的位置，并研究货物周转运行图，以明确各段道路上的运输负担，区别主要道路和次要道路。规划这些道路时要特别注意满足运输车辆的安全行驶，在任何情况下，不致形成交通断绝或阻塞。在规划道路时。还应考虑充分利用拟建的永久性道路系统，提前修建路基及简单路面，作为施工所需的临时道路。道路应有足够的宽度和转弯半径，现场内道路干线应采取环形布置，主要道路宜采用双车道，宽度不小于 6m，单行道宽度不小于 3.5m。临时道路的路面结构，应根据运输情况、运输工具和运输条件来确定。

### 6.7.2.5  行政与生活福利临时建筑的布置

行政与生活福利临时建筑可分为：

（1）行政管理和辅助生产用房，包括办公室、警卫室、消防站、车库以及修理间等；

（2）居住用房，包括职工宿舍、招待所等；

（3）生活福利用房，包括俱乐部、学校、托儿所、图书馆、浴室、理发室、开水房、商店、食堂、邮亭、医务所等。

对于各种生活与行政管理用房应尽量利用建设单位的生活基地或现场附近的其他永久性建筑，不足部分另行修建临时建筑物。临时建筑物的设计，应遵循经济、适用、装拆方便的原则，并根据当地的气候条件、工期长短确定其建筑与结构形式。

一般全工地性行政管理用房宜设在全工地入口处，以便对外联系，也可设在工地中部，便于全工地管理。工人用的福利设施应设置在工人较集中的地方或工人必经之路。生活基地应设在场外，距工地 500～1000m 为宜，并避免设在低洼潮湿、有烟尘和有害健康的地方。食堂应设在生活区，也可以布置在工地与生活区之间。

### 6.7.2.6  临时水、电管网和其他动力设施的布置

（1）尽量利用已有的和提前修建的永久线路。

（2）临时总变电站应设在高压线进入工地处，避免高压线穿过工地。临时自备发电设备应设在现场中心或靠近主要用电区域。

（3）临时水池、水塔应设在用水中心和地势较高处。管网一般沿道路布置，供电线路应避免与其他管道设在同一侧，主要供水、供电管线采用环状，孤立点可设枝状。

（4）管线空路处均要套以铁管，一般电线用 $\phi$（51～76）管，电缆用 $\phi102$ 管，并埋入地下 0.6m 处。

（5）过冬的临时水管须埋在冰冻线以下或采取保温措施。

（6）排水沟沿道路布置，纵坡不小于 2‰，过路处须设涵管，在山地建设时应有防洪设施。

（7）消火栓间距不大于 120m，距拟建房屋不小于 5m，不大于 25m，距路边不大于 2m。

（8）各种管道布置的最小净距应符合有关规定。

## 6.7.3  施工总平面图的绘制

施工总平面图是施工组织总设计的重要内容，是要归入档案的技术文件之一。因此，要求精心设计，认真绘制。现将绘制步骤简述如下：

**1. 图幅大小和绘制比例**

图幅大小和绘制比例应根据工地大小及布置内容多少来确定。图幅一般可选用 1～2 号图纸大小，比例一般采用 1∶1000 或 1∶2000。

**2. 合理规划和设计图面**

施工总平面图，除了要反映现场的布置内容外，还要反映周围环境和面貌（如已有建

筑物、场外道路等）。故绘图时，应合理规划和设计图面，并应留出一定的空余图面绘制指北针、图例及文字说明等。

**3. 绘制建筑总平面图的有关内容**

将现场测量的方格网、现场内外已建的房屋、构筑物、道路和拟建工程等，按正确的内容绘制在图面上。

**4. 绘制工地需要的临时设施**

根据布置要求及面积计算，将道路、仓库、加工场和水、电管网等临时设施绘制到图面上去。对复杂的工程必要时可采用模型布置。

**5. 形成施工总平面图**

在进行各项布置后，经分析比较、调整修改，形成施工总平面图，并作必要的文字说明，标上图例、比例、指北针（或风玫瑰图）。

完成的施工总平面图其比例要正确，图例要规范，线条粗细分明，字迹端正，图面整洁美观。

# 6.8  计算技术经济指标

施工组织总设计编制完成后，还需对其技术经济分析评价，以便进行方案改进或多方案优选。施工组织总设计的技术经济指标反映出设计方案的技术水平和经济性，一般常用的指标有施工工期（从建设项目正式开工到全部投资使用为止的持续时间）、劳动生产率（包括全员劳动生产率、非生产人员比例、劳动力不均衡系数）、临时工程费用比（即全部临时工程费用与建安工程总值之比）、机械化施工程度、流水施工不均衡系数、专业化施工水平、节约三大材料百分比、安全指标以及工程质量等。

# 6.9  施工组织总设计实例

## 6.9.1  工程概况

本工程为中外合资工程，占地 4.86 万 m²，建筑面积 16 万 m²，总投资 3 亿美元。

工程的旅馆作为建筑群的主体，矗立于场地的中轴线上，友谊商店居西，邻接东三环干线，办公/公寓楼位于东侧，北面为建筑群的主出入口（图 6-2）。

旅馆为钢筋混凝土框架剪力墙结构，建筑面积 58924m²，地上 18 层（实为 17 层，缺第 13 层），高 54.5m，地下 3 层，深 15.18m，1～3 层为各种宴会厅、会议厅和服务厅；顶层设有游泳池和康乐设施，可通过穹形玻璃屋面在 54m 高处眺望，观赏本市风光；标准层设客房 499 套；旅馆尚有北侧的一层裙房和南侧的二层裙房，各项设施齐全（图 6-3）。

友谊商店和办公/公寓楼为钢筋混凝土框架剪力墙结构。友谊商店地上 6 层，地下 1 层，建筑面积 45784m²，商店首层和地下室设有不同风味的餐厅 7 个和自选市场；2～5 层均为未加分隔的大型售货区，有少量办公用房；6 层设有 900m² 的商品展览室和职工食堂等。

211

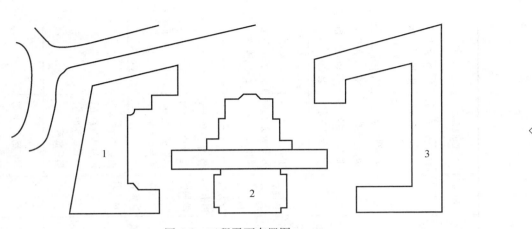

图 6-2  工程平面布置图

1—友谊商店；2—旅馆；3—办公/公寓楼

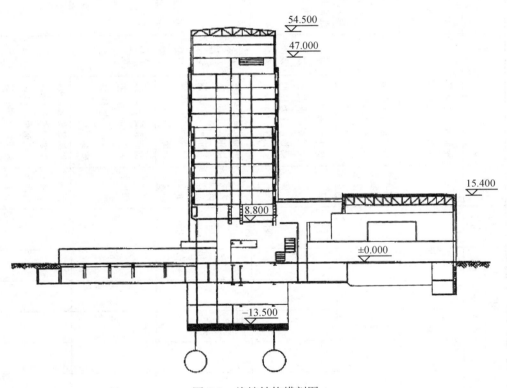

图 6-3  旅馆结构横剖图

办公/公寓楼地上 8 层，地下 1 层，建筑面积 48283m²，作为建筑群体的有机组成部分，它是旅馆功能的延续和扩展，为客户提供成套完整的居住和服务设施。地下车库在这个旅馆北侧，有东、西两个出入口，建筑面积 6694m²，可停车 246 辆（另地上可停车 191 辆）。

主要建筑物工程特征见表 6-19。

表6-19　主要建筑物工程特征表

| 序号 | 工程项目 | 建筑面积(m²) | 层数-地下 | 层数-地上 | 高度-檐高 | 高度-最高 | 高度-最低 | 结构形式 | 基础 | 楼层 | 内墙 | 外墙 | 屋面 | 建筑功能 | 其他 |
|---|---|---|---|---|---|---|---|---|---|---|---|---|---|---|---|
| 1 | 旅馆 | 88924 | 3 | 18 | 47.4 | 54.5 | -15.18 | 现浇钢筋混凝土框架剪力墙 | | 钢筋混凝土肋形梁板,最大柱网8.40m×8.55m | | 现浇钢筋混凝土墙,玻璃幕墙面 | | 自然间585间,客房499套及多种公用、技术服务和供应设施 | 1～5层为梁柱体系,标准层为剪力墙体系 |
| | 南裙房 | | 1 | 2 | 17 | 17 | -6.75 | | 箱基、混凝土自防水、加止水带 | 钢筋混凝土肋形梁板,最大柱网8.40m×8.40m | | 钢筋混凝土墙,玻璃幕墙面 | | 厨房、餐厅、咖啡馆、多功能厅、会议室等 | 舞厅采用跨径25.2m,钢桁架屋盖 |
| | 北裙房 | | | | 4.9 | 8.6 | -5.06 | | 地下层为车库,上层为现浇钢筋混凝土梁板,最大柱网8.40m×8.40m | | 剪力墙为库房,其余大部分为现浇混凝土,其余大部分为现浇混凝土空心砌块 | 北裙房全部采用天然花岗石饰面 | 钢筋混凝土板,部分为钢桁架、铝柱梁玻璃屋面,改性沥青防水卷材屋面 | 中央入口大厅,另有服务及管理用房 | 入口大厅上部为钢-铝结构轻型屋盖 |
| 2 | 友谊商店 | 45784 | 1 | 6 | 24.1 | 27.5 | -7.00 | | 筏基、设备部分夹层、混凝土自防水、加止水带 | 钢筋混凝土梁板,柱网9.60m,主梁9.60m、次梁网格3.20m | | 现浇钢筋混凝土,玻璃幕墙 | | 餐厅、货厅、超级市场、商品展室、仓库、办公用房等 | — |
| 3 | 办公/公寓楼 | 48283 | 1 | 8 | 25.57 | 32.9 | -7.87 | | 自防水、加止水带 | 钢筋混凝土梁板,柱距外立面9.60m,内柱距6.40m | 现浇混凝土空心砌块 | 现浇钢筋混凝土,玻璃幕墙面 | | 由办公楼及公寓两部分组成,另有服务中心、俱乐部等 | 一 |
| 4 | 地下停车场 | 8694 | 1 | | | | -5.06 | | 箱基、混凝土自防水、加止水带 | 钢筋混凝土梁板,主梁8.60m,次梁间距2.34m,柱网7.30m×8.00m | | — | | 246辆汽车的停车场,一个卸货区 | — |

## 6.9.2 工程特点

**1. 交钥匙工程**

由承包商根据"标书"有关资料,承揽了从施工准备到竣工的全部工作,即从工程设计、各项设施设备供货以及全部建筑安装的施工,一次投标,承包商要承担相当大的风险。

**2. 施工准备工作时间短**

从签订合同2个月后就要计算工期。为确保施工总进度,必须缩短施工准备工作时间,这样,编制"施工组织总设计"必然成为"龙头"工作。

**3. 有大量的工程设施设备和施工材料、机具需要进口**

工程设施的设备几乎100%从国外进口,而施工材料除大部分土建材料由国内供应外,绝大部分的装饰材料和彩色挂板的材料、部件以及一部分特殊的中小型施工机具都要从国外进口,而且从货源选择到材料送批(未经批准的各类材料不准进场)、订货、运输等要有一个相当长的过程,加上标书资料比较粗略,要不断地进行调整补充,因此,如果没有一个完整的材料管理体系,就会影响整个施工进度。

**4. 确保施工总进度是中心环节**

建设的目的是为了投产使用,合资工程以确保施工总进度为中心环节(当然确保工程质量是必然的前提)。本工程由三家主承包商联合总包,下面有二十多家分包商,把这么多的施工单位组织在一个现场协同作战,除了标书文件和严密的合同文本控制外,是以"施工总进度"作为生产管理的主线。所以,待有关分包商进场后根据主线条的控制,再来排列有关分包商的综合进度,成为互相配合、互相遵守、互相制约的文件。为了减少今后工作中的纠纷和分清各自的责任,就需要一个完善的管理制度和档案资料。

**5. 新技术项目多**

地下室全部采用自防水混凝土,不另设防水层和其他防漏设施。如主楼地下室长124m,不设伸缩缝。外墙装饰采用大型预制彩色混凝土饰面挂板,数量很大,对制作和安装的要求高,标书资料尚不齐全,因此必须经过试制、试验,从中探索合理的施工方案。本工程采用大量的高级别 HRB500 钢筋,上万吨的钢材,对组织供货和采用先进的焊接措施等都带来新的课题。很多精装修不但选材严格,而且施工精度要求很高。结构工程量大,施工周期较长,要经历两个雨季和冬季,因此采用严密的组织管理和切合实际的施工技术措施,与保证施工总进度有密切的关系。

## 6.9.3 施工准备

由于合同规定,在签订合同2个月后就计算正式工期,工程就不可避免地在边准备、边设计、边施工中进行。因此,施工前的准备工作十分紧张而且必须抓紧,正因为如此,必须十分重视施工前的准备工作,批准的初步设计和标书文件、商定的施工总进度、现场的条件和环境都是进行施工准备的依据。施工准备工作分下列几个方面进行:

**1. 规划、设计工作**

由于机电的分包商尚未进场(机电的分包商还承担该项目的设计工作),所以编制施工组织总设计时,以土建结构为总控制框架,在总平面布置图的基础上进行大型临时设施的施工设计。为了及早开工，编制三个栋号地下室施工方案；紧接着编制单位工程施工组织设计、测量方案的确定和混凝土配合比的设计（特别是大体积自防水混凝土的配合比）；制定适应本工程特点的各项管理制度等。

**2. 资料审查**

组织有关人员熟悉标书资料和合同文本，与设计单位商定设计图纸的交付进度。核查标书工程量，熟悉标书中的施工技术要求（包括主要的、特殊材料的性能要求）。对即将施工的图纸进行会审。

**3. 劳动力及材料机具的准备**

根据施工组织总设计和施工方案的数据，初步落实开工初期的劳动力和全年的宏观安排，以便分期分批进场。对主要施工机具，特别是早期施工的土方挖掘、运输设备和塔吊等大型机械的集结作出计划，落实来源，分期进场；经过平衡后尚需要进口的机具及早办理订货和进口手续。材料则根据需要，摸清技术要求，全面匡算，并分期分批细算、送样报批、订货和组织进场，尽最大可能争取国内多供应一些；应立即落实自防水混凝土的砂石来源，以便送交外方进行级配实验，确定配合比等。

**4. 现场准备和大型临时设备的修建**

如现场清理，测量放线，修建临设（现场办公室、食堂、小型材具库、临时小型搅拌站、浴厕等）；现场临时用水、用电、道路、围墙等施工（包括配合甲方与政府部门的联系）；修建集中搅拌站、钢筋加工车间和工人宿舍等。

**5. 现场组织机构的筹组**

为了适应联合总承包的机制，设立总公司经理部，进行全面管理，另成立现场施工经理部，全面管理现场施工生产任务。

"施工准备工作"列有项目、详细内容、主办单位（人员）、协作单位（人员）、要求完成日期等，详细的"施工准备工作一览表"从略。

## 6.9.4 施工总进度计划

全部工程由结构、装修、机电、室外（管网、道路、园林绿化）四大部分组成，而结构工程由于施工周期长，加上工期要求和工作面的限制，所以是总进度中的主导控制工序。

旅馆是建筑群的主体，它基础深、楼层高、新技术项目多、机电设备新颖而量多、施工复杂、精装修工程量大、施工交叉面从立体到平面非常广，所以是三个建筑物中施工周期最长的一个，因此，保证旅馆工程的进度是总进度安排中的重要部分。

总进度计划安排的情况是：

（1）第一年以旅馆深基础为重点，全面完成旅馆、友谊商店、办公/公寓楼的地下工程和锅炉房、冷冻机房的地下工程，从第三季度起逐步转入主体结构的施工。

（2）第二年主体结构施工全面展开，其中办公/公寓楼于年底封顶，同时三项工程均插入粗装修作业，机电设备安装工作亦配合进行。室外管网四季开工。

（3）第三年初友谊商店结构封顶，旅馆上半年封顶，全面进行粗装修和机电设备安装的施工；室外管网、道路基本完成，园林部分完成。

（4）第四年春全部竣工。

表 6-20 所示为旅馆施工总进度计划，友谊商店及办公/公寓楼的总进度从略。

**表 6-20　旅馆施工总进度计划**

| 序号 | 工程名称 | 第一年 | | | | | | | | | | | | 第二年 | | | | | | | | | | | | 第三年 | | | | | | | | | | | | 第四年 | | | |
|---|---|---|---|---|---|---|---|---|---|---|---|---|---|---|---|---|---|---|---|---|---|---|---|---|---|---|---|---|---|---|---|---|---|---|---|---|---|---|---|---|---|
| | | 1 | 2 | 3 | 4 | 5 | 6 | 7 | 8 | 9 | 10 | 11 | 12 | 1 | 2 | 3 | 4 | 5 | 6 | 7 | 8 | 9 | 10 | 11 | 12 | 1 | 2 | 3 | 4 | 5 | 6 | 7 | 8 | 9 | 10 | 11 | 12 | 1 | 2 | 3 | 4 |
| 1 | 地下三层 | * | * | | | | | | | | | | | = | = | = | = | = | = | | | | | | | | | | | | | | | | | | | | | | |
| 2 | 地下二层 | | * | * | | | | | | | | | | | = | = | = | = | = | = | | | | | | | | | | | | | | | | | | | | | |
| 3 | 地下一层 | | | | * | * | | | | | | | | | | | = | = | = | = | = | = | | | | | | | | | | | | | | | | | | | |
| 4 | 一、二楼 | | | | | * | * | | | | | | | | | | | = | = | = | = | = | = | | | | | | | | | | | | | | | | | | |
| 5 | 三楼 | | | | | | | * | * | | | | | | | | | | = | = | = | = | = | = | | | | | | | | | | | | | | | | | |
| 6 | 四楼 | | | | | | | | * | * | | | | | | | | | | = | = | = | = | = | = | | | | | | | | | | | | | | | | |
| 7 | 五楼 | | | | | | | | | | * | * | | | | | | | | | = | = | = | = | = | = | | | | | | | | | | | | | | | |
| 8 | 六楼 | | | | | | | | | | | * | * | | | | | | | | | = | = | = | = | = | = | | | | | | | | | | | | | | |
| 9 | 七楼 | | | | | | | | | | | | | * | * | | | | | | | | = | = | = | = | = | = | | | | | | | | | | | | | |
| 10 | 八楼 | | | | | | | | | | | | | | * | * | | | | | | | | = | = | = | = | = | = | | | | | | | | | | | | |
| 11 | 九楼 | | | | | | | | | | | | | | | | * | * | | | | | | | = | = | = | = | = | = | | | | | | | | | | | |
| 12 | 十楼 | | | | | | | | | | | | | | | | | * | * | | | | | | | = | = | = | = | = | = | | | | | | | | | | |
| 13 | 十一楼 | | | | | | | | | | | | | | | | | | | * | * | | | | | | | = | = | = | = | = | = | | | | | | | | |
| 14 | 十二楼 | | | | | | | | | | | | | | | | | | | | * | * | | | | | | | = | = | = | = | = | = | | | | | | | |
| 15 | 十四楼 | | | | | | | | | | | | | | | | | | | | | | * | * | | | | | | | = | = | = | = | = | | | | | | |
| 16 | 十五楼 | | | | | | | | | | | | | | | | | | | | | | | * | * | | | | | | | = | = | = | = | | | | | | |
| 17 | 十六楼 | | | | | | | | | | | | | | | | | | | | | | | | | * | * | | | | | | = | = | = | | | | | | |
| 18 | 十七楼 | | | | | | | | | | | | | | | | | | | | | | | | | | * | * | | | | | | = | = | | | | | | |
| 19 | 十八楼 | | | | | | | | | | | | | | | | | | | | | | | | | | | | * | * | | | | | = | = | | | | | |
| 20 | 屋面工程 | | | | | | | | | | | | | | | | | | | | | | | | | | | | | | = | = | = | = | | | | | | | |
| 21 | 整理竣工 | | | | | | | | | | | | | | | | | | | | | | | | | | | | | | | | | | | | | — | — | | |

注：结构工程：* * * * * *；装饰或屋面工程：＝＝＝＝＝＝；整理竣工：—

### 6.9.5 主要劳动力及施工机具材料计划

根据标书工程量和施工总进度的安排，估算分年分季的主要劳动力、施工机具和材料的需要量（这些数据仅是规划时使用的宏观控制资料）。对施工机具，特别是结构施工过程中的大型机械，根据规划进行筹集。对劳动力的组合，先筹组早期临设、土方开挖、地下室结构的施工队组。主要材料抓住近期和国外订货这两个薄弱环节。由于资料不全，可先将需要从国外订货的，分期分批先订购一部分，如钢筋规格、数量待资料逐步完善后定期分批予以调整补充。进口材料要考虑批量、海运周期（尽量减少或避免空运），国内材料也有批量生产的问题。

有关主要劳动力、施工机具、主要材料需用量表从略。

### 6.9.6 施工部署和施工方案

**1. 土方开挖与回填**

根据地质勘察资料，旅馆基础底板以上有三层滞水层，渗透系数较小，一般降水方法不易取得理想的效果，所以原则上采用放坡大开挖、明沟和集水井排水的方案，即土方开挖时，沿基坑周边挖好排水沟和集水井，做好抽水工作。仅旅馆深基础部分北侧东段约90m长范围内采用灌注护坡桩。

旅馆工程土方开挖如图 6-4 和图 6-5 所示。第一次挖土，现场整个开挖范围均挖至4.00m；第二次挖土，旅馆深基础和锅炉房、冷冻机房部分挖至 8.00m 或设计标高，此时，施工灌注护坡桩；第三次挖土，旅馆深基础部分挖至设计标高 15.13m。

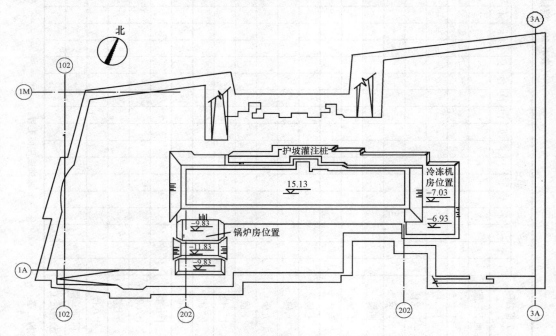

图 6-4　第一、第二次土方开挖图

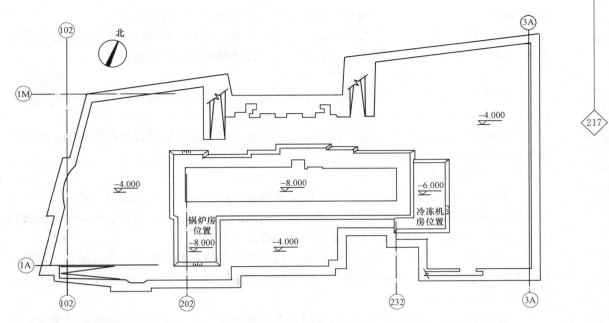

图 6-5　第三次土方开挖图

　　考虑到地质情况或有变异，特别是临近亮马河可能影响地下水位的变化，因此，要求做好轻型井点降水的准备，作为应急措施。

　　采用机械开挖，若土层潮湿，含水量大，挖掘机和车辆运输行驶困难，可加垫 30～50cm 厚夹砂石。

　　为解决旅馆深基础和裙房基础之间可能产生的沉降差异，在采用护坡桩的部位，护坡桩顶部距墙裙基础底板底部标高位置至少不小于 2m。

　　护坡桩沿基础边线 2m 布置，桩径 0.4m，机械成孔，现场浇筑。按双排梅花式排列，排距 0.8m，桩距 1.2m，锚杆间距 1.8m，仰角 40°和 50°交错排列。护坡桩由某地下工程公司施工，另做详细的施工方案。

　　本工程土方开挖量 28.17 万 m³，回填量 3.7 万 m³，需弃土约 24.5m³。现场无存土条件，开挖时，土方运至某砖厂卸土区，将符合回填土质量的弃土另行堆放，以供回填之用。

　　由于采用大开挖，故部分地下结构将设置在回填土上，这样对回填土的质量要求极高（不低于原土容积密度的 95%）。故在回填前必须测定土源土方的最佳含水率和采用合适的夯实机械，同时加强对回填土质量的检查，不能疏忽，以确保基础工程质量。

　　**2. 锚桩施工**

　　锅炉房、冷冻机房基础底标高以下，设有 D400 现浇钢筋混凝土锚桩（基坑抗浮力锚桩），桩长为 7m、12m、23m 三种，共 230 根，拟与旅馆地下室结构同时施工。采用机械成孔，泥浆护壁成型，压浆现浇混凝土。锚桩由某地下工程公司施工，另详订施工方案。

　　**3. 钢筋混凝土工程**

　　（1）大体积混凝土

　　所有地下室均采用自防水混凝土，在设计上不设伸缩缝，不另设防水层和其他防漏措施。基础底板均属大体积混凝土。为防止温度造成的应力产生裂缝，宜采用低发热量水泥，选择合理的配合比，分层浇筑，加强养护。施工前必须另订详细的施工方案。

该自防水混凝土，由中方提供原材料，交国外某公司实验室进行级配实验，以确定配合比，因此，要求砂、石、水泥的货源要稳定，以确保配合比的正确性。

（2）流水段的划分和施工缝处理

三个单位工程的主体结构实行多段小流水施工，并设置施工缝。旅馆高层部分的流水段，原则上按照施工图中后浇施工缝的设置来划分。

为了确保地下室不产生渗漏，结构止水带和施工缝止水带的设置要严格按图施工，在施工中不得破坏或任意移位。

（3）后浇混凝土

①箱型基础设置后浇施工缝，为不同高度的建筑产生不均匀下沉而设置的其他后浇施工缝均需按规程规定，在顶板浇筑完成后至少相隔两周，待混凝土体积变化及结构沉降趋于稳定时，再予以浇筑；混凝土强度等级必须提高一级。

②因钢筋设置较密，后浇带清理困难，故后浇施工缝设置后要专门予以保护，以免杂质进入。即使如此，在浇筑后浇带前，仍应将钢筋沾污部分及其他杂物清除干净。

（4）混凝土运输

①混凝土由集中搅拌站供应，以专门为本工程服务而设置在安家楼的搅拌站为主，本市市建公司商品混凝土搅拌站为辅。每个搅拌站的供应能力为 $50m^3/h$。

②混凝土由搅拌车运至现场，再用混凝土泵输送至浇筑地点。若混凝土泵不够时，则采用混凝土吊斗，以塔吊作垂直水平输送。

（5）混凝土浇筑

大体积混凝土必须按设计（或施工方案）规定进行分块浇筑，必须一次连续完成浇筑，不能留施工缝。浇筑前必须制定施工方案，将垂直、水平运输方法、浇筑顺序、分层厚度、初终凝时间的控制、混凝土供应的确定等作出详细规定，以免产生人为的施工缝。

（6）钢筋

①钢筋由某公司联合厂加工成型，配套供应到现场。在现场设小型加工车间，以供应少量和零星填平补齐部分。

②钢筋接头 $\phi 25$ 以上均采用气压焊接，以便节约钢筋和加快工期。由于数量庞大，约有 20 多万个接头，要组织专业焊接队伍，便于充分发挥设备和人员的作用。

（7）模板

①本工程采用中建某公司生产的"××模板"体系，剪力墙用模数化大型组合钢模板；楼板结构采用配套的独立式钢支撑或门式组合架、空腹工字钢木组合梁和胶合板模板。筒体（楼梯间、电梯井）用爬升模板。

②有较多的 F3 墙面，要一次成活，为了确保墙面平整度，不能用小钢模拼接。

③主楼有大量剪力墙，标书要求采用抹灰，为了减少大量湿作业和缩短工期，拟采用大钢模板（专门设计、制作供主楼使用）。

**4. 脚手架**

（1）结构施工阶段，旅馆高层部分用挑架作脚手架，其他部分采用双排钢管脚手架。

（2）整个脚手架方案，应同装修阶段的外挂板、玻璃幕墙、内部装修等相协调，待设计资料较完整后，与外方公司共同商定。

**5. 预制彩色混凝土外挂板**

除三栋楼的外部装修局部采用天然花岗石外，其他均采用大型彩色混凝土预制外挂板，约1万多块，2万多平方米，这种数量庞大、单件面积较大（一般约 $2m^2$ /块）的预制挂板，在制作过程中如何保证几何尺寸和色泽均匀，以及安装过程中对锚件的固定、脚手架的选择、吊装机具的采用等均没有成熟的经验。因挂板是最终饰面，它的好坏将影响整个建筑群的整体观感，因此，必须十分重视施工技术措施。

（1）制作方面

由某公司联合厂承担该预制任务，在已有的固定加工场地施工。

①混凝土配合比（包括颜料的掺和）由中方提供原材料，外资方试验后确认。

②模板采用钢底模，侧模采用角钢或槽钢。

③采用反打法和低流动性混凝土，设立专用搅拌站供料。砂石必须一次进料和清洗，以便保证色彩均匀性。

④达到一定强度后用机械打磨，斜边部分用手工打磨。

⑤表面保护薄膜层的涂刷，待国外订货到达后，根据厂方规定的要求进行施工。

（2）现场安装

①脚手架的搭设必须与玻璃幕墙的安装和室内装修的施工互相配合，所以，外脚手架的固定不能穿墙、穿窗，必须采用由外方推荐的脚手架与墙体固定的特殊构件。主楼六层以下的脚手架采用双杆立柱。

②锚件的设置必须十分准确，因此，必须采用特殊的钻孔设备，可以打穿密布的钢筋。

③大量的标准板（一般为 $2m^2$ /块）可以采用屋面小型平台吊就位。部分可用塔吊、汽车吊就位。

由于挂板尚无成熟经验，所以不论制作与安装必须经过试验，经中外双方确认，报请建设、设计单位批准后才可大量生产。现场安装也必须在局部试点后才可全面展开。

**6. 屋面工程**

屋面工程基本分两大类：一是建筑物屋顶部分；二是地下室顶部的防水（上面覆土再绿化，对防水材料有特殊要求）。

屋面防水材料根据国家标准，采用玻纤胎、聚酯胎、玻纤加铜箔等胎体。卷材采用的沥青经氧化催化并加高分子材料改性。其材料的生产和施工要求，均要遵循国家规范的规定。

施工方法：

（1）处理好基层及做好找坡；

（2）按设计要求的分层和操作方法铺贴，用喷灯热熔，并要有足够的搭接长度和宽度；

（3）特殊部位（落水口、伸缩缝、泛水等）是容易产生渗漏的薄弱环节，要严格按设计要求进行预埋和铺贴，不得遗漏及疏忽。

**7. 钢结构**

三栋楼均有钢结构，以旅馆为最多，南裙房有大跨度的宴会厅，主楼穹顶结构较复杂，北裙房的入口处造型及结构均较奇特，采用的钢结构构件多，节点处理复杂。

钢结构拟委托外加工，塔吊可以利用结构施工时的塔吊，不足部分可用汽车吊辅助。

### 8. 装饰部分

本工程的粗细装修量很大，即使是粗装修的抹灰，在旅馆标准客房间也要采用水平、垂直斗方以保证阴阳平直，实属高精度要求。其他如大开间的预制水磨石铺设、铝合金吊顶、石膏板和矿棉板吊顶、铝合金幕墙和铝合金窗、墙纸、地毯、瓷砖墙面、缸砖地面、花岗石墙面、地面等施工，由于量大、面广而且采用新材料多，故施工前必须另定施工操作方案。

主楼精装修由国外公司分包，届时由他们制订方案。

设备安装方面，如电气、采暖、通风、空调、给排水、通信等也均由国外公司分包，待资料较完整后由他们另订方案。

### 9. 季节性施工措施

（1）冬期施工

①本工程开工后正值冬施期，土方开挖为防止受冻，基底要加以遮盖。回填土不准使用冻土，在每层夯实后必须采用草垫覆盖保温，尽量避免严冬时节回填土的施工。

②混凝土和砂浆采用热水搅拌，加早强抗冻剂，并提高混凝土入模温度。下雪前把砂石遮盖，防止冰雪进入。

③柱、梁、板、墙新浇筑混凝土采用电热毯保温，加强混凝土测温工作。

（2）雨期施工

①对临时道路和排水明沟要经常维修和疏通，以保证通行和排水，特别在雨期时要有专业人员和班组进行养护。

②经常巡视土方边坡的变化，防止塌方伤人；基坑的排水沟、集水井要清理好，以便及时排除积水。

③保证排水设备的完好，并要有一定的储备，以保证暴雨后能在较短的时间内排除积水。

④塔吊、脚手架等高耸设施要设避雷装置并防止其基础下沉。

## 6.9.7 保证质量和安全措施

### 1. 保证质量措施

（1）联合承包商成立联合监理组，中外双方各派一名经理负责全面监理工作，并密切配合建设单位和本市质量监督站的现场监理人员做好各项工作。

（2）对每道工序，由中外监理人员共同进行检查，上一道工序不合格的，不准进行下一道工序的施工；尤其是混凝土浇筑，必须取得中外双方经理的签字凭证（黄色凭证，简称"黄票"）才可申请混凝土，然后施工。

（3）以优质工程为目标，积极开展质量管理小组活动。

（4）严格按照施工图纸规定和指定的有关（中方、外方）规范进行施工。

（5）加强图纸会审和技术核定工作，并设专人管理图纸和技术资料，以便将新修改的图纸及时送到现场。要编制好各类施工组织设计或施工技术措施，并严格付诸实施。

（6）各种材料进场前，必须送样检查，经过批准，才可订货、进场。材料要有产品的出厂合格证明，并根据规定做好各项材料的试验、检验工作，不合格的材料不准进入现场，如已进入的，必须全部撤出现场。

### 2. 安全措施

（1）联合承包商成立安全监督组，管理各施工单位（包括各分包商）的施工安全事宜。项目经理部亦专门设立安全管理机构进行各项工作。

（2）所有施工技术措施必须要有安全技术措施，在施工过程中加强检查，督促执行。在施工前要进行安全技术交底。

（3）完善和维护好各类安全设施和消防措施。对锅炉房、配电房等都要派专人值班。本工程的东、南、北三面均有架空的高压线通过，邻近建筑物和施工用塔吊，高压线下设有大量临时建筑，因此必须作出严格规定，高压线下不准有明火，对塔吊的使用和保护要严格管理。

### 6.9.8 施工总平面图规划

本工程占地约 5 万 $m^2$，有大量地下室和地下停车场同时施工，因此现场施工用地十分紧张，可利用的场地只有红线外待征的 6000$m^2$ 场地和 3000$m^2$ 以外安家楼的一块租用地；现场东、南、北三面均有高压线通过；西侧建设单位已修建了临时办公用房。

**1. 临时设施**

（1）现场南侧设旅馆、商场栋号施工用的临时办公用房、工具房、小型材料库等，因设置在高压线下，必须注意安全。

（2）联合承包商的办公用房设在西侧，为两层建筑，采用钢筋混凝土盒子结构。土建施工单位的职工食堂、锅炉房、浴池等也设在西侧，为一般砖混结构。

（3）混凝土供应设集中搅拌站，以本市某公司商品混凝土供应站为辅。钢筋由本市某公司联合厂加工后运至现场。

现场设小型钢筋加工车间和小型混凝土搅拌站，作次要的垫层混凝土填平补齐之用。

（4）在现场设置临时建筑约 4400$m^2$，其中，办公用房约 500$m^2$，食堂约 1000$m^2$，锅炉、开水房、浴厕等约 520$m^2$，各种料具库棚 1900$m^2$，木工车间、配电间等 480$m^2$。除办公、食堂、浴厕等有特殊要求外，其余的结构一般都采用砖墙石棉瓦顶。

**2. 交通道路**

（1）现场设临时环形道，宽 6m，砂卵石垫层，泥结碎石路面，路旁设排水沟。旅馆与办公/公寓楼之间设一条南北向的临时道路，但在地下车库顶板完工后再通车使用。

（2）临时出口均设在场地北侧，共三处，其中西出入口处因紧靠城市交通的东三环十字路口，仅通行通勤车和人员，另两个出入口可通行材料、半成品、设备运输车辆。

**3. 塔吊设置**

当年第四季度起，将进入主体结构的全面施工阶段，拟设置 9 台塔吊。因场地条件限制，致使部分塔将设置在已施工的工程底板上。场地东、南、北三面均有高压线通过，所以塔吊臂宜用较短的，即使这样，具体安排时仍要注意起重臂与高压线之间的安全距离，有特殊情况时，应采取专门措施。

**4. 供水、供电**

（1）场地两端已接好 $\phi$100 的供水管一处，建设单位正在申请另一处 $\phi$200 的供水点。

（2）估算总用水量 16～18L/s，布置 $\phi$150 的环形管；为了满足消防用水的要求，其余管也采用 $\phi$100 的水管。

（3）估计结构施工阶段是用电高峰，约 800kW。目前建设单位已提供 1 台 180kV·A和 2 台 500kV·A 的变压器，在北侧中部红线外设置临时配电间，可以满足要求。全部采用埋地电缆，干线选用 150$mm^2$ 和 185$mm^2$ 的铜芯聚氯乙烯铠装电缆。

（4）由于施工地区每周要定期停电一天，以及防止突然停电，故在现场设置柴油发电机2台（1台为225kV·A，另一台为275kV·A）。

平面布置图如图6-6所示。

现场供水、供电平面图如图6-7和图6-8所示。

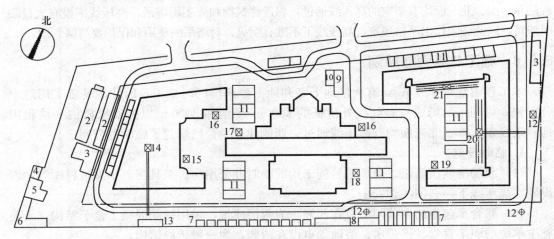

图 6-6　结构施工阶段平面布置图

1—配电房；2—雇主办公室；3—食堂；4—开水房；5—浴室；6—材料库；7—工具房；8—设备库房；9—搅拌站；10—砂石堆场；11—材料堆场；12—高压线塔；13—厕所；14—塔吊 E60.26/B12，臂长 60m；15—塔吊 E60.26/B12，臂长 45m；16—塔吊 E60.26/B12，臂长 50m；17—塔吊 256HC，臂长 70m；18—塔吊 F0/23B，臂长 35m；19—塔吊 QT80，臂长 30m；20—塔吊 F0/23B，臂长 30m；21—塔吊 F0/23B，臂长 38m

注：1. 东南角 F0/23B 塔吊用 30m 臂，以保证与高压线的安全距离，覆盖东南角时采用角度限位大臂操作；

　　2. 旅馆与办公/公寓楼之间道路在地下停车场顶板施工完后铺设。

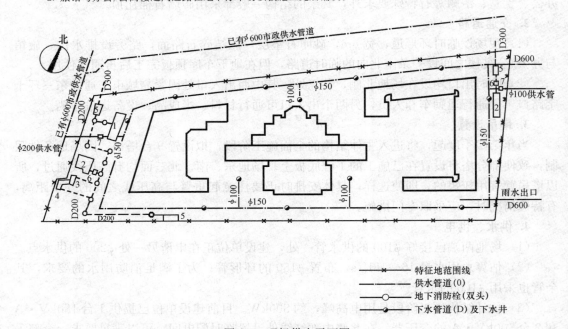

图 6-7　现场供水平面图

1—办公室；2—食堂；3—锅炉房；4—浴室；5—化粪池；6—厕所；7—水表井

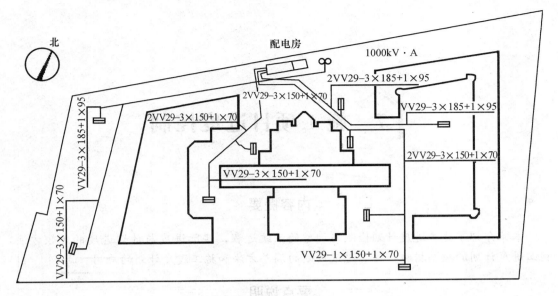

图 6-8　现场供电平面图

## 本章小结

　　施工组织总设计的编制对象是整个建设项目或建筑群，因此它与单位工程施工组织设计的区别在于前者是宏观的思路，无论是施工方案还是进度计划，或施工平面图，均以整个项目为对象，提出原则性的方案或意见。

## 思考题

**6-1**　试述施工组织总设计的作用或编制依据。

**6-2**　施工组织总设计的内容有哪些？其编制程序如何？

**6-3**　设计施工组织总平面图应遵循什么原则？

**6-4**　施工组织总设计与单位工程施工组织设计有何关系？

**6-5**　施工总平面图包含哪些内容、设计方法或步骤？

# 7 施工项目进度控制

## 内容提要

本章介绍了施工进度计划检测与调整的系统过程，实际进度与计划进度的比较方法，施工进度计划的控制措施，施工进度计划的调整方法和施工进度计划的应用。

## 要点说明

本章学习的重点是施工进度计划的控制措施，难点是实际进度与计划进度的比较方法与应用。

关键词：控制。

控制即对元件或系统的工作特性进行调节或操作。进度计划是人们的主观设想，在实施过程中，必然会因为新情况的产生、各种干扰因素和风险因素的作用而发生变化，使人们难以执行原定的计划。为此，进度控制人员必须掌握动态控制原理，在计划执行过程中不断检查进度和工程实际进展情况，并将实际情况与计划安排进行比较，找出偏离计划的信息，然后在分析计划偏差及产生原因的基础上，通过采取措施，使之能正常实施。如果采取措施后，不能维持原计划，则需要对原进度计划进行调整或修改，再按新的进度计划实施。这样在进度计划的执行过程中不断进行检查和调整，以保证建设项目进度计划得到有效的实施和控制。

## 7.1　施工项目进度控制原理

### 7.1.1　施工项目进度控制概述

#### 1. 施工项目进度控制的概念

进度控制是项目施工中的重点控制内容之一。它是保证施工项目按期完成，合理安排资源供应、节约工程成本的重要措施。

施工项目进度控制是指在既定的工期内，编制出最优秀的施工进度计划，在执行该计划的施工中，经常检查施工实际进度情况，并将其与计划进度相比较，若出现偏差，分析产生的原因和对工期的影响程度，找出必要的调整措施，修改原计划，不断地如此循环，直至工程竣工验收。施工项目进度控制的总目标是确保施工项目的既定目标工期得以实现，或者在保证施工质量和不增加施工实际成本的条件下，适当缩短施工工期。

**2. 施工项目进度控制方法、措施和主要任务**

（1）施工项目进度控制方法

施工项目进度控制方法主要是规划、控制和协调。规划是指确定施工项目的总进度控制目标和分进度控制目标，并编制进度计划。控制是指在施工项目的全过程中，进行实际进度与计划进度的比较，出现偏差及时采取调整措施。协调是指协调与施工进度有关单位、部门和工作队组之间的进度关系。

（2）施工项目进度控制措施

施工项目进度控制采取的主要措施有组织措施、技术措施、合同措施、经济措施和信息管理措施等。

组织措施主要是指落实各层次进度控制人员的具体任务和工作责任；建立进度控制的组织系统；按照施工项目的结构、进展阶段或合同结构等进行项目分解，确定进度目标，建立控制目标体系；确定进度控制工作制度，如检查时间、方法、协调会议时间、参加人员等；对影响进度的因素分析和预测。技术措施主要是加快施工进度的技术和方法。合同措施是指对分包单位签订的合同工期与有关进度计划目标进行协调。经济措施是指进度计划的资金保证措施。信息管理措施是指不断地收集施工实际进度的有关资料并进行整理统计，再与计划进度比较，以便定期地向建设单位提供比较报告。

（3）施工项目进度控制的任务

施工项目进度控制的主要任务是编制施工总进度计划并控制其执行，按期完成整个施工项目的任务；编制单位工程施工进度计划并控制其执行，按期完成单位工程的施工任务；编制分部分项施工进度计划，并控制其执行，按期完成分部分项工程的施工任务；编制季度、月（旬）作业计划并控制其执行，完成规定的目标。

**3. 影响施工项目进度的因素**

由于工程项目的施工特点，尤其是较大和复杂的施工项目，工期较长，影响进度因素较多。编制计划和执行控制施工进度计划时必须充分认识和估计这些因素，才能克服其影响，使施工进度尽可能按计划进行，当出现偏差时，应考虑有关影响因素，分析产生的原因。其主要影响因素有：

（1）有关单位的影响

项目的主要施工单位对进度起决定性作用，但是建设单位与业主、设计单位、银行信贷单位、材料设备供应部门、运输部门、水电供应部门及政府的有关主管部门都可能给施工某些方面造成困难而影响进度。其中设计单位图纸不及时和有错误以及有关部门或业主对设计方案的变动是经常发生和影响最大的因素。材料和设备不能按期供应，或质量、规格不符合要求，都将使施工停顿。资金不能保证也会使施工进度中断或速度减慢等。

（2）施工条件的变化

工程地质条件和水温地质条件与勘察设计的不符，如地质断层、溶洞、地下障碍物、软弱地基以及恶劣的气候、暴雨、高温和洪水等都对施工进度产生影响，造成临时停工或破坏。

（3）技术失误

施工单位采用措施不当，施工中发生技术事故；应用新技术、新材料、新结构缺乏经验，不能保证质量等都会影响施工进度。

（4）施工组织管理不利

流水施工组织不合理、劳动力和施工机械调配不当、施工平面布置不合理等也将影响施工进度计划的执行。

（5）意外事件的出现

施工中如果出现意外事件，如严重自然灾害、火灾、重大工程事故、工人罢工等都会影响施工进度计划。

## 7.1.2 施工项目进度控制原理

**1. 动态控制原理**

施工项目进度控制是一个不断进行的动态控制，也是一个循环进行的过程。从项目施工开始，实际进度就出现了运动的轨迹，也就是计划进入了执行的动态。实际进度按照计划进度进行时，两者相吻合；当实际进度与计划进度不一致时，便产生超前或落后的偏差。分析偏差的原因，采取相应的措施，调整原来的计划，使两者在新的起点上重合，继续按其进行施工活动，并且尽量发挥组织管理的作用，使实际工作按计划进行。但是在新的干扰因素作用下，又会产生新的偏差。施工进度计划控制就是采用这种动态循环的控制方法来进行。

**2. 系统原理**

（1）施工项目计划系统

为了对施工项目实行进度计划控制，首先必须编制施工项目中的各种计划。其中有施工项目总进度计划、单位工程进度计划、分部分项工程进度计划、季度和月（旬）作业计划，这些计划组成了一个施工项目进度计划系统。计划的编制对象由大到小，计划的内容从粗到细。编制时从总体计划到局部计划，逐层进行控制目标分解，以保证计划控制目标落实。执行计划，从月（旬）作业计划开始实施，逐级按目标控制，从而达到对施工项目整体进度目标控制。

（2）施工项目进度实施组织系统

施工项目的全过程，各专业队伍需按照计划规定的目标去完成每一项任务。施工项目经理和有关劳动调配、材料设备、采购运输等各职能部门都按照施工进度规定的要求进行严格管理、落实和完成各自的任务。施工组织各级负责人，从项目经理、施工队长、班组长及其所属全体成员组成了施工项目的完整组织系统。

（3）施工项目进度控制组织系统

为了保证施工项目进度实施，还需增设一个项目进度检查控制系统。自公司经理、项目经理，到作业班组都设有专门职能部门或人员负责检查汇报，统计整理实际施工进度的资料，并与计划进度比较分析和进行调整。当然不同层次人员负责不同进度控制职责，大家分工协作，形成一个纵横连接的施工项目控制组织系统。事实上有的领导可能是计划的实施者又是计划的控制者。实施计划控制的落实，是保证按期完成的前提。

**3. 信息反馈原理**

信息反馈是施工项目进度控制的主要环节，实际进度通过信息反馈给施工项目进度控制的基层工作人员，在分工的职责范围内，经过对其加工，再将信息逐级向上反馈，直到主控制室，主控制室整理统计各方面的信息，经比较分析做出决策，调整进度计划，仍使其符合预定工期的目标。若不应用信息反馈原理，不断地进行信息反馈，则无法进行计划控制。施工项目的全过程就是信息反馈的过程。

**4. 弹性原理**

施工项目进度计划工期长、影响进度的原因多，其中有的已经被人们掌握，根据统计经验估计出影响的程度和出现的可能性，并在确定进度目标时，进行实现目标的风险分析。在计划编制者具备了这些知识和实践经验之后，编制施工项目进度计划时就会留有余地，使施工进度计划具有弹性。在进行施工项目进度控制时，可以利用这些弹性缩短有关的工作时间，或者改变它们之间的搭接关系，使检查之前拖延了的工期，通过缩短剩余计划工期的方法，仍然达到预期的目标。这就是施工项目进度控制中对弹性原理的应用。

**5. 封闭循环原理**

项目进度计划控制的全过程是计划、实施、检查、比较分析、确定调整措施、再计划。从编制项目施工进度计划开始，经过实施过程中的跟踪检查，收集有关实际进度的信息，比较和分析实际进度与施工计划进度之间的偏差，找出产生原因和解决方法，确定调整措施，再修改原进度计划，形成一个封闭的循环系统。

**6. 网络计划技术原理**

在施工项目进度的控制中利用网络计划技术原理编制进度计划，根据收集的实际进度信息，比较和分析进度计划，又可利用网络计划的工期优化，工期与成本优化和资源优化的原理调整计划。网络计划技术原理是施工项目进度控制的完整计划原理和分析计算理论的基础。

# 7.2 施工项目进度计划的实施与检查

## 7.2.1 施工项目进度计划的实施

施工项目进度计划的实施就是施工活动的进展，也就是用进度计划指导施工活动的落实和完成。施工项目进度计划逐步实施的进程就是施工项目建造的逐步完成过程。为了落实施工项目进度计划，并且尽量按编制的计划时间逐步进行，保证各进度目标的实现，应做好如下工作。

**1. 施工项目进度计划的贯彻**

（1）检查各层次的计划，组成一个计划实施的保证体系

施工项目的所有进度计划：施工总进度计划、单位工程施工进度计划、分部分项工程施工进度计划，都是围绕一个总任务而编制的。它们之间的关系是，高层次的计划是低层次计划的依据，低层次计划是高层次计划的具体化。在贯彻执行时应当首先检查是否协调一致，计划目标是否层层分解，互相衔接，组成一个计划实施的保证体系，以施工任务书的方式下达施工队以保证计划的实施。

（2）层层签订承包合同或下达施工任务书

施工项目经理、施工队和作业班组之间分别签订承包合同，按计划目标明确规定合同工期、相互承担的经济责任、权限和利益，或者采用下达施工任务书，将作业下达到施工班组，明确具体施工任务、技术措施、质量要求等内容，使作业班组保证按作业计划时间

完成规定的任务。

（3）计划全面交底，发动群众实施计划

进度计划的实施是全体工作人员共同行动，要使有关人员都明确各项计划的目标、任务、实施方案和措施，使管理层和作业层协调一致，将计划变成群众的自觉行动，充分发挥群众的干劲和创新精神。在计划实施前要进行计划交底工作，可以根据计划的范围召开全体职工代表大会或各级生产会议进行交底落实。

**2. 实施项目进度计划**

（1）为了实施施工进度计划，将规定的任务结合现场施工条件，如施工场地的情况、劳动力、机械等资源条件和施工的实际进度，在施工开始前和过程中不断编制本月（旬）的作业计划，这使施工计划更具体、切合实际和可行。在月（旬）计划中要明确本月（旬）应完成的任务，所需要的各种资源量，提高劳动生产率和节约措施。

（2）签发施工任务书

编制好月（旬）作业计划以后，将每项具体任务通过签发施工任务书的方式使其进一步落实。施工任务书是向班组下达任务实行责任承包、全面管理和原始记录的综合性文件。施工班组必须保证指令任务的完成。它是计划和实施的纽带。

（3）做好施工进度记录，填好施工进度统计表

在计划任务完成的过程中，各级施工进度计划的执行者都要跟踪做好施工记录，记载计划中每项工作开始的日期、工作进度和完成日期。为施工项目进度检查分析提供信息，因此要求实事求是记载，并填好有关图表。

（4）做好施工中的调度工作

施工中的调度是组织施工中各阶段、环节、专业和工种的互相配合、进度协调的指挥核心。调度工作是使施工进度计划顺利实施的重要手段。其主要任务是掌握计划实施情况，协调各方面关系，采取措施，排出各种矛盾，加强各薄弱环节，实现动态平衡，保证完成作业计划和实现进度目标。

调度工作内容主要有：监督作业计划的实施、调整协调各方面的进度关系；监督检查施工准备工作；督促资源供应单位按计划供应劳动力、施工机具、运输车辆、材料、构配件等，并对临时出现的问题采取调配措施；按施工平面图管理施工现场，结合实际情况进行必要调整，保证文明施工；了解气候、水、电、汽的情况，采取相应的防范和保证措施；及时发现和处理施工中各种事故和意外事件；调节各薄弱环节；定期召开现场调度会议，贯彻施工项目主管人员的决策，发布调度令。

## 7.2.2 施工项目进度计划的检查

在施工项目的实施进程中，为了进行进度控制，进度控制人员应经常地、定期地跟踪检查施工实际进度情况，主要是收集施工项目进度材料，进行统计整理和对比分析，确定实际进度与计划进度之间的关系。其主要工作包括：

**1. 跟踪检查施工实际进度**

跟踪检查施工实际进度是项目施工进度控制的关键措施。其目的是收集实际施工进度的有关数据。跟踪检查的时间和收集数据的质量，直接影响控制工作的质量和效果。

一般检查的时间间隔与施工项目的类型、规模、施工条件和对进度执行要求程度

有关。

通常可以确定每月、半月、旬或周进行一次。若在施工中遇到天气、资源供应不足等不利因素，检查的时间间隔可临时缩短，次数可相应频繁，甚至可以每日进行检查，或派人员进驻现场督阵。检查和收集资料的方式一般采用进度报表方式或定期召开进度工作汇报会。为了保证汇报资料的准确性，进度控制的工作人员要经常到现场查看施工项目的实际进度情况，从而保证经常地、定期地准确掌握施工项目的实际进度。

**2. 整理统计检查数据**

收集到的施工项目实际进度数据，要进行必要的整理，按计划控制的工作项目进行统计，形成与计划进度具有可比性的数据，相同的量纲和形象进度。一般可以按实际工程量、工作量和劳动消耗量以及累计百分比整理和统计实际检查的数据，以便与相应的计划完成量相对比。

**3. 对比实际进度与计划进度**

将收集的资料整理和统计成具有与计划进度可比性的数据后，用施工项目实际进度与计划进度的比较方法进行比较。通常用的比较方法有：横道图比较法、S 型曲线比较法、"香蕉"型曲线比较法、前锋线比较法和列表比较法。通过比较得出实际进度与计划进度相一致、超前、拖后三种情况。

**4. 施工项目进度检查结果的处理**

施工项目进度检查的结果，按照检查报告制度的规定，形成进度控制报告向有关主管人员和部门汇报。

进度控制报告是把检查比较的结果，有关施工进度现状和发展趋势，提供给项目经理及各级业务职能负责人简单书面形式报告。

进度控制报告是根据报告的对象不同，确定不同的编制范围和内容而分别编写的。一般分为项目概要级进度控制报告、项目管理级进度控制报告和业务管理级进度控制报告。

项目概要级的进度报告是报给项目经理、企业经理或业务部门以及建设单位或业主的。它是以整个施工项目为对象说明进度计划执行情况的报告。

业务管理级的进度报告是就某个重点部位或重点问题为对象编写的报告，供项目管理者及各业务部门为其采取应急措施而使用的。

进度报告由计划负责人或进度管理人员与其他项目管理人员协作编写。报告时间一般与进度检查时间相协调，也可按月、旬、周等间隔时间进行编写上报。

进度控制报告的内容主要包括：项目实施概况、管理概况、进度概要；项目施工进度、形象进度及简要说明；施工图纸提供进度；材料、物资、构配件供应进度；劳务记录及预测；日历计划；对建设单位、业主和施工者的变更指令等。

## 7.3　施工项目进度比较与计划调整

### 7.3.1　施工项目进度比较方法

施工项目进度比较分析与计划调整是项目进度控制的主要环节。其中施工项目进度比较是调整的基础。常用的比较方法有以下几种：

### 1. 横道图比较法

用横道图编制施工进度计划，指导施工的实施已是人们常用的、很熟悉的方法。它具有简明、形象和直观，编制方法简单，使用方便的特点。

横道图记录比较法，是把在项目施工中检查实际进度收集的信息，经整理后直接用横道线并列表于原计划的横道线一起，进行直观比较的方法。例如，某混凝土基础工程的施工实际进度与计划进度比较，见表7-1。其中单实线表示计划进度，双实线则表示工程实施的实际进度。从比较中可以看出，在第8天末进行施工进度检查时，挖土方工作已经完成；支模板的工作按进度计划应当完成，而实际施工进度只完成了83%的任务，已经拖后了17%；绑扎钢筋工作已完成了44%的任务，施工实际进度与计划进度一致。

**表 7-1　某钢筋混凝土施工实际进度与计划进度比较表**

| 序号 | 施工过程 | 工作时间（天） | 施工进度 | | | | | | | | | | | | | | | | |
|---|---|---|---|---|---|---|---|---|---|---|---|---|---|---|---|---|---|---|---|
| | | | 1 | 2 | 3 | 4 | 5 | 6 | 7 | 8 | 9 | 10 | 11 | 12 | 13 | 14 | 15 | 16 | 17 | 18 |
| 1 | 挖土及垫层 | 6 | | | | | | | | | | | | | | | | | | |
| 2 | 支模板 | 6 | | | | | | | | | | | | | | | | | | |
| 3 | 绑扎钢筋 | 9 | | | | | | | | | | | | | | | | | | |
| 4 | 浇混凝土 | 6 | | | | | | | | | | | | | | | | | | |
| 5 | 回填土 | 6 | | | | | | | | | | | | | | | | | | |

▲
检查日期

通过上述记录与比较，为进度控制者提供了实际施工进度与计划进度之间的偏差，为采取调整措施提供了明确的指示。这是人们在施工中进行施工项目进度控制经常用的一种最简单、熟悉的方法。但是它仅适用于施工中的各项工作都是按均匀的速度进行，即每项工作在单位时间里完成的任务量都是相等的。

完成任务量可以用实物工程量、劳资消耗量和工作量三种物理量表示，为了比较方便，一般用它们实际完成量的累计百分比与计划的应完成量的累计百分比，进行比较。

根据施工项目中各项工作的速度不一定相同，以及进度控制要求和提供的信息不同，可以采用以下几种方法：

（1）均匀施工横道图比较法

匀速施工是指施工项目中，每项工作的施工进展速度都是匀速的，即在单位时间内完成的任务量都是相等的，累计完成的任务量与时间成直线变化，如图7-1所示。

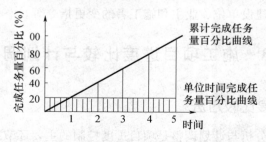

图 7-1　均匀进展工作时间与完成任务量关系曲线图

作图比较方法的步骤为：

①编制横道图进度计划；

②在进度计划上标出检查日期；

③将检查收集的实际进度数据，按比例用涂黑的粗线标于计划进度线的下方。见表7-1。

④比较分析实际进度与计划进度。

涂黑的粗线右端与检查日期相重合，表明实际进度与施工计划进度相一致；

涂黑的粗线右端在检查日期左侧，表明实际进度拖后；

涂黑的粗线右端在检查日期右侧，表明实际进度超前。

必须指出：该方法只适用于工作从开始到完成的整个过程中，其施工速度是不变的，累计完成的任务量与时间成正比，如图7-1所示。若工作的施工速度是变化的，则这种方法不能进行实际进度与计划进度之间的比较。

（2）双比例单侧横道图比较法

均匀施工横道图比较法，只适用于施工进展速度是不变的情况下实际进度与计划进度之间的比较。当工作在不同单位时间里进展速度不同时，累计完成的任务量与时间的关系不是成直线变化的，如图7-2所示。按匀速施工横道图比较法绘制的实际进度涂黑粗线，不能反映实际进度与计划进度完成任务量的比较情况。这种情况的进度比较可以采用双比例单侧横道图比较法。

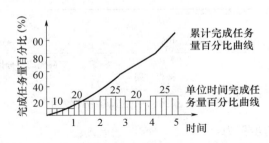

图7-2 非均匀进展工作时间与完成任务量关系曲线图

双比例单侧横道图比较法适用于工作的进度按变速进展的情况下，工作实际进度与计划进度进行比较的一种方法。它是在表示工作实际进度的涂黑粗线的同时，在表格上标出某对应时刻完成任务的累计百分比，将该百分比与其同时刻计划完成任务累计百分比相比较，判断工作的实际进度与计划进度之间的关系的一种方法。

其比较方法的步骤为：

①编制横道图进度计划；

②在横道线上方标出各工作主要时间的计划完成任务累计百分比；

③在计划横道线的下方标出工作的相应日期实际完成的任务累计百分比；

④用涂黑粗线标出实际进度线，并从开工日标起，同时反映出施工过程中工作的连续与间断情况；

⑤对照横道线上方计划完成累计量与同时间的下方实际完成累计量，比较出实际进度与计划进度的偏差；

当同一时刻上下两个累计百分比相等时，表明实际进度与计划进度一致；

当同一时刻上面的累计百分比大于下面的累计百分比时表明该时刻实际进度拖后，拖后的量为二者之差；

当同一时刻上面的累计百分比小于下面的累计百分比时表明该时刻实际进度超前，超前的量为二者之差。

这种比较法，不仅适合于施工速度是变化情况下的进度比较，可找出检查日期进度比较情况外还能提供某一指定时间二者比较情况的信息。当然要求实施部门按规定的时间记录当时的完成情况。

值得指出的是由于工作的施工速度是变化的，因此横道图中进度横线，不管计划的还是实际的，都只表示工作的开始时间、持续天数和完成的时间，并不表示计划完成量和实际完成量，这两个量分别通过标注在横道线上方及下方的累计百分比数量表示。实际进度的涂黑粗线是从实际工程的开始日期画起，若工作实际施工间断，亦可在图中将涂黑粗线作相应的空白。

**【例 7-1】** 某工程的绑扎钢筋工程按施工计划安排需要 9 天完成，每天计划完成任务量百分比，工作的每天实际进度和检查日累计完成任务的百分比，如图 7-3 所示。

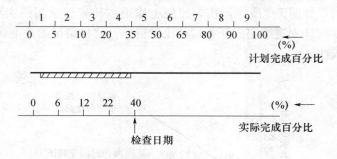

图 7-3　双比例单侧横道图比较图

**【解】** 其比较方法的步骤为：

①编制横道图进度计划，如图 7-3 中的黑横道线所示；

②在横道线上方标出钢筋工程每天计划完成任务的累计百分比分别为 5%、10%、20%、35%、50%、65%、80%、90%、100%；

③在横道线的下方标出工作 1 天、2 天、3 天末和检查日期的实际完成任务的百分比，分别为：6%、12%、22%、40%；

④用涂黑粗线标出实际进度线。从图 7-3 中看出，实际开始工作时间比计划时间晚半天，进程中连续工作；

⑤比较实际进度与计划进度的偏差。从图 7-3 中可以看出，第 1 天末实际进度比计划进度超前 1%，以后各天末分别为 2%、2% 和 5%。

（3）双比例双侧横道图比较法

双比例双侧横道图比较法，也是适用于工作进度按变速进展的情况，工作实际进度与计划进度比较的一种方法。它是双比例单侧横道图比较法的改进和发展，它是将表示工作实际进度的涂黑粗线，按照检查的日期和完成的累计百分比交替地绘制在计划横道线上下两面，其长度表示该时间内完成的任务量。工作的实际完成量累计百分比标于横道线的下面检查日期处，通过两个上下相对的百分比相比较，判断该工作的实际进度与计划进度之间的关系。这种比较方法从各阶段的涂黑粗线的长度可看出各期间实际完成的任务量及本期间的实际进度与计划进度之间的关系。

其比较方法的步骤为：

①编制横道图计划进度表；

②在横道图上方标出各工作主要时间的计划完成任务累计百分比；

③在计划横道线的下方标出工作相对应的日期实际完成任务累计百分比；

④用涂黑粗线分别在横道线上方和下方交替地绘制出每次检查实际完成的百分比；

⑤比较实际进度与计划进度。通过标在横道线上下方两个累计百分比，比较各时刻的两种进度的偏差，同样可能有上述三种情况。

【例 7-2】若例 7-1 在实际施工中每天检查一次，用双比例双侧横道图比较法进行施工实际进度与计划进度比较，如图 7-4 所示。

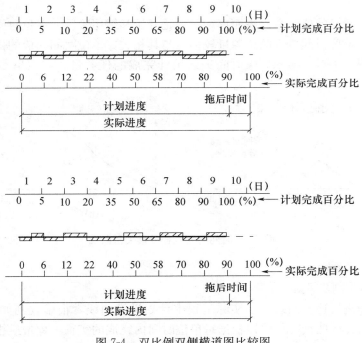

图 7-4 双比例双侧横道图比较图

【解】其比较方法步骤为：

①同例 7-1；

②同例 7-1；

③在计划横道线的下方标出工作按日检查的实际完成任务百分比，第 1 天末到第 10 天末分别为 6%、12%…100%；

④用涂黑粗线分别按规定比例在横道线上下方交替画出上述百分比；

⑤比较实际进度与计划进度。

实际进度在第 9 天末只完成了 90%，拖了工期，第 10 天末实际累计完成百分比为 100%，拖了一天工期。

值得提出：双比例双侧横道图比较法，除了能提供前两种方法可提供的信息之外，还能用各段涂黑粗线长度表达在相应检查期间内工作实际进度，便于比较各阶段工作完成的情况。但是其绘制方法和识别都较前两种方法复杂。

综上所述可以看出横道图记录比较法具有以下优点：记录比较方法简单，形象直观，容易掌握，应用方便，被广泛地应用于简单地进度监测工作中。但是，由于它以横道图进度计划为基础，因此，带有其不可克服的局限性，如各工作之间的逻辑关系不明显，关键工作和关键线路难以确定，一旦某些工作进度产生偏差，难以预测其对后续工作和整个工期的影响及确定调整方法。

**2. S形曲线比较法**

S形曲线比较法与横道图比较法不同，它不是进行实际进度与计划进度比较。它是以横坐标表示进度时间，纵坐标表示计划完成量，绘制出一条按计划时间累计完成任务量的S形曲线，将施工项目的各检查时间实际完成的任务量与S形曲线计划进度相比较的一种方法。

从整个施工项目的施工全过程而言，一般是开始和结尾阶段，单位时间投入的资源量较少，中间阶段单位时间投入的资源量较多，与其相关，单位时间完成的任务量也是呈变化状态的，如图7-5（a）所示，随时间进展累计完成的任务量，应该呈S形变化，如图7-5（b）所示。

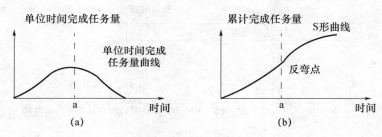

图7-5 时间与完成任务量关系曲线

（1）S形曲线绘制

S形曲线的绘制步骤如下：

①确定工程进展速度曲线。在实际工程中计划进度曲线，很难找到如图7-5（a）所示的定性分析的连续曲线，但可以根据每单位时间内完成的实物工程量或投入的劳动力与费用，计算出计划单位时间量值 $q_j$，则 $q_j$ 为离散型的，如图7-6（a）所示。

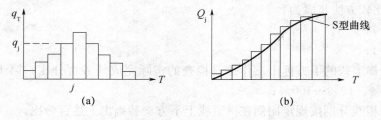

图7-6 离散时间与完成任务量关系曲线

②计算规定时间 $j$ 累计完成的任务量。其计算方法等于各单位时间完成的任务量累加

求和，可以按式（7-1）计算：

$$Q_j = \sum_{j=1}^{j} q_j \tag{7-1}$$

式中　$Q_j$——某时间 $j$ 计划累计完成的任务量；

　　　$q_j$——单位时间 $j$ 计划完成的任务量；

　　　$j$——某规定计划时刻。

③按各规定时间的 $Q_j$ 值，绘制 S 形曲线，如图 7-6（b）所示。

（2）S 形曲线比较

S 形曲线比较法，同横道图一样，是在图上直观地进行实际进度与计划进度的比较。一般情况，计划进度控制人员在计划实施前绘制出 S 形曲线。在项目施工过程中，按规定时间将检查的实际完成情况，绘制在与计划 S 形曲线同一张图上，可得出实际进度 S 形曲线，如图 7-7 所示，比较两条 S 形曲线可以得到如下信息：

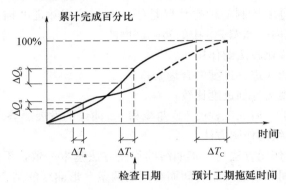

图 7-7　S 形曲线比较图

①项目实际进度与计划进度比较，当实际工程进展点落在计划 S 形曲线左侧时，则表示此时实际进度比计划进度超前；若落在其右侧，则表示拖后；若刚好落在其上，则表示二者一致。

②项目实际进度比计划进度超前或拖后的时间，如图 7-7 所示，$\Delta T_a$ 表示 $T_a$ 时刻实际进度超前的时间；$\Delta T_b$ 表示 $T_b$ 时刻实际进度拖后的时间。

③项目实际进度比计划进度超额或拖欠的任务量，如图 7-7 所示，$\Delta Q_a$ 表示 $T_a$ 时刻超额完成的任务量；$\Delta Q_b$ 表示在 $T_b$ 时刻拖欠的任务量。

④预测工程进度。如图 7-7 所示，后期工程按原计划速度进行，则工期拖延预测值为 $\Delta T_c$。

**3."香蕉"形曲线比较法**

（1）"香蕉"形曲线的绘制

①"香蕉"形曲线是两条 S 形曲线组合成的闭合曲线，从 S 形曲线比较法中得知，按某一时间开始的施工项目进度计划，其计划实施过程中进行时间与累计完成任务量的关系都可以用一条 S 形曲线表示。对于一个施工项目的网络计划，在理论上总分为最早和最迟两种开始与完成时间。因此，一般情况，任何一个施工项目的网络计划，都可以绘制出两条曲线。其一是计划各项工作的最早开始时间安排进度而绘制的 S 形曲线，称为 ES 曲

线。其二是计划各项工作的最迟开始时间安排进度而绘制的 S 形曲线，成为 LS 型曲线，两条 S 形曲线都是从计划的开始时刻开始和完成时刻结束，因此，两条曲线是闭合的。一般情况，其余时刻 ES 曲线上的各点均落在 LS 曲线相应点的左侧，形成一个形如"香蕉"的曲线，故此称为"香蕉"形曲线，如图 7-8 所示。

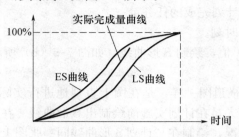

图 7-8  "香蕉"形曲线比较图

在项目的实施中进度控制的理想状况是任一时刻按实际进度描绘的点，应该落在该"香蕉"形曲线的区域内。如图 7-8 中的实际进度曲线。

②"香蕉"形曲线比较法的作用

利用"香蕉"形曲线进行进度的合理安排；

进行施工实际进度与计划进度比较；

确定在检查状态下，后期工程的 ES 曲线和 LS 曲线的发展趋势。

（2）"香蕉"形曲线的作图方法

"香蕉"形曲线的作图方法与 S 形曲线的作图方法基本一致，不同之处在于它是分别以工作的最早开始时间和最迟开始时间而绘制的两条 S 形曲线的结合。其具体步骤如下：

①以施工项目的网络计划为基础，确定该施工项目的工作数目 $n$ 和计划检查次数 $m$，并计算时间参数 $ES_i$、$LS_i$（$i=1$、$2\cdots\cdots n$）

②确定各项工作在不同时间，计划完成任务量。分为两种情况：

一是以施工项目的最早时标网络图为准，确定各工作在各单位时间的计划完成任务量，用 $q_{i,j}^{ES}$ 表示，即第 $i$ 项工作按最早时间开工，在第 $j$ 时间完成的任务量（$i=1$、$2\cdots\cdots n$；$j=1$、$2\cdots\cdots m$）。

二是以施工项目的最迟时标网络图为准，确定各工作在各单位时间计划完成任务量，用 $q_{i,j}^{LS}$ 表示，即第 $i$ 项工作按最迟时间开工，在第 $j$ 时间完成的任务量（$i=1$、$2\cdots\cdots n$；$j=1$、$2\cdots\cdots m$）。

③计算施工项目总任务量 $Q$。施工项目的总任务量可用式（7-2）计算：

$$Q = \sum_{i=1}^{n} \sum_{j=1}^{m} q_{i,j}^{ES} \tag{7-2}$$

或

$$1 \leqslant i \leqslant n, 1 \leqslant j \leqslant m$$

$$Q = \sum_{i=1}^{n} \sum_{j=1}^{m} q_{i,j}^{LS} \tag{7-3}$$

④计算在 $j$ 时刻完成的总任务量分为两种情况：

一是按最早时标网络图计算完成的总任务量 $Q_j^{ES}$ 为：

$$Q_j^{ES} = \sum_{i=1}^{i} \sum_{j=1}^{j} q_{i,j}^{ES} \qquad 1 \leqslant i \leqslant n, 1 \leqslant j \leqslant m \tag{7-4}$$

二是按最迟时标网络图计算完成的总任务量 $Q_j^{LS}$ 为：

$$Q_j^{LS} = \sum_{i=1}^{i} \sum_{j=1}^{j} q_{i,j}^{LS} \qquad 1 \leqslant i \leqslant n, 1 \leqslant j \leqslant m \tag{7-5}$$

⑤ 计算在 $j$ 时刻完成项目总任务量百分比。分为两种情况：

一是按最早时标网络图计算在 $j$ 时刻完成的总任务量百分比 $\mu_j^{ES}$ 为：

$$\mu_j^{ES} = Q_j^{ES} \div Q \times 100\% \tag{7-6}$$

二是按最迟时标网络图计算在 $j$ 时刻完成的总任务量百分比 $\mu_j^{LS}$ 为：

$$\mu_j^{LS} = Q_j^{LS} \div Q \times 100\% \tag{7-7}$$

⑥绘制"香蕉"形曲线。按 $\mu_j^{ES}$（$j=1$、$2\cdots\cdots m$），描绘各点，并连接各点得 ES 曲线；按 $\mu_j^{LS}$（$j=1$、$2\cdots\cdots m$），描绘各点，并连接各点得 LS 曲线，由 ES 曲线和 LS 曲线组成"香蕉"曲线。

在项目实施过程中，按同样的方法，将每次检查的各项工作实际完成的任务量，代入上述各项公式，计算出不同时间实际完成任务量的百分比，并在"香蕉"形曲线的平面内绘出实际进度曲线，便可以进行实际进度与计划进度的比较。

（3）举例说明"香蕉"形曲线的具体绘制步骤。

【例 7-3】已知某施工项目网络计划如图 7-9 所示，完成任务量以劳动量消耗数量表示。试绘制"香蕉"形曲线。

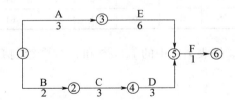

图 7-9 某施工项目网络计划图

【解】①依据网络图确定施工项目的工作数 $n=6$，计划检查次数 $m=10$。计算各工作的有关时间参数见表 7-2。

表 7-2 各工作的有关时间参数

| $i$ | 工作编号 | 工作名称 | $D_i$（天） | $ES_i$ | $LS_i$ |
|---|---|---|---|---|---|
| 1 | 1-2 | — | 3 | 0 | 0 |
| 2 | 1-3 | — | 2 | 0 | 1 |
| 3 | 3-4 | — | 3 | 2 | 3 |
| 4 | 4-5 | — | 3 | 5 | 6 |
| 5 | 2-5 | — | 6 | 3 | 3 |
| 6 | 5-6 | — | 1 | 9 | 9 |

②确定各项工作在不同计划时间内的完成任务量（由计划安排确定），见表 7-3。

**表 7-3　各项工作在不同计划时间内的完成任务量**

| $q_{i,j}$  $i$ \ $j$ | $q_{i,j}^{ES}$（工日） | | | | | | | | | | $q_{i,j}^{LS}$（工日） | | | | | | | | | |
|---|---|---|---|---|---|---|---|---|---|---|---|---|---|---|---|---|---|---|---|---|
| | 1 | 2 | 3 | 4 | 5 | 6 | 7 | 8 | 9 | 10 | 1 | 2 | 3 | 4 | 5 | 6 | 7 | 8 | 9 | 10 |
| 1 | 3 | 3 | 3 | | | | | | | | 3 | 3 | 3 | | | | | | | |
| 2 | 3 | 3 | | | | | | | | | 3 | 3 | | | | | | | | |
| 3 | | | 3 | 3 | 3 | | | | | | | | | 3 | 3 | 3 | | | | |
| 4 | | | | | | 2 | 2 | 1 | | | | | | | | | 2 | 2 | 1 | |
| 5 | | | | 3 | 3 | 3 | 3 | 3 | 3 | | | | | 3 | 3 | 3 | 3 | 3 | 3 | |
| 6 | | | | | | | | | | 5 | | | | | | | | | | 5 |

③计算施工项目总任务量：

$$Q=\sum_{i=1}^{6}\sum_{j=1}^{10} q_{i,j}^{ES(LS)}=52（工日）$$

④计算在 $j$ 时刻完成的总任务量，见表 7-4。

**表 7-4　$j$ 时刻完成的总任务量**

| $j$ | 1 | 2 | 3 | 4 | 5 | 6 | 7 | 8 | 9 | 10 | 天 |
|---|---|---|---|---|---|---|---|---|---|---|---|
| $Q_j^{ES}$ | 6 | 6 | 6 | 6 | 6 | 5 | 5 | 4 | 3 | 5 | 工日 |
| $Q_j^{LS}$ | 3 | 6 | 6 | 6 | 6 | 6 | 5 | 5 | 4 | 5 | 工日 |
| $\mu_j^{ES}$ | 11 | 22 | 33 | 44 | 55 | 65 | 75 | 81 | 90 | 100 | （%） |
| $\mu_j^{LS}$ | 6 | 17 | 28 | 39 | 50 | 61 | 71 | 81 | 90 | 100 | （%） |

⑤绘制"香蕉"曲线。按表 7-4 中的 $j$、$\mu_j^{ES}$ 和 $j$、$\mu_j^{LS}$ 绘制 ES 和 LS 曲线，如图 7-10 所示。

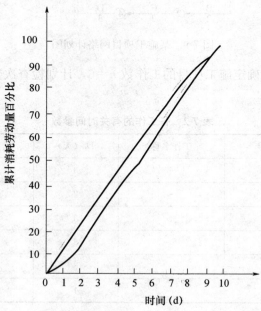

图 7-10　"香蕉"曲线图

#### 4. 前锋线比较法

施工项目的进度计划用时标网络计划表达时，还可以采用进度前锋线进行实际进度与计划进度比较。

前锋线比较法是从计划检查时间的坐标点出发，用点划线依次连接各项工作的实际进度点，最后到计划检查时间的坐标点为止，形成前锋线。按前锋线与工作箭线交点的位置判定施工实际进度与计划进度偏差。简而言之，前锋线法是通过施工项目实际进度前锋线，判定施工实际进度与计划进度偏差的方法。见例 7-4 和图 7-12。

#### 5. 列表比较法

当采用无时间坐标网络计划时也可以采用列表分析法。即记录检查正在进行的工作名称和已进行的天数，然后列表计算有关参数，根据原有总时差和尚有总时差判断实际进度与计划进度的比较方法。

列表比较法步骤如下：

（1）计算检查时正在进行的工作 $i$，$j$ 尚需作业时间 $T_{i,j}^2$，其计算公式为：

$$T_{i,j}^2 = D_{i,j} - T_{i,j}^1 \tag{7-8}$$

式中　$D_{i,j}$——工作 $i$，$j$ 的计划持续时间；

　　　$T_{i,j}^1$——工作 $i$，$j$ 检查时已经进行的时间。

（2）计算工作 $i$，$j$ 检查时至最迟完成时间的尚余时间 $T_{i,j}^3$，其计算公式为：

$$T_{i,j}^3 = LF^{i,j} - T^2$$

式中　$LF^{i,j}$——工作 $i$，$j$ 的最迟完成时间；

　　　$T^2$——检查时间。

（3）计算工作 $i$，$j$ 尚有总时差 $TF_{i,j}^1$，其计算公式为：

$$TF_{i,j}^1 = T_{i,j}^3 - T_{i,j}^2$$

（4）填表分析工作实际进度与计划进度的偏差。可能有以下几种情况：

①若工作尚有总时与原有总时相等，则说明该工作的实际进度与计划进度一致；

②若工作尚有总时差小于原有总时差，但仍为正值，则说明该工作的实际进度比计划进度拖后，产生偏差值为二者之差，但不影响总工期；

③若尚有总时差为负值，则说明对总工期有影响，应当调整。

【例 7-4】已知网络计划如图 7-11 所示，在第 5 天检查时发现 A 工作已完成，B 工作已进行 1 天，C 工作进行 2 天，D 工作尚未开始。用前锋线法和列表比较法，记录和比较工作进度情况。

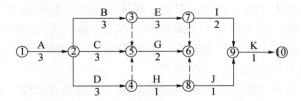

图 7-11　某施工项目网络计划图

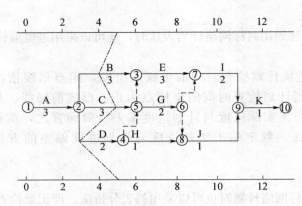

图 7-12  某施工项目进度前锋线图

【解】①根据第 5 天检查的情况，绘制前锋线，如图 7-12 所示。

②根据上述公式计算有关参数，见表 7-5。

**表 7-5  网络计划检查结果分析表**

| 工作代号 | 工作名称 | 检查计划时尚需作业天数 | 到计划最迟完成时尚有天数 | 原有总时差 | 尚有总时差 | 情况判断 |
| --- | --- | --- | --- | --- | --- | --- |
| ① | ② | ③ | ④ | ⑤ | ⑥ | ⑦ |
| 2-3 | B | 2 | 1 | 0 | −1 | 影响工期 1 天 |
| 2-5 | C | 1 | 2 | 1 | 1 | 正常 |
| 2-4 | D | 2 | 2 | 2 | 0 | 正常 |

③根据尚有总时差的计算结果，判断工作实际进度情况，见表 7-5。

## 7.3.2  施工项目进度计划的调整

### 1. 分析进度偏差的影响

通过前述的进度比较方法，当判断出现进度偏差时，应当分析该偏差对后续工作和对总工期的影响。

（1）分析进度偏差的工作是否为关键工作

若出现偏差的工作为关键工作，则无论偏差大小，都对后续工作及总工期产生影响，必须采取相应的调整措施，若出现偏差的工作不为关键工作，需要根据偏差值与总时差和自由时差的大小关系，确定对后续工作和总工期的影响程度。

（2）分析进度偏差是否大于总偏差

若工作的进度偏差大于该工作的总时差，说明此偏差必将影响后续工作和总工期，必须采取相应的调整措施；若工作的进度偏差小于或等于该工作的总时差，说明此偏差对总工期无影响，但它对后续工作的影响程度，需要根据比较偏差与自由时差的情况来确定。

（3）分析进度偏差是否大于自由时差

若工作的进度偏差大于该工作的自由时差，说明此偏差对后续工作产生影响，调整措施，应根据后续工作允许影响的程度而定；若工作的进度偏差小于或等于该工作的自由时差，则说明此偏差对后续工作无影响，因此，原进度计划可以不作调整。

经过如此分析，进度控制人员可以确认应该调整产生进度偏差的工作和调整偏差值的大小，以便确定采取调整措施，获得新的符合实际进度情况和计划目标的新进度计划。

**2. 施工项目进度计划的调整方法**

在对实施的进度计划分析的基础上，应确定调整原计划的方法，一般主要有以下两种：

（1）改变某些工作间的逻辑关系

若检查的实际施工进度产生的偏差影响了总工期，在工作之间逻辑关系允许改变的条件下，可改变关键线路和超过计划工期的非关键线路上的有关工作之间的逻辑关系，达到缩短工期的目的。用这种方法调整的效果很显著，例如可以把依次进行的有关工作，改变为平行结构或互相搭接结构，分成几个施工段进行流水施工都可以达到缩短工期的目的。

（2）缩短某些工作的持续时间

这种方法是不改变工作之间的逻辑关系，而是缩短某些工作的持续时间，而使施工进度加快，并保证实现计划工期的方法。这些被压缩持续时间的工作是位于，实际施工进度拖延引起总工期增长的关键线路和某些非关键线路上的工作。这种方法实际上就是网络计划优化中的工期优化方法和工期与成本优化方法。

## 本章小结

本章重点为：熟悉横道图比较法、S 形曲线比较法和前锋线比较法；掌握施工进度计划中的组织、经济、技术和管理等控制措施；熟悉进度计划的调整方法；熟悉施工进度计划在工期索赔和综合索赔中的应用。

## 思考题

**7-1** 建设工程实际进度与计划进度的比较方法有哪些？各有哪些特点？

**7-2** 均匀进展与非均匀进展横道图比较法的区别是什么？

**7-3** 通过比较实际进度 S 形曲线和计划进度 S 形曲线，可以获得哪些信息？

**7-4** 实际进度前锋线如何绘制？

**7-5** 施工进度计划的控制措施有哪些方面？各方面主要内容有哪些？

**7-6** 如何分析进度偏差对后续工作及总工期的影响？

**7-7** 进度计划的调整方法有哪些？

# 8 施工管理

## 内容提要

本章主要内容包括施工现场管理、技术管理、资源管理、安全生产、文明施工、现场环境保护、季节性施工和建设工程文件资料的管理。

## 要点说明

本章学习重点是技术与资源管理。

关键词：管理。

管理即计划、组织、指挥、协调及控制工程项目的过程。施工管理是指施工管理人员具体落实施工组织设计和解决现场关系的一种管理。上到建筑公司相关管理人员，下至现场施工班组负责人，尤其是项目部的项目经理和"五大员"（施工员、质量员、安全员、预算员、资料员或材料员等），掌握施工管理是做好本职工作的理论依据。

## 8.1 施工现场管理

施工现场管理首先应建立施工责任制度，明确各级技术负责人在工作中应承担的责任；同时应做好施工现场准备工作，为施工的正常进行提供条件。

由于施工工作范围广，涉及各种作业和专业人员多，现场情况复杂以及施工周期长，因此，必须在项目内实行严格的责任制度，使施工工作中的人、财、物合理地流动，保证施工工作的顺利进行。在编制了施工工作计划以后，就要按计划将责任明确到有关部门甚至个人，按计划要求完成任务。各级技术负责人在工作中承担的责任，应予以明确，以便推动和促进各部门认真做好各项工作。

施工现场准备包括收集相关资料，拆除障碍物，三通一平和测量放线，临时设施的搭建与修筑等。具体内容可参见第 2 章。

## 8.2 施工技术管理

为保证工程质量目标，必须重视施工技术。施工技术管理就显得非常重要，施工管理必须按相关规定，包括技术资料准备（见第 2 章）、作业技术交底、质量控制点的设置、技术复核工作、隐蔽工程验收、成品保护等内容。

## 8.2.1 作业技术交底

**1. 作业技术交底的作用**

施工承包单位做好技术交底，是取得好的施工质量条件之一。为此，每一分项工程开始实施前均要进行交底。作业技术交底是对施工组织设计或施工方案的具体化，是更细致、明确、具体的技术实施方案，是工序施工或分项工程施工的具体指导文件。技术交底的内容包括施工方法、质量要求、验收标准、施工过程中需注意的问题和可能出现意外的措施及应急方案。技术交底紧紧围绕具体施工有关的操作者、机械设备、使用的材料、构配件、工艺、工法、施工环境、具体管理措施等方面进行。交底要明确做什么、谁来做、如何做、作业标准和要求、什么时间完成等问题。

**2. 作业技术交底的种类**

对于施工企业的作业技术交底一般分三级：公司技术负责人对工区技术交底、工区技术负责人对施工队技术交底和施工队技术负责人对班组工人技术交底。

施工现场的作业技术交底主要是施工队技术负责人对班组工人技术交底，是技术交底的核心，其内容主要有：

（1）施工图的具体要求。包括建筑、结构、水、暖、电、通风等作业的细节，如设计要求中重点部位的尺寸、标高、轴线，预留孔洞、预埋件的位置、规格、大小、数量等，以及各作业、各图样之间的相互关系。

（2）施工方案实施的具体技术措施、施工方法。

（3）所有材料的品种、规格、等级及质量要求。

（4）混凝土、砂浆、防水、保温等材料或半成品的配合比和技术要求。

（5）按照施工组织的有关事项，说明施工顺序、施工方法、工序搭接等。

（6）落实工程的有关技术要求和技术标准。

（7）提出质量、安全、节约的具体要求和措施。

（8）设计修改、变更的具体内容和应注意的关键部位。

（9）产品保护项目、种类、办法。

（10）在特殊情况下，应知应会应注意的问题。

**3. 技术交底的方式**

施工现场技术交底的方式主要有书面交底、会议交底、口头交底、挂牌交底、样板交底及模型交底等，每种方式的特点及使用范围见表 8-1。

**表 8-1　交底方式及特点**

| 交底方式 | 特点及使用 |
| --- | --- |
| 书面交底 | 把交底的内容写成书面的形式，向下一级有关人员交底。交底人与接受人在弄清交底内容以后，分别在交底书上签字，接受人根据此交底，再进一步向下一级落实交底内容。这种交底方式内容明确，责任到人，事后有据可查，因此，交底效果较好，是一般工地最常用的交底方式 |
| 会议交底 | 通过召集有关人员举行会议，向与会者传达交底内容，对多工种同时交叉施工的项目，应将各工种有关人员同时集中参加会议，除各专业技术交底外，还要把施工组织者的组织部署和协作意图交代给与会者。会议交底除了会议主持人能够把交底内容向与会者交底外，与会者也可以通过讨论、问答等方式对技术交底的内容予以补充、修改、完善 |

243

| 交底方式 | 特点及使用 |
|---|---|
| 口头交底 | 适用于人员少，操作时间短，各种内容较简单的项目 |
| 挂牌交底 | 将交底的内容、质量要求写在标牌上，挂在施工现场。这种方式适用于操作内容固定，操作人员固定的分项工程。如混凝土搅拌站，常将各种材料的用量写在标牌上。这种挂牌交底方式，可使操作者抬头可见，时刻注意 |
| 样板交底 | 对于有些质量和外观要求较高的项目，为使操作者对质量指标要求和操作方法、外观要求有直观的感性认识，可组织操作水平较高的工人先做样板，其他工人现场观摩，待样板做成且达到质量和外观要求后，供他人以此为样板施工。这种交底方式通常在装饰质量和外观要求较高的项目上采用 |
| 模型交底 | 对于技术较复杂的设备基础或建筑构件，为使操作者加深理解，常做成模型进行交底 |

## 8.2.2 质量控制点的设置

**1. 质量控制点的概念**

质量控制点是指为了保证作业质量而确定的重点控制对象、关键部位或薄弱环节。设置质量控制点是达到施工质量要求的前提，在拟定质量控制工作计划时，应详细地考虑，并以制度来保证落实。对于质量控制点，一般要事先分析可能造成质量问题的原因，再针对原因制定政策和措施来预控。

承包单位在工程施工前应根据施工过程质量控制的要求，列出质量控制点明细表，表中详细地列出各质量控制点的名称或控制内容、检查标准及方法等，提交监理工程师审查批准后，在此基础上实施质量控制。

**2. 选择质量控制点的一般原则**

可作为质量控制点的对象涉及面广，它可能是技术要求高、施工难度大的结构部位，也可能是影响质量的关键工序、操作或某一环节。总之，不论是结构部位、影响质量的关键工序、操作、施工顺序、技术、材料、机械、自然条件、施工环节等均可作为质量控制点来控制。概括地说，应当选择那些质量难度大、对质量影响大或者是发生质量问题时危害大的对象作为质量控制点。质量控制点应在以下部位中选择：

（1）施工过程中的关键工序或环节以及隐蔽工程，例如，预应力结构的张拉工序，钢筋混凝土结构中的钢筋架立等。

（2）施工中的薄弱环节，或质量不稳定的工序、部位或对象，例如地下防水层施工等。

（3）对后续工程施工或对后续工序质量或安全有重大影响的工序、部位或对象，例如预应力结构中的预应力钢筋质量、模板的支撑与固定等。

（4）采用新技术、新工艺、新材料的部位或环节。

（5）施工上无足够把握的、施工条件困难的或技术难度大的工序环节，例如复杂曲线模板的放样等。

显然，是否设置为质量控制点，主要视其质量特性影响的大小、危害程度以及其质量保证的难度大小而定。表 8-2 为建筑质量控制点设置的一般位置示例。

表 8-2　质量控制点的设置位置

| 分项工程 | 质量控制点 |
|---|---|
| 工程测量单位 | 标准轴线桩、水准桩、龙门板、定位轴线、标高 |
| 地基、基础<br>（含设备基础） | 基坑（基槽）尺寸、标高、土质、地基承载力，基础垫层标高，基础位置、尺寸及其标高、位置弹线，标高，预留孔洞、预埋件的位置、规格、数量 |
| 砌体 | 墙体轴线，皮数杆，砂浆配比，预留孔洞、预埋件位置、数量，砌体排列 |
| 模板 | 位置、尺寸、标高，预埋件位置，预留孔洞位置、尺寸，模板强度及稳定性，模板内部清理及湿润情况 |
| 钢筋 | 品种、规格、尺寸搭接长度，焊接，预留洞及预埋件规格、数量、尺寸、位置 |
| 混凝土 | 水泥品种、强度等级，砂石质量，混凝土配合比，外加剂比例，混凝土振捣 |
| 吊装 | 吊装设备起重能力、吊具、索具、地锚，预制件吊装或出场（脱模）强度，吊装位置、标高、支承长度、焊接长度 |
| 钢结构 | 翻样图、放大样 |
| 焊接 | 焊接条件、工艺 |
| 装修 | 视具体情况而定 |

## 8.2.3　技术复核工作

凡涉及施工作业技术活动基准和依据的技术工作，都应该严格进行专人负责的复核性检查，以避免基准失误给整个工程带来难以补救或全局性危害。例如，工程的定位、轴线、标高，预留孔洞的位置和尺寸，预埋件，管线的坡度，混凝土配合比，变电、配电位置，高低压进出口方向、送电方向等。技术复核是承包定位履行的技术工作责任，其复核结果应报送监理工程师复核确认后，才能进行后续相关的施工。监理工程师应把技术复验工作列入监理规划质量控制计划中，并看作一项经常性工作任务，贯穿于整个施工过程中。

常见的施工测量复核有：

（1）民用建筑的测量复核：建筑物定位测量，基础施工测量，墙体皮数杆检测，楼层轴线检测，楼层间高层传递检测等。

（2）工业建筑测量复核：厂房控制网测量，桩基施工测量，柱模轴线与高程检测，厂房结构安装定位检测，动力设备基础与预埋螺栓检测。

（3）高层建筑测量复核：建筑场地控制测量，基础以上的平面与高程控制，建筑物的垂直检测，建筑物施工过程中沉降变形观测等。

（4）管线观测测量复核：管网或输配电线路定位测量，地下管线施工检测，架空管线施工检测，多管线交汇点高程检测等。

## 8.2.4　隐蔽工程验收

隐蔽工程验收是指被后续工程（工序）施工所隐蔽的分项、分部工程在隐蔽前进行的检测验收。它是对一些已完分项、分部工程质量的最后一道检查，由于检查对象会被其他工程覆盖，给以后的检查整改造成障碍，故显得格外重要，它是质量控制的一个关键过程。验收的一般程序如下：

（1）隐蔽工程施工完毕后，承包单位按有关技术规程、规范、施工图纸先进行自检，检验合格后，填写《报验申请表》，附上相应的工程检查证（或隐蔽工程检查记录）及有关材料证明、实验报告、复试报告等，报送项目监理机构。

（2）监理工程师收到报验申请后首先对质量证明资料进行审查，并在合同规定的时间内到现场检查（或检测或核查），承包单位的专职检查员及相关施工人员应随同一起到现场检查。

（3）经现场检查，如符合质量要求，监理工程师在《报验申请表》及工程检查证（或隐蔽工程检查记录）上签字确认，准予承包单位隐蔽、覆盖，进行下一道工序施工。

如经现场检查发现不合格，监理工程师签发"不合格项目通知"，责令承包单位整改，整改后自检合格再报监理工程师复查。

## 8.2.5 成品保护

### 1. 成品保护的含义

所谓成品保护一般是指在施工过程中有些分项工程已经完成，而其他一些分项工程尚在施工，或者是在其分项工程施工过程中某些部位已经完成，而其他部位正在施工，在这种情况下，承包单位必须负责对已完成部分采取妥善保护措施，以免因成品缺乏保护或保护不善造成操作损失或污染，影响工程整体质量。因此，承包单位应制定成品保护措施，使完成的工程在移交之前，不被污染或损坏，从而达到合同文件规定的或施工图纸等技术文件要求的移交质量标准。

### 2. 成品保护的一般措施

根据需要保护的建筑成品特点不同，可以分别对成品采取"保护"、"覆盖"、"封闭"等保护措施，以及合理安排施工顺序来达到保护成品的目的。

（1）防护：就是根据被保护对象的特点选取各种防护措施。例如，对清水楼梯踏步，可以采取护棱角铁上下连接固定；对于进出口台阶可垫砖或方木搭脚手板供行人通过；对于门口易碰部位，可以钉上防护条或槽型盖铁保护；门扇安装后可加楔固定等。

（2）包裹：就是将被保护物包裹起来，以防损失或污染。例如，对镶面大理石柱可用立板包裹捆扎保护，铝合金门窗可用塑料布包扎保护等。

（3）覆盖：就是用表面覆盖的办法防止堵塞或损伤。例如，对地漏、落水口排水管等进行覆盖，以防止异物落入而被堵塞；预制水磨石或大理石楼梯可用木板覆盖加以保护；地面可用锯末、苫布等覆盖以防止喷浆等污染；其他需要防晒、保温养护等项目也可采取适当的防护措施。

（4）封闭：就是采取局部封闭的办法进行保护。例如，垃圾道完成后，可将其进口封闭起来，以防止建筑垃圾堵塞通道；房间水泥地面或地面砖完成后，可将该房间局部封闭，防止人们随意进入而损坏地面；室内装饰完成后，应加锁封闭，防止人们随意进入而受到损伤等。

（5）合理安排施工顺序：主要是通过合理安排不同工作间的施工顺序以防止后道工序损坏或污染已完施工。例如，采取房间内先喷浆或喷涂后装灯具的施工顺序可防止喷浆污染、损害灯具；先做顶棚装修而后做地面，也可避免顶棚及装修施工污染、损坏地面。

# 8.3 资源管理

资源是施工项目按计划完成的保证，因而在施工中应做好各种资源的组织和管理工作。资源管理包括资源准备（见第 2 章）和劳动力管理、材料管理和机械管理等。

## 8.3.1 劳动力管理

施工项目的质量往往取决于施工管理人员和施工队伍的素质。

**1. 施工现场劳动管理的内容**

（1）现场劳动管理的内容

①劳动力的招收、培训、录用和调配。

②科学合理地组织劳动力，节约使用劳动力。

③制定、实施、完善劳动定额和定员。

④改善劳动条件，保证职工在生产中的安全和健康。

⑤加强劳动纪律。

⑥劳动者的考核、晋升和奖罚。

（2）施工现场劳动组织主要工作环节的优化。包括建立健全的劳动定额、定员和岗位标准；劳动组合的优化，包括自愿组合、招标组合和切块组合；严格劳动纪律，保证正常生产秩序。

**2. 施工现场劳动管理的方法**

（1）劳动定额管理。劳动定额有两种基本形式，即时间定额和产量定额。制定劳动定额的方法一般有四种，即技术测定法、经验估工法、统计分析法和比较类推法。劳动定额日常管理应注意不得任意修改定额，但对于定额中的缺项和"四新"的出现，要及时补充和修订。要做好任务书的签发、交底、验收和结算工作，把劳动定额与班组经济责任制和内部承包制结合起来。统计、考核和分析定额执行情况。

（2）人员的培训和持证上岗。培训的内容包括现代现场管理理论培训、文化知识培训、操作技术培训和考核发证工作。培训的常用方法，按办学方式可分为企业办、几个单位联合办学或委托培训。按脱产程度不同可以是业余的、半脱产或全脱产、岗位练兵师带徒的形式。按培训时间分长期培训和短期培训。

（3）班组组建

①班组建设的内容和形式。班组建设的内容具体表现在组织生产活动，完成现场分配的任务；抓好现场上岗质量和安全管理；加强机械设备、材料和成品半成品的管理；做好班组各项资料的收集整理；落实岗位责任制，抓好经济核算；加强职工劳动工资和生活福利管理；加强精神文明建设。班组组建的形式常有专业班组、混合班组、项目小分队和青年突击队等。

②班组建设的基本方法。有组织建设、业务建设、政治思想建设、纪律与制度建设等方法。

③做好班组工资管理和生活福利工作。

**3. 劳动生产率**

（1）劳动生产率的计算方法：以实物量计算劳动生产率，以产值计算劳动生产率和以定额工日计算劳动生产率等。

（2）施工现场提高劳动生产率的主要途径：搞好职工培训，提高职工素质；不断改进管理，科学组织施工生产；贯彻按劳分配原则，正确处理国家、企业和职工个人之间的利益关系；不断完善劳动组织，加强劳动纪律，培养职工自觉劳动的态度。

**4. 承包责任制与激励机制**

目前施工项目大多实行项目经理负责制，根据确定的现场管理机构建立项目施工管理层，项目经理部要与项目各管理人员签订内部承包责任状，通过这些措施，可明确施工所有管理人员的责、权、利，并让他们有机结合起来，最大限度地发挥人的能动性。

（1）施工现场承包责任制

①现场承包责任制的形式：按责任制的承包者分为职工个人的经济责任制和单位集体经济责任制。按企业内部围绕工资有包工工资、浮动工资等。

②现场承包责任制的方法：有按职工个人建立经济承包责任制，按分项工程建立工序施工队或作业班组经济责任制和按整个单位工程来建立承包责任制等方法。

（2）施工现场的工资形式。有计时工资和计件工资等。

（3）施工现场劳动激励机制。建立现场劳动激励机制的方法有物质激励和精神激励两种。具体实施方法可从几个方面进行激励：

①深入了解职工工作动机、性格特点和心理需要；

②组织目标设置与职工需要尽量一致，使职工明确奋斗目标；

③企业管理方式和行为多实行参与制，民主管理，避免乱用职权，现场管理制度要有利于发挥职工的主观能动性，避免成为遏制力量；

④从现场职工需要的满足感和职工自我期望目标两方面进行激励；

⑤在选择激励方法时要因人而异并采取物资与精神结合的激励方法；

⑥激励要掌握好时间和力度；

⑦建立良好的群体关系，领导和群众、上级与下级互相信任、尊重、关心；

⑧创造良好的施工环境，保障职工身心健康。

## 8.3.2 材料管理

**1. 材料管理的内容与任务**

（1）材料管理的内容

施工承包单位材料管理的主要工作就是在做好材料计划的基础上搞好材料的供应、保管和使用。具体讲，材料管理工作包括：材料定额的制定与管理，材料计划的编制，材料的库存管理，材料的订货、采购、组织运输，材料的仓库与施工现场管理及材料的成本管理等。施工现场的材料管理主要内容包括：施工前的材料准备工作（见第 2 章）、现场仓库管理、原材料的集中加工、材料领发使用、完工清场及退料回收等工作。

（2）材料管理的任务

材料管理一方面要保证生产的需要，另一方面要采取有效的措施降低材料的消耗，加速资金的周转，提高经济效果。其目的就是要用少量的资金发挥最大的效益，具体做到：

①按期、按质、按量、适价、配套地供应生产所需的各种材料，保证生产正常进行。

②经济合理地组织材料的供应、减少储备、改进保管和降低消耗。

③监督与促进材料的合理使用和节约使用。

**2. 常用大宗材料的供应**

（1）材料储备应当考虑是否经济、合理、适量。储备多了会造成积压，并增加材料保管的负担，同时也占用了流动资金；储备少了又会影响正常生产。

（2）材料的供应是否安全和及时：在保证材料的原有数量和原有使用价值的基础上，应及时按计划供应材料。

（3）时间适当，以免积压资金或降低材料的使用价值：现场储备的材料大部分只作短期储存，投入使用的材料储备数量及进料时间，应按材料需用计划确定，并严格按照施工平面布置图中所划出的位置堆放，以减少二次搬运费，便于排水和装卸。材料进场后，根据不同性质和存放保管要求，分别储存于露天或现场库房内，要做到堆放整齐，插有标牌，例如水泥应标出品种和强度等级，钢筋应标出规格和强度等级，以利于清点、搬运和使用。

（4）材料供应紧张及不足的特殊保证措施：由于市场等因素的变化，项目部门必须制定材料供应紧张及不足的特殊保证措施。

**3. 半成品、制品及周转材料的供应**

（1）钢筋混凝土构件及砌块的供应

一般工业与民用建筑都需要用相当数量的钢筋混凝土构件和砌块。装配式工业厂房使用的预制构件数量大，品种、规格多，而钢筋混凝土预制构件的生产周期却较长，尤其是一些非标准构件不能代用，必须事先加工订货。施工中常常出现因预制构件供应不上而延误工期的情况。目前大量的框架间砌体采用砌块，因此要根据计划做好砌块的供应和堆放。

在编制构件加工计划时，应做到品种、规格、型号、数量准确，分层配套供应要求明确，构件进入场地时应检查构件的外观质量，核对品种、规格、型号和数量，并按技术规定堆放。

（2）门窗的供应

门窗的加工订货周期也较长，尤其是一些特殊、异型门窗的供货更为突出。因此，在编制加工计划时要做到准确、详尽、不错不漏。进场验收时要详细核对加工计划，检查规格、型号、零件及加工质量。验收后，做到分品种、按规格堆放整齐，防止木质门窗日晒雨淋变形和钢门窗锈蚀。

（3）钢铁构件的供应

不少工业建筑采用钢屋架、钢平台和大量预埋铁件。这些构件一般需在工厂加工后运到现场拼装使用，加工计划要详细并附有详图。

民用建筑则有楼梯栏杆、垃圾斗、水落管及卡子等铁件，亦需在工厂预制并运到现场使用，这些钢铁件进入现场应分品种、规格、型号码放整齐，挂牌标注清楚。

（4）水泥制品及安装设备的供应

一般建筑物都有水磨石窗台板、卫生洁具等，这些制品要提前加工订货。进场时要按不同品种、花色、规格堆放，并加以保护，防止损坏。

249

（5）模板等周转材料及架设工具

模板和架设工具是施工现场使用量大、堆放占地面积大的周转材料。涉及到的组合式钢模板及其配件规格多、数量大，对堆放地的要求比较高，一定要分规格型号整齐码放，以便于使用及维修。钢管脚手架等，应按指定的平面位置堆放整齐，扣件等零件还应防雨，以免锈蚀。

### 8.3.3　机械管理

**1. 混凝土、砂浆搅拌设备**

通常，工地上应根据工程规模，设置不同规模的混凝土、砂浆搅拌站，它们所需要的主要机械设备有：搅拌机、上料皮带机、定量用磅秤、外加剂装置等，在北方冬期施工时还应具有锅炉、水箱等。此外，还应有试块养护用的标准养护室或养护箱。

搅拌站的搭设和设备安装调试都应该在开工之前完成，这是一项工程量较大、时间较长的准备工作。它直接影响以后砂浆和混凝土的供应，影响施工生产的顺利进行，务必高度重视。

目前，混凝土的供应已广泛由现场型转为商品型。对于这种供应方式，应进行调查了解所供应的品种强度等级、外加剂条件、供应量和时间等是否满足施工需要，可通过签订供需合同，保证施工需要。

**2. 垂直、水平运输机械**

目前建筑工地所用的垂直运输机械，大多数为塔式起重机，因它的起重高度大、覆盖面广，施工组织设计根据起重量、起重高度及回转半径等因素确定型号和安放位置，安装使用之前，要搞好维修保养，现场应创造好安装条件。如塔吊的基础或路基与轨道，应按规定的技术要求铺设。

较小型的工程，除了选用小型起重机外，还可设龙门架辅助上料。高层建筑工程，则设施工电梯取代龙门架，塔吊则用附着式等。这些垂直运输设备无论采用揽风绳还是采用与建筑物直接拉结，都应事先做好准备。

单层工业厂房的预制构件吊装，多采用自行式起重机。起重机的行走路线要平整、压实，以利吊装顺利进行。

短距离的水平运输中采用小型翻斗车，长距离的水平运输常采用自卸式汽车。

**3. 其他常用机械**

主要有打夯机、钢筋切断机、调直机、弯曲机、弯箍机、对焊机、电渣压力焊机、弧焊机、气压焊机、木工电刨、电锯等。需要排水的工程还应备有水泵，需要基坑支护的应备钻孔机。这些机械进场前都应提前准备，保证设备完好。

除此之外，工地应配备卫生清扫用具、消防器材以及手推车等小型运输工具。

# 8.4　安全生产

安全生产管理是施工项目管理的一项重要内容。施工中必须做好安全生产，进行安全控制，采取必要的施工安全措施，经常进行安全检查和教育，同时生产中应坚持"安全第一，预防为主"的方针。

### 8.4.1 安全控制的概念

安全生产是指生产过程处于避免人身伤害、设备损坏及其他不可接受的伤害风险（危险）的状态。

不可接受的伤害风险（危险）通常是指超出了法律、法规和规章的要求；超出了方针、目标和企业规定的其他要求；超出了人们普遍接受（通常是隐含的）的要求。因此，安全与否要对照风险接受程度来判定，是一个相对性的概念。

安全控制是通过对生产过程中涉及项目的计划、组织、监控、调节和改进，一系列致力于满足生产安全所进行的管理工作。

### 8.4.2 安全控制的方针与目标

**1. 安全控制的方针**

安全控制的目的是安全生产，因此安全控制的方针也应符合安全生产的方针，即"安全第一，预防为主"。

"安全第一"是把人身的安全放在首位，安全为了生产，生产必须保证人身安全，充分体现了"以人为本"的理念。

"预防为主"是实现"安全第一"的最重要手段，采取正确的措施和方法进行安全控制，从而减少甚至消除事故隐患，尽量把事故消灭在萌芽状态，这是安全控制最重要的思想。

**2. 安全控制的目标**

安全控制的目标是减少和消除生产过程中的事故，保证人员健康安全和财产免受损失。具体包括：

（1）减少或消除不安全行为。

（2）减少或消除设备、材料的不安全状态。

（3）改善生产环境和保护自然环境。

（4）安全管理。

### 8.4.3 施工安全控制措施

**1. 施工安全控制的基本要求**

（1）必须取得安全行政主管部门颁发的《安全施工许可证》后才可开工。

（2）总承包单位和每一个分承包单位都应持有《施工企业安全资格审查认可证》。

（3）各类人员必须具备相应的执业资格才能上岗。

（4）所有新员工必须经过三级安全教育，即进厂、进车间和进班组的安全教育。

（5）特殊各种作业人员必须持有特种作业操作证，并严格按规定定期进行复查。

（6）对查出的安全隐患要做到"五定"，即定整改负责人、整改措施、整改完成时间、整改完成人、整改验收人。

（7）必须把好安全生产"六关"，即措施关、交底关、教育关、防护关、检查关、改进关。

（8）施工现场安全设施齐全，并符合国家及地方有关规定。

（9）施工机械（特别是现场安设的起重设备等）必须经安全检查合格后方可使用。

**2. 建设工程施工安全技术措施计划**

（1）建设工程施工安全技术措施计划

主要内容包括工程概况、控制目标、控制程序、组织机构、职责权限、规章制度、资源配置、安全措施、检查评价、奖惩制度等。

（2）编制施工安全技术措施计划

编制施工安全技术措施计划时，对于某些特殊情况应考虑：

①对结构复杂、施工难度大、专业性强的项目，除制定项目总体安全保证计划外，还必须制定单位工程或分部分项工程的安全技术措施。

②对高处作业、井下作业等专业性较强的作业，电器、电力容器等特殊工种作业，应制定单项安全技术规程，并应对管理人员和操作人员的安全作业资格和身体健康状况进行合格检查。

（3）制定和完善施工安全操作规程，编制各个施工工种，特别是危险性较大工种的安全施工操作要求，作为规范和检查考核员工安全生产行为的依据。

（4）施工安全技术措施

施工安全技术措施主要包括以下内容，即防火、防毒、防爆、防洪、防尘、防雷击、防触电、防坍塌、防物体打击、防机械伤害、防起重设备滑落、防高空坠落、防交通事故、防寒、防暑、防疫、防环境污染等方面措施。

**3. 施工安全技术措施计划的实施**

（1）安全生产责任制

建立安全生产责任制是施工安全技术措施计划实施的重要保证。安全生产责任制是指企业对项目经理部各级领导、各个部门、各类人员所规定的在他们各自职责范围内对安全生产应负责任的制度。

（2）安全技术交底

①安全技术交底的基本要求：项目经理部必须实行逐级安全技术交底制度，纵向延伸到班组全体作业人员；技术交底必须具体、明确、针对性强；技术交底的内容应针对分部分项工程施工中给专业人员带来的潜在危害和存在问题；应优先采用新的安全技术措施；应将工程概况、施工方法、施工程序、安全技术措施等向工长、班组长进行详细交底；定期向两个以上作业队和各种交叉施工的作业队伍进行书面交底；保持书面安全技术交底签字记录。

②安全技术交底主要内容有：本工程项目的施工作业特点和危险点；针对危险点的具体预防措施；应注意的安全事项；相应的安全操作规程和标准；发生事故后应及时采取的避难和急救措施。

## 8.4.4 安全检查与教育

**1. 安全检查的主要内容**

（1）查思想。主要检查企业的领导和职工对安全生产工作的认识。

（2）查管理。主要检查工程的安全生产管理是否有效。主要内容包括安全生产责任制、安全技术措施计划、安全组织机构、安全保证措施、安全技术交底、安全教育、持证上岗、安全设施、安全标识、操作规程、违规行为、安全记录等。

（3）查隐患。主要检查作业现场是否符合安全生产、文明生产的要求。

（4）查事故处理。对安全事故的处理应达到查明事故原因、明确责任并对责任者作出处理、明确和落实整改措施等要求。同时还应检查对伤亡事故是否及时报告、认真调查、严肃处理。

安全检查的重点是违章指挥和违章作业。安全检查后应编制安全检查报告，说明已达标项目、未达标项目、存在的问题、原因分析及纠正和预防措施。

**2. 安全检查的方法**

安全检查的方法主要有：

"看"：主要查看管理记录、持证上岗情况、现场标识、交接验收资料、"安全三宝"使用情况、"洞口"防护情况、"临边"防护情况、设备防护装置等。

"量"：主要是用尺实测实量。

"测"：用仪器、仪表实地进行测量。

"现场操作"：由司机对各种限位装置进行实际运作，检验其灵敏程度。

**3. 安全检查的主要形式**

安全检查的主要形式有：

（1）每周或每旬由主要负责人带队组织定期的安全大检查。

（2）施工班组每天上班前由班组长和安全值日人员组织班前安全检查。

（3）季节更换前由安全生产管理人员和安全专职人员、安全值日人员等组织季节劳动保护安全教育。

（4）由安全管理组、职能部门人员、专职安全员和专职技术人员组成对电气、机械设备、脚手架、登高设施等专项设施设备、高处作业、用电安全、消防保卫等进行专项安全检查。

（5）由安全管理小组成员、安全专兼职人员和安全值日人员进行日常安全检查。

（6）对塔式起重机等起重设备、龙门架、脚手架、电气设备、现浇混凝土模板及其支撑等施工设施在安装搭设完成后进行安全检查验收。

**4. 安全教育**

（1）安全教育的要求如下：

①广泛开展安全生产的宣传教育，使全体员工真正认识到安全生产的重要性和必要性，懂得安全生产和文明施工的科学知识，牢固树立安全第一的思想，自觉遵守各项安全生产法律、法规和规章制度。

②把安全知识、安全技能、设备性能、操作规程、安全法律等作为安全教育的主要内容。

③建立经常性的安全教育考核制度，考核成绩要记入员工档案。

④电工焊工、架子工、司炉工、爆破工、机操工、起重工、机械司机、机动车辆司机等特殊工人，除一般安全教育外，还要经过专业安全技能培训，经考试合格持证后方可独立操作。

⑤采用新技术、新工艺、新设备施工和调换工作岗位的，也要进行安全教育，未经安全教育培训的人员不得上岗操作。

（2）三级安全教育

三级安全教育是指公司、项目经理部、施工班组三个层次的安全教育。三级教育的内容、时间及考核结果要有记录。按照建设部《建筑企业职工安全培训教育暂行规定》的规定开展安全教育。

公司教育内容是：国家和地方有关安全生产的方针、政策、法规、标准、规程和企业的安全规章制度等。公司安全教育由施工单位的主要负责人负责。

项目经理部教育内容是：工地安全制度、施工现场环境、工程施工特点及可能存在的不安全因素等。项目经理部的教育由项目负责人负责。

施工班组教育内容是：本工种的安全操作规程、事故安全剖析、劳动纪律和岗位讲评等。施工班组的教育由专职安全生产管理人员负责。

# 8.5　文明施工

## 8.5.1　文明施工概述

### 1. 文明施工的概念

文明施工是保持施工现场良好的施工环境、卫生环境和工作秩序。文明施工主要包括以下几个方面的工作：

（1）规范施工现场的场容，保持作业环境的整洁卫生。

（2）科学组织施工，使生产有序进行。

（3）减少施工队对周围居民和环境的影响。

（4）保证职工的安全和身体健康。

### 2. 文明施工的意义

（1）文明施工能促进企业综合管理水平的提高。保持良好的作业环境和秩序，对促进安全生产、加快施工进度、保证工程质量、降低工程成本、提高经济和社会效益有较大作用。文明施工涉及人财物各个方面，贯穿于施工全过程之中，体现了企业在工程项目施工现场的综合管理水平。

（2）文明施工是适应现代施工的客观需求。现代化施工更需要采取先进的技术、工艺、材料、设备和科学的施工方案，需要密切组织、严格要求、标准化管理、较好的职工素质等。文明施工能适应现代施工的要求，是实现优质、高效、安全、低耗、清洁卫生的有效手段。

（3）文明施工代表企业的形象。良好的施工环境与施工秩序，可以得到社会的支持和信赖，提高企业的知名度和市场竞争力。

（4）文明施工有利于员工的身心健康，有利于培养和提高施工队伍的整体素质。文明施工可以提高职工队伍的文化、技术和思想素质，培养尊重科学、遵守纪律、团队协作的大生产意识，促进企业精神文明建设，从而可以促进施工队伍整体素质的提高。

## 8.5.2　文明施工的组织与管理

### 1. 组织和体制管理

（1）施工现场应成立以项目经理为第一负责人的文明施工管理组织。分包单位应服从总包单位文明施工管理组织的统一管理，并接受监督检查。

（2）各项施工现场管理制度应有文明施工的规定。包括个人岗位责任制、安全检查制度、持证上岗制度、奖惩制度、竞赛制度和各项专业管理制度等。

（3）加强和落实现场文明检查、考核与奖惩管理，以促进施工文明管理工作的提高。检查范围和内容应全面，包括生产区、生活区、场容院貌、环境文明及制度落实等内容。检查发现的问题应采取整改措施。

**2. 文明施工的资料及依据**

（1）关于文明施工的标准、规定、考核计划的资料。

（2）施工组织设计（方案）中对文明施工管理的规定，各阶段施工现场文明施工的措施。

（3）文明施工自检资料。

（4）文明施工教育、培训、考核计划的资料。

（5）文明施工活动各项记录资料。

**3. 加强文明施工的宣传和教育**

（1）在坚持岗位练兵基础上，要采取派出去、请进来、短期培训、上技术课、登黑板报、广播、看录像、看电视等方法狠抓宣传和教育工作。

（2）要特别注意对临时工的岗前教育。

（3）专业管理人员应熟悉文明施工的规定。

## 8.5.3 现场文明施工的基本要求

（1）施工现场必须设置明显的标牌，标明工程项目名称、建设单位、设计单位、施工队伍、项目经理和施工现场总代表人的姓名、开竣工日期、施工许可证批准文号等。施工单位负责施工现场标牌的保护工作。

（2）施工现场的管理人员在施工现场应当佩戴证明其身份的证卡。

（3）应当按照施工总平面布置图设置各项临时设施。现场堆放的大宗材料、成品、半成品和机具设备不得侵占场内道路及安全防护等设施。

（4）施工现场的用电线路、用电设施的安装和使用必须符合安装规范和安全操作规程，并按照施工组织设计进行架设，严禁任意拉线接电。施工现场必须设有保证施工安全要求的夜间照明；危险潮湿场所的照明以及手持照明灯具，必须采取符合安全要求的电压。

（5）施工机械应当按照施工总平面布置图规定的位置和线路设置，不得任意侵占场内道路。施工机械进场须经过安全检查，经检查合格方能使用。施工机械操作人员必须建立机组责任制，并按照有关规定持证上岗，禁止无证人员操作。

（6）保证施工现场道路畅通，排水系统处于良好的使用状态；保持场貌的整洁，随时清理建筑垃圾。在车辆、行人通行的地方施工，应当设置施工标识，并对沟坎井穴进行覆盖。

（7）施工现场的各种安全设施和劳动保护器具，必须定期进行检查和维护，及时消除隐患，保证其安全有效。

（8）施工现场应当设置各类必要的职工活动设施，并符合卫生、通风、照明等要求。职工的膳食、饮水供应等应当符合卫生要求。

（9）应当做好施工现场安全保卫工作，采取必要的防盗措施，在现场周边设立围护设施。

（10）应当严格依照《中华人民共和国消防法》的规定，在施工现场建立和执行防火管理制度，设置符合消防要求的消防设施，并保持良好的备用状态，在容易发生火灾的地区施工，或者存储、使用易燃易爆器材时应当采取特殊的消防安全措施。

（11）施工现场发生工程重大事故时，应依照《工程建设重大事故报告和调查程序规定》执行。

## 8.6  现场环境保护

### 8.6.1  现场环境保护的意义

环境保护是按照法律法规、各级主管部门和企业的要求，保护和改善作业现场的环境，控制现场的各种粉尘、废水、固体废弃物、噪声、震动等对环境的污染和危害。

（1）保护和改善施工环境是保证人们身体健康和社会文明的需要。采取专项措施防止粉尘、噪声和水源污染，保护好现场及其周围的环境，是保证职工和相关人员身体健康、体现社会总体文明礼貌的一项利国利民的重要工作。

（2）保护和改善施工环境是消除外部干扰，保证施工顺利进行的需要，随着人们法治概念和自我保护意识的增强，尤其在城市中，施工扰民问题突出，应及时采取防治措施，减少对环境的污染和对市民的干扰，也是施工生产顺利进行的基本条件。

（3）保护和改善施工环境是现代化大生产的客观要求。现代化施工广泛应用新设备、新技术、新的生产工艺，对环境质量的要求很高，如果粉尘、振动超标就可能损坏设备、影响功能发挥，使设备难以发挥作用。

（4）节约能源、保护人类生存环境、保证社会和企业可持续发展的需要。人类社会即将面临环境污染和能源危机的挑战。为了保护子孙后代赖以生存的环境，每个公民和企业都有责任和义务来保护环境。良好的环境和生存条件，也是企业发展的基础和动力。

### 8.6.2  施工现场空气污染的防治措施

大气污染物的种类有数千种，已发现有危害作用的有 100 多种，其中大部分是有机物。大气污染物通常以气体状态和粒子状态存在于空气中。施工中，防治施工对大气的污染措施主要有：

（1）施工现场垃圾渣土要及时清理出现场。

（2）对于细颗粒散体材料（如水泥、粉煤灰、白灰等）的运输、储存要注意遮盖、封闭，防止和减少飞扬。

（3）车辆开出工地要做到不带泥沙，基本做到不洒土、不扬尘，减少对周围环境的污染。

（4）除设有符合规定的装置外，禁止在施工现场焚烧油毡、橡胶、塑料、皮革、树叶、枯草、各种包装物等废弃物品以及其他会产生有毒、有害烟尘和恶臭气体的物质。

（5）机动车都要安装减少尾气排放的装置，确保符合国际标准。

（6）工地茶炉应尽量采用电热水器。若只能使用烧煤茶炉和锅炉，应选用消烟除尘型茶炉和锅炉，大灶应选用消烟节能回风炉灶，使烟尘降至允许排放范围。

（7）大城市市区的建设工程已不允许搅拌混凝土。在允许设置搅拌站的工地，应将搅拌站封闭严密，并在进料仓上方安装除尘装置，采用可靠措施控制工地粉尘污染。

（8）拆除旧建筑物时，应适当洒水，防止扬尘。

## 8.6.3 施工现场水污染的防治措施

施工中，防治现场水污染的措施主要有：

（1）禁止将有毒有害废弃物作土方回填。

（2）施工现场搅拌站废水、现制水磨石的污水、电石（碳化钙）的污水必须经沉淀池沉淀合格后再排放，最好将沉淀水用于工地洒水降尘或采取措施回收利用。

（3）现场存放油料，必须对库房地面进行防渗处理。如采用防水混凝土地面、铺防水卷材等措施。使用时，要采取防止油料跑、冒、滴、漏的措施，以免污染水体。

（4）施工现场 100 人以上的食堂，污水排放时可设置简易有效的隔油池，定期清理，防止污染。

（5）工地临时厕所、化粪池应采取防渗漏措施。中心城市施工现场的临时厕所可采用水冲式厕所，并有防蝇、灭蛆措施，防止污染水体和环境。

（6）化学药品、外加剂等要妥善保管，库内存放，防止污染环境。

## 8.6.4 施工现场的噪声控制

### 1. 施工现场噪声的限值

噪声是由物体振动产生的。当频率在 20Hz～20000Hz 时，作用于人的耳膜而产生的感觉，称之为声音。由声构成的环境称为"声环境"。当环境中的声音对人类、动物及自然物没有产生不良影响时，就是一种正常的物理现象。相反，对人的生活和工作造成不良影响的声音就称之为噪声。

根据国际标准《建筑施工场界环境噪声排放标准》（GB 12523—2001）的要求，对不同施工作业的噪声限值做了规定，见表 8-3。在工程施工中，不得超过国际标准的限值，夜间禁止打桩作业。

表 8-3　建筑施工场界噪声限值

| 施工阶段 | 主要噪声源 | 噪声限值〔dB（A）〕 | |
|---|---|---|---|
| | | 昼间 | 夜间 |
| 土石方 | 推土机、挖掘机、装载机等 | 75 | 55 |
| 打桩 | 各种打桩机等 | 85 | 禁止施工 |
| 结构 | 混凝土搅拌机、振捣棒、电锯等 | 70 | 55 |
| 装饰 | 吊车、升降机等 | 65 | 55 |

### 2. 施工现场的噪声控制措施

施工现场的噪声控制可从声源、传播途径、接收者防护等方面来考虑。

（1）声源控制。从声源上降低噪声，这是防止噪声污染最根本的措施。尽量采用低噪声设备和工艺代替高噪声设备与加工工艺，如采用低噪声振捣器、风机、电动空压机、电锯等。

在声源处安装消声器消声，如在通风机、鼓风机、压缩机、燃气机、内燃机，及各类排气放空装置等进出风管的适当位置设置消声器。

（2）传播途径控制。在传播途径上控制噪声方法主要有以下几种：

吸声：利用吸声材料（大多由多孔材料制成）或由吸声结构形成的共振结构（如金属或木质薄板钻孔形成的空腔体等）吸收声能，降低噪声。

隔声：应用隔声结构，阻碍噪声向空间传播，将接收者与噪声声源分隔。隔声结构包括隔声室、隔声罩、隔声屏障、隔声墙等。

消声：利用消声器阻止噪声传播。允许气流通过的消声降噪是防治空气动力性噪声的主要装置。如对空气压缩机、内燃机产生的噪声等就采用这种装置。

减振降噪：对来自振动引起的噪声，通过降低机械振动减小噪声，如将阻尼材料涂在振动源上，或改变振动源与其他刚性结构的连接方式等。

（3）接收者防护。让处于噪声环境下的人员使用耳塞、耳罩等防护用品，减少相关人员在噪声环境中的暴露时间，以减轻噪声对人体的伤害。

（4）严格控制人为噪声。进入施工现场不得高声喊叫、无故甩打模板、乱吹哨，限制高音喇叭的使用，最大限度地减少噪声。

（5）控制强噪声作业时间。凡在人口稠密区进行机械强噪声作业时，须严格控制作业时间，一般晚10点到次日早6点之间停止强噪声作业。确系特殊情况必须昼夜施工时，尽量采取降低噪声措施，并会同建设单位找当地居委会、村委会或当地居民协调，出安民告示，求得群众谅解。

### 8.6.5　施工现场固体废物的处理

固体废物是生产、建设、日常生活和其他活动中产生的固态、半固态废弃物质。固体废物是一个极其复杂的废物体系。按照其化学组成可分为有机废物和无机废物；按照其对环境和人类健康的危害程度可以分为一般废物和危险废物。

**1. 施工工地上常见的固体废物**

（1）建筑渣土：包括砖瓦、碎石、渣土、混凝土碎块、碎玻璃、废屑、废弃装饰材料等。

（2）废弃的散装建筑材料：包括散装水泥、石灰等。

（3）生活垃圾：包括炊厨废物、丢弃食品、废纸、生活用具、玻璃、陶瓷碎片、废电池、废旧日用品、废塑料制品、煤灰渣、废交通工具等。

（4）设备、材料等的废弃包装材料。

**2. 施工现场固体废物的处理**

（1）回收利用：回收利用是对固体废物进行资源化、减量化的重要手段之一。对建筑渣土可视其情况加以利用。废钢可按需要做金属原材料，对废电池等废弃物应分散回收，集中处理。

（2）减量化处理：减量化是对已经生产的固体废物进行分选、破碎、压实浓缩、脱水等减少其最终处理量，降低处理成本，减少对环境的污染，在减量化处理的过程中，也包括对其他材料进行技术相关处理的工艺方法，如焚烧、热解、堆肥等。

（3）焚烧技术：焚烧用于不适合再利用且不宜直接予以填埋处置的废物，尤其是对于受到病菌、病毒污染的物品，可以用焚烧进行无害化处理。焚烧处理应使用符合环境要求的材料装置，注意避免对大气的二次污染。

（4）稳定和固化技术：利用水泥、沥青等胶结材料，将松散的废物包裹起来，减少废物的毒性和可迁移性，从而减少污染。

（5）填埋：填埋是固体废物材料的最终技术，经过无害化、减量化处理的废物残渣集中到填埋场进行处置。填埋场应利用天然或人工屏障，尽量使需处置的废物与周围的生态环境隔离，并注意废物的稳定性和长期安全性。

# 8.7　季节性施工

建设项目施工具有露天作业的特点，因而季节变化对施工的影响很大。为了减少自然条件给施工作业带来的影响，需要从技术措施、进度安排、组织调配等方面保证项目施工不受季节性影响，特别是雨季施工、冬期施工。

## 8.7.1　冬期施工

根据当地多年气温资料，室外日平均气温连续 5 天稳定低于 5℃时，混凝土及钢筋混凝土结构工程的施工应采取冬期施工措施。

**1. 冬期施工措施**

（1）根据工程所在地冬期气温的经验数据和气象部门的天气预报，由项目技术负责人编制该工程的冬期施工方案，经业主和监理工程师审查通过后进行实施。

（2）对现场临时供水管、电源、火源及上下人行通道等设施做好防滑、防冻、防雪措施，加强管理，确保冬期施工顺利进行。为保证给水和排水的管线不冻结，施工中的临时管线埋设深度应在冰冻线以下；外露的水管，应用草绳绑扎起来，免遭冻裂。排水管线应保持畅通，现场和道路应避免积水和结冰；必要时应设临时排水系统，排除地面水和地下水。

（3）冬期施工前，应修整道路，注意清除积雪，保证冬期施工时道路畅通。

（4）冬期施工前，应尽可能储备足够的冬期施工所需的各种材料、构件、备品、物质等。

（5）冬期施工前，所需保温、取暖等火源大量增多，因此应加强防火教育及防火措施，布置必要的防火设施和消防龙头、灭火器等，并安排专人检查管理。

（6）冬期施工应增加一些特殊材料，如促凝剂、保温材料（稻草、炉渣、麻袋、锯末等）和为冬期施工服务的一系列设备以及劳动保护、防寒用品等。

（7）加强冬防保安措施，抓好职工的思想、技术教育和专职人员的培训工作。

**2. 在冬期施工期间合理安排施工项目**

冬期施工工程项目的确定，必须根据国家计划和上级的要求，具体分析研究，即考虑技术上的可行性，又考虑经济上的合理性，综合分析后做出正确的决定。安排工程进度时，应体现以上原则，尽可能减少冬季施工项目。在冬季施工前，要尽快完成工程的主体以便取得更多的室内工作面，达到良好的技术经济效果。绝大部分工程能在冬期施工，但是不同的工程，冬期施工的复杂程度有所区别，因冬期施工而增加的费用也不相同，一般在安排工程项目时，可按以下情况安排：

（1）受冬期施工影响较大的工程，如土方工程、室外粉刷、防水工程、道路工程等，最好在冬期施工之前完成。

（2）成本增加稍大的工程项目，如用蒸汽养护的混凝土结构、室内粉刷等，采取技术措施后，可以安排在冬期施工。

（3）冬期施工费用增加不大的项目，如一般砌砖工程、可用蓄热法养护的混凝土工程、吊装工程、打桩工程等在冬期施工时，对技术要求并不高，但它们在工程中占的比重较大，对进度起着决定性作用，可以列在冬期施工的范围内。

### 8.7.2 雨季施工

**1. 日常防备措施**

（1）合理布置现场，做到现场有组织排水、排水通道畅通；严格按照《施工现场临时用电安全技术规范》敷设电线路和配置电气设备，防止雨季触电；水泥等防潮、防雨材料库应架空，屋面应防水或用布覆盖。

（2）现场清理干净，防雨材料堆码整齐、统一，悬挂物、标识牌固定牢靠，施工道路畅通。

（3）储备水泵、铅丝、篷布、塑料薄膜等备用。

（4）注意天气预报，了解天气动态。

**2. 防风雨措施**

（1）做好汛前和暴风雨来临之前的检查工作，及时认真整改存在的隐患，做到防患于未然。汛期和暴风雨期要组织昼夜值班，做好记录。

（2）加固临时设施，大标识牌、临时围墙等处设警告牌。

（3）基坑周围应挖排水沟，与市政雨排管网接通，防止地表雨水直接汇入基坑、冲刷边坡；基坑底应修集水沟和集水坑并及时排水，集水明沟、集水坑沿现场的四周布置，配备足够的水泵。

（4）雨天作业必须设专人看护边坡，防止塌方，存在险情的地方在未采取可靠的安全措施之前禁止作业施工。

（5）钢筋要用枕木或木方、地垄等架高，防止沾泥、生锈。

（6）雨量较大时，禁止浇注大面积混凝土，浇注小面积混凝土时应准备充足的覆盖材料。

（7）在特大暴雨来临之前，应停止施工，对简易架子采取加固或拆除处理；对新浇注的混凝土用塑料薄膜和麻袋进行保护。

（8）雨天和风力达四级以上时，禁止外墙涂料施工。

# 8.8 建设工程文件资料管理

## 8.8.1 建设工程文件

建设工程文件是指在工程建设过程中形成的各种形式的信息记录，包括工程准备阶段文件、监理文件、施工文件、竣工图和竣工验收文件。

（1）工程准备阶段文件，指工程开工之前，在立项、审批、征地、勘察、设计、招投标等工程准备阶段形成的文件。

（2）监理文件，指监理单位在工程设计、施工等阶段监理过程中形成的文件。

（3）施工文件，指施工单位在工程施工过程中形成的文件。

（4）竣工图，指工程竣工验收后，真实反映建设工程项目施工结果的图样。

（5）竣工验收文件，指建设工程项目竣工验收活动中形成的文件。

## 8.8.2 土建（建筑与结构）工程施工文件

（1）施工技术准备文件。包括施工组织设计、技术交底、图纸会审记录、施工预算的编制和审查、施工日记等。

（2）施工现场准备文件。包括控制网设置资料、工程定位测量资料、基槽开挖线测量资料、施工安全措施、施工环保措施。

（3）地基处理记录。包括地基钎探记录和钎探平面布点图、验槽记录和地基处理记录、桩基施工记录、试桩记录。

（4）工程图纸变更记录。包括设计会议会审记录、设计变更记录、工程洽商记录。

（5）施工材料预制构件质量证明文件及复试试验报告。包括砂、石、砖、水泥、钢筋、防水材料、隔热保温材料、防腐材料、轻集料试验汇总表；砂、石、砖、水泥、钢筋、防水材料、隔热保温材料、防腐材料、轻集料、焊条、沥青复试试验报告，预制构件（钢、混凝土）出厂合格证、试验记录；工程物质选样送审表；进场物质批次汇总表；工程物质进场报验表等。

（6）施工试验记录。包括土壤（素土、灰土）干密度及试验报告，砂浆配合比通知单，砂浆（试块）抗压强度试验报告，混凝土抗渗试验报告，商品混凝土出厂合格证，复试报告，钢筋接头（焊接）试验报告，防水工程试水检查记录，楼地面、屋面坡度检查记录，砂浆、混凝土、钢筋连接、混凝土抗渗试验报告汇总表。

（7）隐蔽工程检查记录。包括基础和主体结构钢筋工程、钢结构工程、防水工程、高程控制等。

（8）施工记录。包括工程定位测量检查记录、预检工程检查记录、冬施混凝土搅拌测温记录、冬施混凝土养护测温记录、烟道和垃圾道检查记录、沉降观测记录、结构吊装记录、现场施工预应力记录，以及工程竣工测量、新型建筑材料、施工新技术等。

（9）工程质量事故处理记录等。

（10）工程质量检查记录。包括检验批质量验收记录、分项工程质量验收记录、基础和主体工程验收记录、幕墙工程验收记录、分部（子分部）工程质量验收记录。

## 本章小结

通过本章教学，了解施工现场管理和施工技术管理的内容；了解资源管理、安全生产、文明施工的措施；了解冬期施工、雨期施工的措施；了解建设工程文件及土建工程文件的内容。

# 思考题

**8-1** 施工现场管理的内容有哪些?

**8-2** 图纸会审、技术交底的内容有哪些?

**8-3** 作业技术交底的方式有哪些?特点如何?

**8-4** 如何设置质量控制点?

**8-5** 成品保护有哪些措施?

**8-6** 简述安全措施的主要内容。

**8-7** 简述安全教育和安全检查的主要内容。

**8-8** 现场文明施工的措施和内容有哪些?

**8-9** 施工项目的技术资料有哪些?

# 参 考 文 献

[1] 蔡雪峰. 建筑施工组织 [M]. 武汉：武汉理工大学出版社，2008.2.

[2] 危道军. 建筑施工组织 [M]. 北京：中国建筑工业出版社，2008.1.

[3] 同济大学等. 建筑施工组织学 [M]. 北京：中国建筑工业出版社，2006.7.

[4] 周国恩. 工程施工组织 [M]. 北京：北京大学出版社，2010.8.

[3] 余群舟，刘元真. 建筑工程施工组织与管理 [M]. 北京：北京大学出版社，2006.1.

[4] 于立君，孙宝庆. 建筑工程施工组织 [M]. 北京：高等教育出版社，2005.5.

[5] 中国建设监理协会编写组. 建设工程进度控制 [M]. 北京：中国建筑工业出版社，2004.

[6] 毛鹤琴. 土木工程施工 [M]. 武汉：武汉工业大学出版社，2000.

[7] 徐伟，陈震等. 建筑工程施工的智能方法 [M]. 上海：同济大学出版社，1997.

[8] 江见鲸，张建平. 计算机在土木工程中的应用 [M]. 武汉：武汉工业大学出版社，2000.

[9] 尚守平，吴炜煜. 土木工程 CAD [M]. 武汉：武汉工业大学出版社，2000.

[10] 钱昆润等. 建筑施工组织设计 [M]. 南京：东南大学出版社，2000.